高等学校规划教材

AutoCAD2009
土木工程CAD

赵星明 等编著

化学工业出版社

·北京·

本书是根据土木工程设计的特点和要求，按照国家现行的工程制图标准，基于 AutoCAD 2009 版本编写。全书共 12 章，详细叙述了 AutoCAD 的基本功能、基本概念、基本操作和使用技巧，主要内容包括二维绘图、二维图形编辑、文字和尺寸标注、图形的打印输出、填充图案、块与属性、精确绘图工具，以及图形的显示控制，线型、颜色和图层设置，三维图形的绘制等内容。第 11 章结合工程实例，全面介绍了土木工程图的绘制方法。第 12 章详细介绍了常用的土木工程软件（天正建筑 Tarch7.5 和 PKPM 系列设计软件）的特点和使用方法。

　　本书内容简明实用，通过示例讲解，紧密结合实际工程的设计特点，深入、准确地解读 AutoCAD 的常用命令和使用技巧。

　　本书为高等学校土木工程类专业的教材，也适合土木工程设计人员及 AutoCAD 爱好者参考阅读。

图书在版编目（CIP）数据

　土木工程 CAD——AutoCAD 2009 / 赵星明等编著.
—北京：化学工业出版社，2009.11 （2022.2 重印）
　高等学校规划教材
　ISBN 978-7-122-06868-2

　Ⅰ．土… Ⅱ．赵 Ⅲ．土木工程-建筑制图：计算机制图-应用软件.AutoCAD-高等学校-教材 Ⅳ．TU204

　中国版本图书馆 CIP 数据核字（2009）第 190042 号

责任编辑：王文峡　　　　　　　　文字编辑：冯国庆
责任校对：陈　静　　　　　　　　装帧设计：尹琳琳

出版发行：化学工业出版社（北京市东城区青年湖南街 13 号　邮政编码 100011）
印　　装：北京印刷集团有限责任公司
787mm×1092mm　1/16　印张 17¾　字数 517 千字　2022 年 2 月北京第 1 版第 5 次印刷

购书咨询：010-64518888　　　　　售后服务：010-64518899
网　　址：http：// www.cip.com.cn
凡购买本书，如有缺损质量问题，本社销售中心负责调换。

定　　价：49.00 元　　　　　　　　　　　　　　　　版权所有　违者必究

前言

　　本教材是根据全国高校土木工程学科专业指导委员会审定的有关课程教学大纲，结合土木工程专业的特点，依据课程教学基本要求进行编写的。

　　我国的工程 CAD 技术在近 30 年得到了飞速发展，作者在 20 世纪 80 年代末期接触 CAD，当时使用的是 Autodesk 公司的 AutoCAD 9.0 版本，从 1996 年起开始工程 CAD 的教学工作，并指导学生在毕业设计中使用 AutoCAD 绘图。曾使用过最早版本是 AutoCAD 2.5，早期版本的 AutoCAD 都是 DOS 的英文版，为此还做了一些汉化和二次开发工作。后来 Autodesk 公司推出了中文版，也由 DOS 升级到 WINDOWS 版本，在国内影响较大的版本有 DOS 版的 R9.0、WINDOWS 版的 R14、R2004、R2006 等。随着 AutoCAD 版本的不断升级，其功能越来越强大，界面更加人性化，操作更加简洁方便，绘图快速省力。目前，最新推出的 AutoCAD 2009 以全新的设计思想和强大的新增功能令人耳目一新，在界面、图层功能和控制图形显示等方面都达到了崭新的水平，使得 AutoCAD 更加易学易用，本书是基于 AutoCAD 2009 编写的。

　　本教材是作者结合多年教学和工程设计实践经验编写的，侧重于土木工程专业的设计要求和特点，依据土木工程专业制图标准，紧密结合工程实例。系统介绍了土木工程图的绘制方法及特点，尽可能地体现 CAD 技术的先进性、实用性、通用性，既可作为高等学校土木工程及相关工程类专业的教材，也可供从事土木类设计人员以及 AutoCAD 爱好者使用。

　　本教材共分 12 章，主要介绍 AutoCAD 的功能和操作方法，内容包括二维绘图、二维图形编辑、文字和尺寸标注、图形的打印输出、填充图案、块与属性、精确绘图工具以及图形的显示控制，线型、颜色和图层设置，三维图形的绘制。在第 12 章对天正建筑 Tarch7.5 和 PKPM 系列设计软件作了较详细的介绍。通过综合示例，深入浅出地准确解读常用命令、基本概念、基本操作和使用技巧。教材中的命令流都是对图形实际操作过程产生的，并对重要命令流作了详细说明。在内容安排上，对理论知识与上机练习进行了缜密的考虑，符合教学要求。

　　本书由赵星明等编著，王萱、张丽、李颖、孙丰霞、姜瑞雪参加了部分编写和插图绘制工作，全书由赵星明统稿。邢黎峰对本书进行了细致的审阅，并提出宝贵意见，在此表示诚挚的谢意。

　　因编者水平所限，书中难免存在不足之处，恳请广大读者批评指正。

编著者

2009 年 8 月

目录

1 AutoCAD 概述

CAD（computer aided design）是计算机辅助设计的简称，就是利用计算机系统来辅助完成工程设计领域中的各项工作。近年来，随着计算机的普及和性能的提高，使计算机辅助设计技术在土木工程、机械、航空、电子等行业得到了广泛应用，获得了良好的社会和经济效益。

1.1 CAD 基本知识

1.1.1 CAD 的概念

计算机辅助设计（CAD）是集计算机强有力的计算功能、高效率的图形处理能力和最先进的产品设计理论与方法为一体，最大限度地实现设计工作中的"自动化"，它是综合了计算机科学与工程设计方法的最新发展而形成的一门新兴学科。任何一项工程设计，虽然最终的表现是工程语言——图纸资料，但不能因此而认为工程设计就是画图，同样也不能认为计算机辅助设计就是用计算机绘图。当然，绘图的确是设计中工作量极大的一部分，"计算机绘图"也是 CAD 技术的重要组成部分之一，但 CAD 更是一种先进的设计方法，它包含设计过程中的各个环节，完整的 CAD 系统包含分析计算、工程数据库管理和图形处理三个部分。

CAD 技术是人用计算机及其外围设备帮助做工程和产品设计。但是计算机没有自我学习能力、没有创造性，必须由人告诉它如何工作。从构造设计逻辑、信息处理、修改和分析四个方面来看，人和计算机各有优势，只有把人的直观处理、经验继承能力、创造能力和计算机高速度、大容量、正确的处理能力结合起来，才会产生好的效益。一般认为 CAD 应具有以下主要功能。

① 几何造型和图形处理；
② 工程计算和对设计对象的模拟、检验以及优化等；
③ 计算机绘图与文档编辑；
④ 工程信息的合理输出与存储；
⑤ 人工智能。

交互式图形编辑和自动绘图是 CAD 的主要特点，也是当今大多数 CAD 系统的主要功能。工程设计要处理大量的图形信息，绘图工作量很大，利用计算机的图形显示功能以及彩色、浓淡、阴影、动画等特殊技巧可获得手工难以达到的效果。例如辅助建筑型体设计，飞机、汽车等复杂模型设计等。利用计算机绘图，不但可以减轻劳动强度和加快出图速度，而且还能提高图面质量和减少工程图纸的出错率。

1.1.2 CAD 的发展历程

计算机技术出现在 20 世纪 50 年代初，由美国麻省理工学院研制的第一台用 APT 语言加工的数控铣床为代表，APT 语言可用来定义零件的几何元素，通过数值型数据来控制机床刀具的移动。利用这个原理，美国 Gelcomp 公司把刀具用笔来代替，生产了世界上第一台平板式绘图仪。

20 世纪 60 年代初，美国麻省理工学院林肯实验室开始对人机交互系统进行研究，于 1963 年在美国联合计算机会议上发表了题为"Sketchpad：一个人机通讯的图形系统"的博士论文，并研制出一个原型系统。根据这个系统，可以将键盘、图形显示器以及光笔一起连接在大型计算上，通过在图形显示器上显示光标位置，并用光笔移动光标的方式生成和识别图形。这成为交互图形处理的原型，为把计算机用于处理工程设计图形奠定了基础，同时也标志着 CAD 技术的诞生。

1964 年，美国通用汽车公司推出了第一个实用的 CAD 系统——DAC-1 系统，并将它用于汽车设计，从而实现了 CAD 技术在工程设计中的应用。

20 世纪 80 年代是 CAD 技术得以普及和发展的重要阶段。微型计算机产品的面市，标志着计算机普及时代的到来。CAD 技术也更加成熟，二维、三维图形处理技术、真实感图形处理技术、结构分析与计算技术、模拟仿真、动态景观、科学计算可视化等各方面都已进入实用阶段。

20 世纪 90 年代，微型计算机系统性能已相当成熟，基于微机的 CAD 系统越来越多，它们价格低廉，普及迅速，应用更加广泛，CAD 技术标准化体系进一步扩充，新标准不断完善，智能化研究成为热门课题。

未来一段时期内，新的建模技术与绘制技术仍然是主要研究方向，三维图形处理技术将有较大普及，科学计算、可视化、虚拟设计、虚拟制造技术的研究进一步深化，未来的 CAD 系统将向专家系统与智能 CAD 系统方向发展。将人工智能技术和专家系统技术应用于 CAD 系统中，提高 CAD 系统的智能化水平和专业化水平，更加准确、高效地协助设计人员进行产品设计。利用网络技术、分布式操作系统、分布式数据库等技术，使各工作阶段间的数据资源、硬件资源可以共享，大大减少了 CAD 系统的投资成本。

1.1.3 CAD 在土木工程中的应用

土木工程 CAD 的开发和研究是一个多学科知识综合应用领域，涉及数学、力学、计算机图形学、软件工程学以及各专业设计理论（如房屋桥梁结构工程、岩土工程、给排水工程、暖通工程等），还与工程经济、工程管理、工程决策等知识有关。对于集成化 CAD 系统和智能化 CAD 系统，还涉及数据库理论和人工智能理论，以及专家系统、人工神经网络等技术。因此，土木工程 CAD 软件的开发是一件技术难度大、工程浩繁的工作，需要科技人员付出极大的劳动和代价，特别是开发土木工程 CAD 系列软件，牵涉的面更大，需要大量的人力、财力和物力。目前，CAD 在土木工程中的应用主要有以下几个方面。

（1）建筑与规划设计　国内的建筑与规划设计 CAD 软件大多是以 AutoCAD 为图形支撑平台作二次开发的系统。这些软件一般能进行建筑和桥梁的造型设计，从二维的平面图、立面图、剖面图到三维的透视图甚至渲染效果图都能生成。

目前国内流行的建筑设计软件主要有：北京天正工程软件有限公司的 TArch、House，德克赛诺的 ARTCH-T，中国建筑研究院的 APM、ABD，匈牙利 GRAHPISOFT 公司的 ARCHICAD 等。

（2）结构设计　在结构设计方面，若干在微机上研制开发的较成熟的 CAD 软件，目前正在各设计单位发挥着积极的作用。这些软件的特点是：以微机为主要开发机型；符合我国现行规范要求和设计习惯；能与人们所熟悉的计算机程序有机结合；自动化程度高，操作简单；有一定的人机交互功能，可适应不同层次的人员使用。就其功能来说，它们基本上能完成从结构计算到绘制结构施工图的全部或大部分工作，从而使传统的结构设计方式发生了根本的变化。另一方面，由于计算能力和图形功能的加强等原因，过去人们所熟悉的结构计算方法，即有限单元法分析程序部分，在 CAD 系统中大为改观。在系统中由于具备功能齐全而又灵活方便的前后处理功能，大大提高了使用者的工作效率，减少了出错机会和查错时间。更为重要的是，灵活多样的菜单、图形等交互式工作方式使现代 CAD 系统的操作既简单又方便，使其真正成为每个工程师自己的有力工具。

目前国内流行的结构 CAD 软件主要有以下几种。

① 中国建筑研究院的 PK、PM、TBSA、TAT、SATWE、TBSA-F、TBFL、LT、PLATE、BOX、EF、JCCAD、ZJ 等；

② 湖南大学 的 HBCAD、FBCAD、BSAD、BENTCAD、FDCAD、NDCAD、SBSIA、BRCAD、

BGCAD、SLABCAD 等；

③ 交通部公路科学研究所的桥梁设计软件 QXCAD、GQJS、SBCC、STR 等；

④ 清华大学的 TUS，北京市建筑设计院的 BICAD；

⑤ 德克赛诺的 AUTO-FLOOR、AUTO-LINK。

（3）给排水设计　目前国内流行的给排水设计软件主要有 WPM、PLUMBING、GPS、[美]Water-CAD 等。

（4）暖通设计　目前国内流行的暖通设计软件主要有 HPM、CPM、HAVC、THAVC、SPRING、[美]AEDOT、[欧]COMBINE 等。

（5）建筑电气设计　目前国内流行的建筑电气设计软件主要有 TELEC、ELECTRIC、EPM、EES、INTER-DQ 等。

总之，CAD 是一门应用非常广泛的技术，在土木工程的各个领域都占有很重要的地位，掌握 CAD 的基本原理和应用技巧，将为今后的工作和学习打下扎实的基础。

1.2　AutoCAD 的基本功能

AutoCAD 是美国 Autodesk 公司推出的一套通用二维和三维 CAD 图形软件系统，诞生于 1982 年，这一年推出了 AutoCAD 1.0 版(当时命名为 Micro CAD)。经过不断改进和完善，AutoCAD 已经历了十多次版本升级，从 AutoCAD 1.0 版到 2008 年刚发布的 AutoCAD 2009 版，AutoCAD 的功能不断得到增强，智能化不断提高，成为一套国际通用的强力设计软件。

1.2.1　丰富的交互功能

（1）下拉菜单　下拉菜单包含了 AutoCAD 的大部分命令，一旦选中菜单栏中任意选项(如【绘图】)，就会出现一个下拉菜单，其中包含了若干命令选项。AutoCAD 2009 采用了菜单浏览器代替以往水平显示在 AutoCAD 窗口顶部的菜单。

（2）屏幕菜单　屏幕菜单产生于低版本的 AutoCAD，位于屏幕右侧，AutoCAD 2009 的默认设置为不显示。

（3）快捷菜单　在操作过程中，可随时按下鼠标右键，或与功能键同时按下，可弹出快捷菜单，其内容与当前的操作内容有关，方便了用户操作。

（4）对话框　AutoCAD 的命令以及相关参数还可以通过命令行和对话框的形式交互运行，系统默认弹出对话框形式，用户在对话框中输入执行该命令所需的各种参数即可。AutoCAD 2009 还增加了新的快速属性工具，可以就地查看和修改对象属性，而不用求助于属性面板。

1.2.2　绘图功能

（1）创建二维图形　提供了全部的二维图形绘制命令，用户执行这些命令可以完成点、直线、多线、多段线、构造线、射线、样条曲线、圆、椭圆、圆弧、矩形、正多边形等的绘制。

（2）创建三维实体　提供了球体、圆柱体、立方体、圆锥体、圆环体和楔体共 6 种基本实体的绘制命令，其他的则可以通过拉伸、旋转以及布尔运算等命令和功能来实现。

（3）创建线框模型　线框模型是使用直线和曲线的实际对象的边缘或骨架表示的模型。建模方法有输入定义对象 X、Y 和 Z 位置的三维坐标来绘制对象；设置默认构造平面(XY 平面)，在它上面将通过定义用户坐标系 UCS 来绘制对象；创建对象之后，将它移动或复制到其适当的三维位置等。

（4）创建曲面模型　曲面模型是由多边形性网格将实体表面用许多小平面组合起来构成的近似曲面，曲面模型不仅包含三维对象的边界，而且还定义三维表面，因此曲面模型具有面的特征。

创建曲面模型的方法有：旋转曲面、平移曲面、直纹曲面、边界曲面、三维曲面、三维网格等。

1.2.3　图形编辑功能

AutoCAD 不仅具有强大的绘图功能，而且还具有强大的图形编辑功能。如删除、恢复、移动、复制、镜像、旋转、阵列、修剪、拉伸、缩放、倒角、圆角、布尔运算、切割、抽壳等，图形编辑功能全部适用于二维图形，部分适用于三维图形。另外，如栅格、对象捕捉、正交、极轴、对象追踪等辅助绘图功能，使绘图更加准确、快速。

1.2.4　显示功能

（1）平移或缩放　可以平移视图以重新确定其在绘图区域中的位置，或缩放视图以更改比例。通过平移或缩放改变当前视口中图形的视觉尺寸和位置，以便清晰观察图形的全部或局部。

（2）鸟瞰视图　鸟瞰视图功能一般用于大型图形中，可以在显示全部图形的窗口中快速平移和缩放，快速修改当前视口中的视图。

（3）标准视图　提供了六个标准视图（6 种视角），包括主视、俯视、左视、右视、仰视、后视。

（4）三维视图　提供了四个标准等轴测模式：西南等轴测视图、东南等轴测视图、西北等轴测视图、东北等轴测视图。另外，还可以利用视点工具设置任意的视角，利用三维动态观察器设置任意的透视效果。

1.2.5　注释功能

注释是说明或其他类型的说明性符号或对象，通常用于向图形中添加信息，用户可以使用某些工具和特性以更加轻松地使用注释。注释样例包括说明和标签、表格、标注和公差、图案填充、尺寸标注、块等，注释图形时，可以在各个布局视口和模型空间中自动缩放注释。通常用于注释图形的对象有一个称为"注释性"的特性，可以使缩放注释的过程自动化，从而使注释在图纸上以正确的大小打印。创建注释性对象后，它们将根据当前的注释比例设置进行缩放并自动以正确的大小显示。

1.2.6　二次开发功能

① 用户可以根据专业需要自定义各种菜单；
② 用户可以自定义与图形相关的一些属性，如线宽、剖面线图案、文本字体等；
③ 建立命令文件（script file），自动执行预定义的命令序列；
④ 提供了一个完全集成在 AutoCAD 内部的 Visual LISP 编程开发环境，用户可以使用 LISP 语言定义新命令，开发新的应用和解决方案；
⑤ 具有一个功能强大的编程接口 Object ARX，提供了对 AutoCAD 进行二次开发的 C 语言编程环境与接口；
⑥ 配备了更加丰富的 ActiveX 对象用于自定义和编程。

1.2.7　图纸输出

图形绘制完成之后可以使用多种方法将其输出，可以将图形打印在图纸上，也创建不同格式的图形文件以供其他应用程序使用。在 AutoCAD 中的"打印机管理器"窗口中，列出了用户安装的所有非系统打印机的配置文件（PC3）。如果用户要使 AutoCAD 使用的默认打印特性不同于 Windows 使用的打印特性，也可以创建用于 Windows 系统的打印配置文件。打印机配置端口信息、光栅图形和矢量图形的质量、图纸尺寸以及取决于打印机类型的自定义特性。

1.3 AutoCAD 的运行

1.3.1 安装和启动 AutoCAD

1.3.1.1 AutoCAD 2009 的运行环境

（1）软件环境

1）操作系统 Windows® XP Professional Service Pack 2；Windows XP Home Service Pack 2；Windows Vista 的不同版本。

2）Web 浏览器 Internet Explorer 6.0 SP1 或更高版本；Internet Explorer 7.0 或更高版本。

（2）硬件环境

1）中央处理器 Intel® Pentium4 处理器或 AMD®Athlon，2.2 GHz 或更高；Intel 或 AMD 双核处理器，1.6 GHz 或更高；AMD 64 或 Intel EM64T

2）内存 1GB 或更大，三维图形要求 2GB 或更大。

3）图形卡 1280×1024 32 位彩色视频显示适配器（真彩色），具有 128MB 或更大显存，且支持 OpenGL®或 Direct3D®的工作站级图形卡。

4）键盘与鼠标 使用带滑轮鼠标，通过右手移动鼠标使光标在屏幕上定位，用左手键盘输入命令和数值，左右手分工明确，减轻不必要的换手动作。

5）输出设备 A3 图幅以下的可采用喷墨和激光打印机输出图形，A2 以上的图幅需采用绘图仪输出图形，对初学者也可使用 ePlot 进行电子打印。

1.3.1.2 AutoCAD 2009 单机版安装

（1）执行安装程序 放入 AutoCAD 2009 DVD 或 CD1 启动安装过程，按照提示使用默认值完成典型安装。安装目录为 C:\Program Files\AutoCAD 2009，文字编辑器默认 Windows 记事本，并选择安装 Express Tools。

（2）接受许可协议和输入序列号 在安装向导中，会弹出"软件许可协议"对话框，用户必须接受适用国家/地区的 Autodesk 软件许可协议才能完成安装，否则取消安装。在"产品和用户信息"页面中，正确输入产品的序列号和用户信息，用户信息是永久性的，以后无法更改，它们将显示在计算机的"AutoCAD"窗口中。在"查看-配置-安装"页面中，若不希望对配置进行任何更改，请直接选择 安装 按钮，使用默认值进行安装。

（3）选择安装类型 若在"查看-配置-安装"页面，单击 配置 按钮则对 AutoCAD 2009 的安装进行配置。对于单机用户，许可类型选择"单机许可"，网络用户选择"网络许可"。安装类型有典型和自定义两种，建议大多数用户选择典型安装，可安装最常用的组件，对 AutoCAD 系统比较了解的高级用户可选择自定义安装，由用户来决定安装的组件。用户选择一种安装类型后，指定安装盘和默认目录，安装设置工作就完成了。然后，按 下一步 按钮即返回"查看-配置-安装"页面。

（4）结束安装 当用户在安装向导下安装完毕 AutoCAD，系统会提示重新启动计算机。

1.3.1.3 启动 AutoCAD

（1）AutoCAD 2009 的启动方式

1）双击 Windows 桌面上的 AutoCAD 2009 快捷图标，或者在 AutoCAD 2009 快捷图标上按右键弹出下拉菜单，单击【打开】，如图 1-1 所示。

2）选择【开始】菜单的【所有程序】⇨【Autodesk AutoCAD 2009- Simplified Chinese】⇨【AutoCAD 2009】。

3）进入 AutoCAD 2009 的安装目录，双击可执行文件"acad.exe"。

4）直接双击扩展名为".DWG"的 AutoCAD 图形文件，可启动 DWG 类型文件所关联的"acad.exe"程序，并同时打开图形文件。

（2）注册和激活 AutoCAD　AutoCAD 安装完毕后，需在 30 天内激活产品。第一次运行 AutoCAD 会提示选择"激活产品"操作，要求用户输入序列号或编组，并把获得的激活码输入到输入框，进行授权注册，建议用户打印激活信息以备重装 AutoCAD 需要。用户也可以选择"运行产品"，允许在 30 天内试用 AutoCAD 产品。

图 1-1　AutoCAD 2009 启动

1.3.2　AutoCAD 的工作空间

AutoCAD 2009 第一次启动后，默认打开"二维草图和注释"工作空间，其界面主要由"菜单浏览器"按钮、"功能区"选项板、快速访问工具栏、文本窗口与命令行、状态栏等元素组成，如图 1-2 所示。

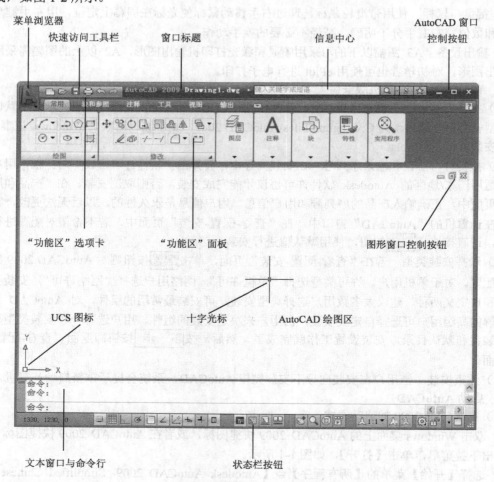

图 1-2　"二维草图和注释"工作空间

工作空间是由分组组织的菜单、工具栏、选项板和功能区控制面板组成的集合，使用户可以在专门的、面向任务的绘图环境中工作。AutoCAD 2009 提供了"二维草图与注释"、"三维建模"和"AutoCAD 经典"三种工作空间模式，用户可以通过"菜单浏览器"按钮 切换这三种工作空间，单击菜单浏览器按钮➾【工具】➾【工作空间(O)】，如图 1-3 所示。

用户也可在状态栏中单击"切换工作空间"按钮，弹出如图 1-4 所示的下拉菜单，选择相应的命令。按钮右下角带有黑三角"◢"符号表示包含下拉菜单，不带黑三角的按钮则表示是一个开关命令。

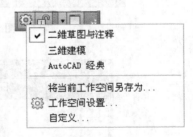

图 1-3   用"菜单浏览器"按钮切换工作空间   图 1-4   在"状态栏"用"切换工作空间"
                                                                按钮切换工作空间

本书使用"二维草图与注释"工作空间，对于习惯了传统界面的用户，可以使用"AutoCAD 经典"工作空间，如图 1-5 所示。若进行三维图形的绘制，可以切换到"三维建模"工作空间，请见以后章节。

1.3.2.1   "菜单浏览器"按钮

"菜单浏览器"按钮位于 AutoCAD 窗口的左上角，形状是一个红色的粗斜体"A"，单击该按钮，可弹出 AutoCAD 菜单，如图 1-6 所示。通过该菜单能够执行大多数 AutoCAD 的命令，用户单击所选择的命令即可运行相应操作。

AutoCAD 2009 菜单包括 11 个一级菜单项，菜单项以级联的层次结构来组织各个菜单项。所有的一级菜单都包含二级菜单，二级菜单后面带省略号"…"的表示该命令形式为对话框，在前面带三角符号"▶"的表示含有三级菜单。大多数重要的菜单项都有组合键，如【文件（F）】表示其组合键是[Alt+F]，在当前级菜单下按下[Alt+F]组合键，就相当于执行【文件】菜单命令。而菜单的快捷键不受当前菜单级的限制，在任何情况下按下快捷键，都会执行相应的菜单命令。如【全部选择】的快捷键是[Ctrl+A]，表示在图形窗口下按下[Ctrl+A]，就可以选择全部的图形，而无需打开【编辑】菜单。

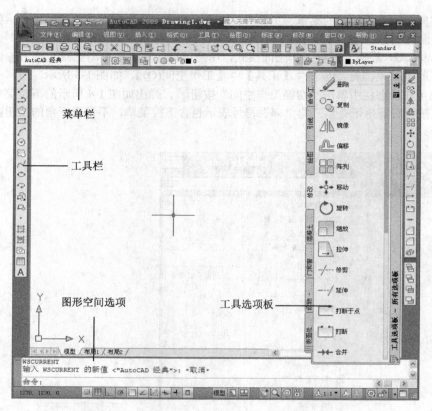

图 1-5 "AutoCAD 经典"工作空间

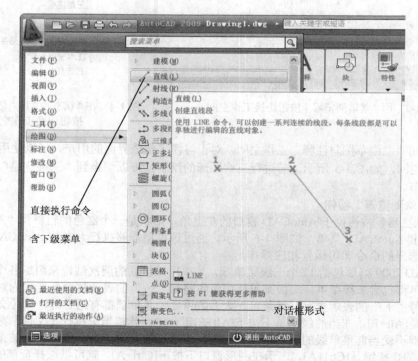

图 1-6 AutoCAD 菜单

如果用户对菜单项的功能不是很了解，可以把鼠标停留在菜单项上几秒钟，AutoCAD 会提供两级帮助，其中第二级为扩展提示，可通过菜单【工具】⇨【选项】⇨【显示】设置延迟时间或禁止该功能。

1.3.2.2 快速访问工具栏

快速访问工具栏是一种固定在窗口标题栏上的自定义工具栏，充分利用了标题栏中的空间，它包含用户自定义的按钮，默认包含"新建"、"打开"、"保存"、"打印"、"放弃"和"重做"六个快捷按钮，如图 1-7 所示。

图 1-7　快速访问工具栏

用户可以对快速访问工具栏添加、删除和重新定位命令按钮，与自定义普通工具栏的方法一样。在快速访问工具栏上右键单击弹出快捷菜单，选择"自定义快速访问工具栏"菜单项，在弹出的"自定义用户界面"对话框进行设置快速访问工具栏，如图 1-8 所示。

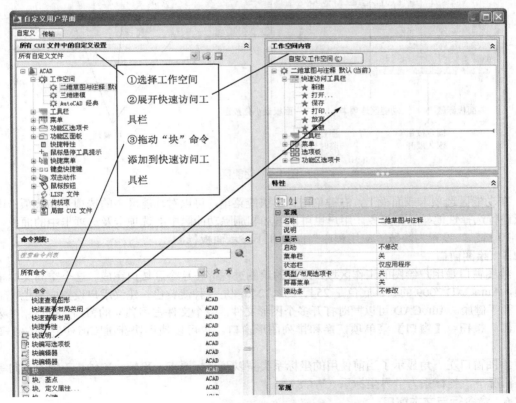

图 1-8　自定义快速访问工具栏

1.3.2.3 标题栏

同其他标准的 Windows 应用程序界面一样，标题栏位于窗口的顶端， AutoCAD 2009 充分利用了标题栏的空间，左侧放置了快速访问工具栏，中间是窗口标题，显示程序名 AutoCAD 2009 和当前图形名称如 Drawing1.dwg，右侧是信息中心和窗口的最大化、最小化和关闭三个控制按钮。通过双击标题栏可使窗口还原与最大化，光标位于标题栏时按鼠标右键将弹出一个下拉菜单，可以进行最小化或最大化窗口、还原窗口、关闭 AutoCAD 等操作。

信息中心提供了多种信息来源的搜索，例如帮助、新功能专题研习、网址和指定的文件或位置等。在文本框中输入需要帮助的问题，然后单击"搜索"按钮，即可以获取相关的帮助。单击"通讯中心"按钮，可以获取最新的软件更新和其他服务的连接等，单击"收藏夹"按钮，可以保存一些重要的信息。

1.3.2.4 功能区

功能区由许多面板组成，每一块面板都包含着很多工具和控件，与工具栏和对话框中的相同。在"二维草图和注释"空间中，功能区默认包括"常用"、"块和参照"、"注释"、"工具"、"视图"和"输出"六个选项卡，每一个选项卡又包含多个面板，如"常用"选项卡包含了"绘图"、"修改"、"图层"、"注释"、"块"、"特性"、"实用程序"七个面板，如图 1-2 所示。面板标题上若带有黑三角"◢"符号，表示该面板可以展开，当单击"◢"符号时，面板展开折叠区域，光标离开该面板则自动收起，可以单击展开区域的标题栏上的图钉按钮，则整个面板不再收起，如图 1-9 所示。

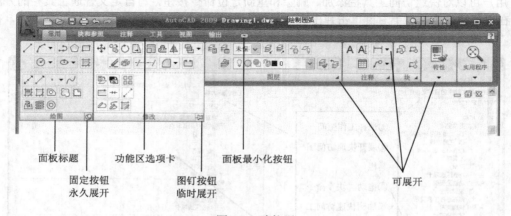

图 1-9　功能区

在功能区选项卡或面板上，右键单击弹出快捷菜单，可以对功能区中的选项卡和选项卡中的面板进行选择性地显示和隐藏。用户也可以增加和删除功能区中的选项卡及选项卡中的面板，如图 1-10 所示，设置为隐藏"应用程序"面板和不显示面板标题。

1.3.2.5 绘图窗口

绘图窗口是用户绘图的工作区域，所有的绘图过程都在这个区域内完成。这个空间又叫模型空间，AutoCAD 2009 的默认底色是 254、252、240，是一种淡黄色，建议用户设置成黑色，节能且有利于健康。AutoCAD 可以同时打开多个图形文件，每个文件占用独立的窗口，可以用"菜单浏览器"按钮⇨【窗口】菜单项切换和排列图形窗口，也可以使用快捷键[Ctrl+F6]或[Ctrl+Tab]切换。

绘图窗口左下角显示了当前使用的坐标系类型以及坐标原点、X 轴、Y 轴、Z 轴的方向等，默认情况下，坐标系为世界坐标系（WCS）。

1.3.2.6 命令行与文本窗口

命令行是为键盘输入、提示和信息保留的文字区域，是 AutoCAD 与用户交互对话的地方，用键盘直接输入命令，能够执行所有的命令、系统变量、外部程序等，也是操作最简捷的方式，如图 1-11 所示。命令行默认为三行，可以用鼠标拖拉命令行窗口，扩大或缩小命令行的行数。为了扩大绘图窗口区域，可以隐藏命令行（用[Ctrl+9]切换），使用 DYN（动态输入）功能。

文本窗口（用[F2]键切换）是命令行的扩展形式，能够显示更多的信息，并可查阅和复制命令的历史记录，如图 1-12 所示。

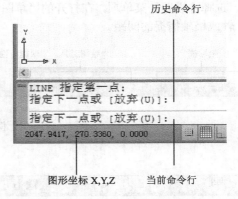

图 1-10　功能区选项卡和面板的显示　　　　　图 1-11　命令行

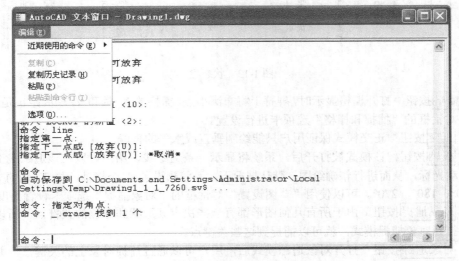

图 1-12　文本窗口

说明：
　　DYN（动态输入）使用户在操作时，会在光标附近提供了一个命令界面，在光标附近显示信息，该信息会随着光标移动而动态更新，以帮助用户专注于绘图区域。可以在工具栏提示中输入坐标值，而不用在命令行中输入。

1.3.2.7　状态栏

　　状态栏位于 AutoCAD 窗口的底部，可显示光标的坐标值、绘图工具、快捷特性、导航工具以及用于快速查看和注释缩放的工具等，如图 1-13 所示。

　　状态栏左侧用于显示光标当前 X、Y、Z 坐标值，共有"相对"、"绝对"和"地理"三种模式。绘图工具主要包括了草图设置中的功能和显示开关，包括"捕捉"、"栅格"、"正交"、"极轴""对象捕捉"、"对象追踪"、"DUCS"、"DYN"、"线宽"。导航工具包括常用的"平移"和"缩放"以及 AutoCAD 2009 的新功能"SteeringWheel"和"ShowMotion"。注释工具也为绘图提供了极大的方便，下面将分别介绍它们的功能。

　　（1）捕捉按钮　捕捉功能使光标只能在 X 轴、Y 轴或极轴方向移动设定的距离。单击菜单浏览器按钮，在弹出的菜单中选择【工具】⇨【草图设置】命令，或在捕捉按钮右键单击弹出快捷菜单，选择【设置】菜单项，在打开的"草图设置"对话框的"捕捉和栅格"选项卡中设置 X 轴和 Y 轴或极轴捕捉的间距。

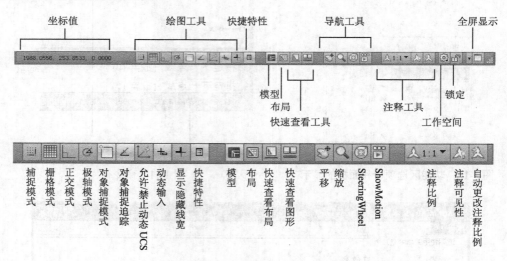

图 1-13 状态栏

（2）栅格按钮　打开栅格显示时，屏幕上将布满小点。栅格的 X 轴和 Y 轴间距也是通过"草图设置"对话框的"捕捉和栅格"选项卡进行设置。

（3）正交按钮　正交模式保证用户只能绘制垂直或水平的直线。

（4）极轴按钮　该模式被打开后，系统将显示一条追踪线，用户可以在该追踪线上根据提示精确移动光标，从而进行精确绘图。默认情况下，系统预设了 4 个极轴，与 X 轴的夹角分别为 0°、90°、180°、270°。可以使用"草图设置"对话框的"对象捕捉"选项卡设置角度增量。

（5）对象捕捉按钮　由于所有几何图形都有一些决定其形状和方位的关键点，所以在绘图时，如果打开对象捕捉模式，就可以捕捉到这些关键点。

（6）对象追踪按钮　打开对象追踪模式后，用户可以通过捕捉对象上的关键点，并沿着正交方向或极轴方向拖动光标，此时可以显示光标当前位置与捕捉点之间的相对关系。

（7）DUCS按钮　开启或关闭动态 UCS 功能。

（8）DYN按钮　开启或关闭动态提示和动态输入功能。

（9）线宽按钮　控制在屏幕上是否显示线宽，以标识不同线宽对象间区别。

（10）快捷特性按钮　可以显示对象的快捷特性面板，能帮助用户快捷地编辑对象的一般特性。通过"草图设置"对话框的"捕捉和栅格"选项卡设置快捷特性面板的位置模式和大小。

（11）注释比例按钮　改变注释对象的注释比例。

（12）注释可见性按钮　用来设置仅显示当前比例的可注释对象或显示所有比例的可注释对象。

（13）自动更改注释比例按钮　可在更改注释比例时自动将比例添加至可注释对象。

（14）快捷查看布局按钮　可以浏览和操控当前图形的模型或布局个性特征。

（15）SteeringWheel按钮　可以打开控制盘来追踪光标在绘图窗口中的移动，并且提供了控制二维和三维图形显示的工具。

（16）ShowMotion按钮　可以访问当前图形中已存储的、并按类别组织起来的一系列活动的命令视图。

（17）全屏显示按钮　可以隐藏 AutoCAD 窗口中"功能区"选项板等界面，使 AutoCAD 的绘图窗口全屏显示。

1.3.3 退出 AutoCAD

（1）菜单方式 【文件】⇨【退出】。
（2）命令方式 Exit 或 Quit。
（3）快捷键方式 [Ctrl+Q]或[Alt+F4]。
（4）关闭窗口方式 单击 AutoCAD 窗口右上角的⊠按钮。

说明：
　　要养成先存盘再退出 AutoCAD 的习惯，并在退出时一定要仔细观察弹出窗口的提示，如果没存盘而执行了退出操作，AutoCAD 会弹出如图 1-14 所示的提示对话框，默认是存盘操作。

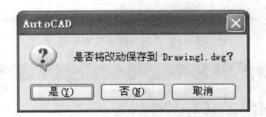

图 1-14　退出警告对话框

1.4 图形文件操作

　　AutoCAD 在启动后，会无提示地自动创建一个 Drawing1.dwg 新图形，其中"1"为建立新文件的序号。用户可以在该空白图形上进行设计或打开现有图形文件。打开现有图形时，将恢复上一次绘图使用的环境和系统变量设置，因为这些信息是与图形文件一起保存的。在开始绘图之前，必须了解 AutoCAD 的一些文件基本操作命令。

1.4.1 创建新文件

　　单击菜单浏览器按钮，在弹出的菜单中选择【文件】⇨【新建】，打开"选择样板"对话框，用户可以在样板列表框中选择某一个样板文件，这时右边的"预览"框中将显示该样板的预览图像，单击打开按钮，可以打开所选中的样板来创建新图形文件，如图 1-15所示。
　　创建新文件的方法还有：
① 在快捷访问工具栏中单击新建按钮框；
② 在命令行输入并回车（或空格）执行 NEW 命令；
③ 采用快捷键方式[Ctrl+N]。

1.4.2 打开文件

　　单击菜单浏览器按钮，在弹出的菜单中选择【文件】⇨【打开】，打开"选择文件"对话框，在对话框的文件列表中选择需要打开的图形文件。用户可以通过打开按钮右侧的按钮用四种方式来选择打开图形的方式，每种方式都对图形文件进行了不同的限制，如图 1-16 所示。如果以"打开"和"局部打开"方式打开图形，可以对图形文件进行编辑。如果以"以只读方式打开"和"以只读方式局部打开"方式打开图形，则无法对图形文件进行编辑。

图 1-15 "选择样板"对话框

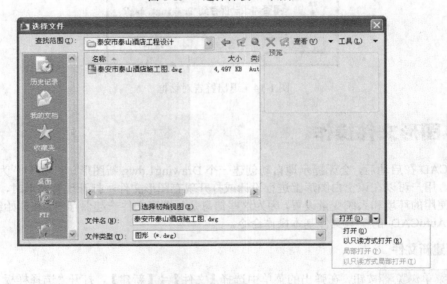

图 1-16 "选择文件"对话框

　　局部打开功能是基于图层技术，有选择地打开部分需要使用的图层，适用于非常大的图形文件，可以加快打开文件和编辑文件的速度。

　　打开文件的方法还有：

① 在快捷访问工具栏中单击打开按钮框；

② 在命令行输入并回车（或空格）执行 OPEN 命令；

③ 采用快捷键方式[Ctrl+O]。

1.4.3 保存文件

　　单击菜单浏览器按钮，在弹出的菜单中选择【文件】⇒【保存】，将以当前使用的文件名保存图形。若选择【文件】⇒【另存为】，将把当前图形以新的名字保存，第一次保存图形，系统以另存的形式保存文件，将打开"图形另存为"对话框，如图1-17所示。

　　保存文件的方法还有：

① 在快捷访问工具栏中单击保存按钮框；

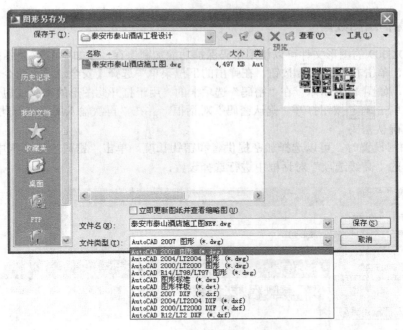

图 1-17 "图形另存为"对话框

② 在命令行输入并回车（或空格）执行 SAVE 命令，另存的命令为 SAVEAS；

③ 采用快捷键方式[Ctrl+S]，另存的快捷键为[Ctrl+Shift+S]。

默认情况下，AutoCAD 2009 以"AutoCAD 2007 图形"的文件类型保存图形文件，也就是说图形文件只能在 AutoCAD 2007 以上的版本打开，为了解决 AutoCAD 的兼容性，用户可以选择低版本的文件类型来保存。若需把 AutoCAD 图形格式转换为其他图形格式，可以选择【文件】⇨【输出】菜单命令，选择并另存为所需的文件格式，如图 1-18 所示。

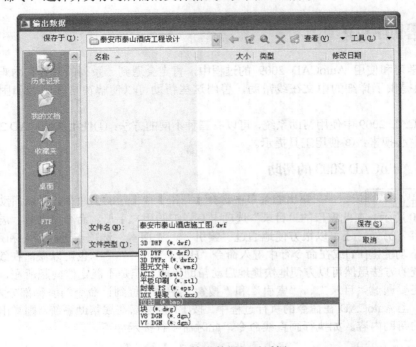

图 1-18 "输出数据"对话框

1.4.4 加密保护绘图数据

AutoCAD 2009 的图形文件可以使用密码保护功能加密保存，在如图 1-17 所示的"图形另存为"对话框中，单击右侧的 工具 按钮，在弹出的下拉菜单中选择【安全选项】命令，打开"安全选项"对话框，如图 1-19 所示。在"密码"选项卡的"用于打开此图形的密码或短语"文本框输入密码，然后单击 确定 按钮打开"确认密码"对话框，并在"再次输入用于打开此图形的密码"文本框中输入确认密码。

在进行加密设置时，可以选择加密提供者和密钥长度。单击"密码"选项卡中的 高级选项 按钮，在打开的"高级选项"对话框中进行选择设置。

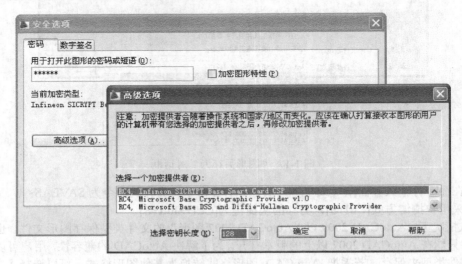

图 1-19 "安全选项"对话框

1.5 帮助系统

在用户学习和使用 AutoCAD 2009 的过程中，肯定会遇到一系列的问题和困难，AutoCAD 2009 中文版提供了详细的中文在线帮助，善用这些帮助可以使解决这些问题和困难变得更加容易。

在 AutoCAD 2009 中使用帮助系统，可以有三种不同的方法：①使用 AutoCAD 2009 的帮助；②使用信息中心搜索；③使用工具提示。

1.5.1 使用 AutoCAD 2009 的帮助

单击 菜单浏览器 按钮，在弹出的菜单中选择【帮助】⇨【帮助】命令，可以启动在线帮助窗口，如图 1-20 所示。在此窗口的"目录"选项卡有详细的用户手册、命令参考等，展开后可以查找所需的内容。另外，还可以很方便地通过"索引"、"搜索"选项卡进行学习和疑难解答。

直接按下功能键[F1]或在命令行中键入命令"HELP"或"？"，也可以激活在线帮助。激活在线帮助系统的方法虽然可以方便地快捷地启动帮助界面，但是不能定位问题所在，对于某一个具体命令，还要通过"目录"、"索引"和"搜索"手动定位到该命令的解释部分才行。

实际上，当 AutoCAD 在命令的执行过程中，按[F1]键激活在线帮助系统，则弹出与正在执行的命令相关的帮助内容。如执行画直线命令，此时命令行提示如下。

命令: _line 指定第一点:

图 1-20 "帮助"窗口

在此状态下直接按[F1]键，则在线帮助系统被激活，而且刚好打开了解释直线命令的位置，以方便用户查看，如图 1-21 所示。

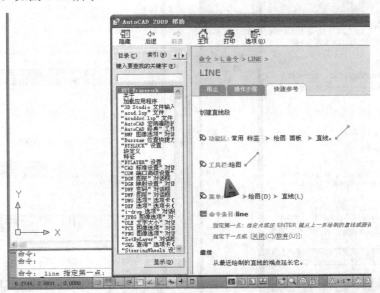

图 1-21 定位"帮助"窗口

除此之外，AutoCAD 2009 还提供了一系列的帮助功能，都集中在【帮助】菜单中，有软件的新功能研习，详细讲解了新增功能的使用方法；有创建支持请求，可以直接向 Autodesk 的支持工程师求助；有仅供所有正版用户使用的 Subscription 服务，对于获得 Autodesk 验证通过的 Subscription 用户，可以获得 Autodesk 软件的最新版本、产品增强功能，以及来自 Autodesk 技术专家的个性化 Web 支持。

1.5.2 使用信息中心搜索

可以使用信息中心通过输入关键字（或输入短语）来搜索信息、显示"通讯中心"面板以获取产品更新和通告，还可以显示"收藏夹"面板以访问保存的主题。可以单击信息中心框左侧的箭头，以显示处于收拢状态的信息中心窗口。

输入关键字或短语，然后按 ENTER 键或单击 搜索 按钮后，除了可以搜索已在"信息中心设置"对话框中指定的所有文件外，还可以搜索多个帮助资源。结果将作为链接显示在面板上。用户可以单击任意链接以显示"帮助"主题、文章或文档，如图 1-22 所示。

单击 通讯中心 按钮时，将显示"通讯中心"面板。该面板显示有关产品更新和产品通告的信息的链接，并可能包括速博应用中心、CAD 管理员指定的文件及 RSS 提要的链接，如图 1-23 所示。

单击 收藏夹 按钮时，将显示一个面板，面板中包含已保存的指向主题或网址的链接。

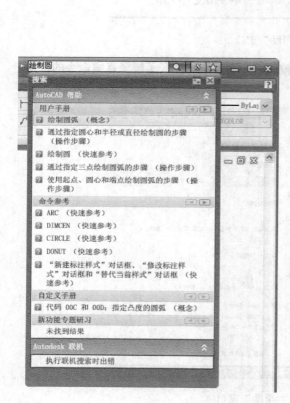

图 1-22　信息中心搜索列表

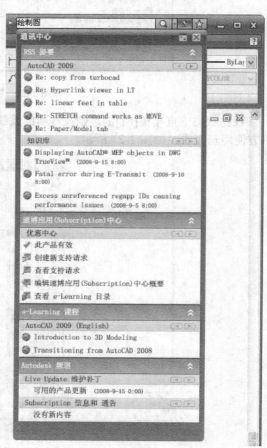

图 1-23　通讯中心列表

1.5.3 使用工具提示

工具提示是光标悬停在工具栏、面板按钮或菜单项上时，在光标附近显示说明信息，如图 1-24 所示。如果继续悬停，则工具提示将展开以显示更多二级信息，如图 1-25 所示。用户可以通过"选项"对话框控制工具提示的二级显示以及延迟时间。

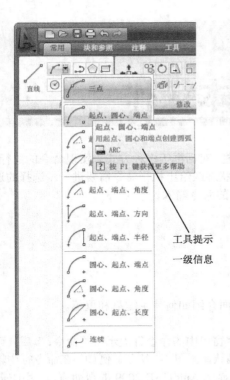

图 1-24　工具提示功能

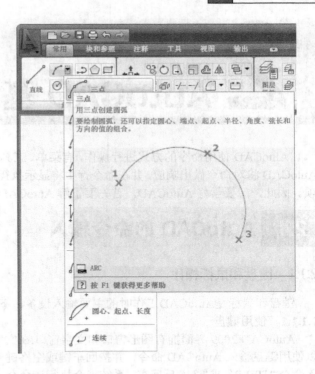

图 1-25　工具提示二级信息

练 习 题

1. 启动 AutoCAD 2009，把当前空图形文件保存在硬盘上，关闭当前文档。

2. 打开保存的图形文件，然后改名存盘，并作加密处理，设置密码为 AutoCAD2009，退出 AutoCAD 程序。

3. 在启动 AutoCAD 2009 后，移动鼠标至屏幕上的不同位置，观察鼠标的不同显示情形。在不同位置按鼠标右键，观察弹出的快捷菜单。

4. 熟悉 AutoCAD 2009 的下拉菜单命令和功能区按钮。

2 AutoCAD 基本操作

AutoCAD 使用命令的方式进行操作,有菜单、工具栏、对话框等多种方式来实现命令的执行,AutoCAD 将对命令做出响应,并在命令行中将显示执行状态或给出执行命令需要进一步选择的选项。因此,想要学好 AutoCAD,首先要了解 AutoCAD 的命令输入。

2.1 AutoCAD 的命令输入

2.1.1 键盘和鼠标操作

键盘和鼠标是AutoCAD工作时的主要输入设备,下面介绍如何使用键盘和鼠标。

2.1.1.1 使用键盘

AutoCAD 2009 界面拥有图形窗口和文字窗口,在文字窗口中的命令行提示符"命令:"后,可以使用键盘输入 AutoCAD 命令,并按回车键或空格键确认,如图 2-1 所示。例如,在命令行中输入命令"HELP"或"?"后回车,系统就会执行该命令,显示 AutoCAD 2009 的帮助窗口。用[Esc]键可随时取消操作或中断命令执行过程,用向上或向下的方向键也能使命令行显示上一个或下一个执行过的命令。

图 2-1　AutoCAD 的文本窗口和命令行

在命令执行过程中,可以嵌套执行其他命令的方式称为透明执行。可以透明执行的命令被称为透明命令,通常是一些可以改变图形设置或绘图工具的命令,如栅格、捕捉和缩放等命令。要调用透明命令,可以在命令行中输入该透明命令,并在它之前加一个单引号('),也可以直接单击工具栏的图标按钮,执行工具栏按钮命令。执行完透明命令后,AutoCAD 自动回到原来命令的执行点。

部分命令是利用对话框的形式来完成的,这一类命令一般都具有命令行形式。通常某个命令的命令行形式是在该命令前加上连字符"-",例如,图层命令的对话框形式为"LAyer",命令行形式为"-LAyer"。一般来说,命令的对话框形式与提示行形式具有相同的功能,但某些命令不是这样,其具体情况将在后面各章节中分别予以说明。

> 说明:
> 　　在命令行中输入命令时,不能在命令中间输入空格键,因为 AutoCAD 系统将命令行中空格等同于回车。如果需要多次执行同一个命令,那么在第一次执行该命令后,可以直接按回车键或空格键重复执行,而无需再进行输入。

2.1.1.2 使用鼠标

在 AutoCAD 中，双键鼠标的左键为拾取键，用于在绘图区域中指定点或选择对象。使用鼠标右键，可以显示包含相关命令和选项的快捷菜单。根据移动光标位置的不同，显示的快捷菜单也不同。

建议用户使用滚轮鼠标，它也是一种双键鼠标，两个键之间有一个小滚轮。旋转或按下这个滚轮可以快速缩放和平移图形，如图 2-2 所示。此外，AutoCAD 2009 还支持 3D 和 4D 鼠标，充分利用其侧键和滚轮来实现更多的功能。鼠标按钮一般是采用如下方法定义的（以右手使用鼠标为例）。

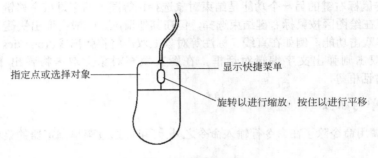

图 2-2　滚轮鼠标

① 鼠标左键的功能主要是选择对象和定位。比如单击鼠标左键可以选择菜单栏中的菜单项，选择工具栏中的图标按钮，在绘图区选择图形对象等。

② 鼠标右键的功能主要是弹出快捷菜单，快捷菜单的内容将根据光标所处的位置和系统状态的不同而变化。例如，直接在绘图区单击右键将弹出如图 2-3 所示的快捷菜单；选中某一图形对象如圆后单击右键将弹出如图 2-4 所示快捷菜单；在文本窗口区单击右键将弹出如图 2-5 所示快捷菜单。

图 2-3　右键快捷菜单之一

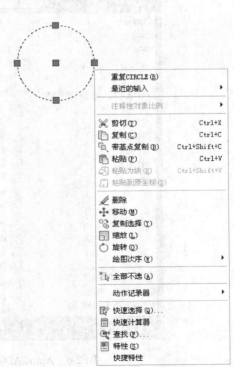

图 2-4　右键快捷菜单之二

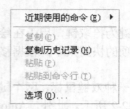

图 2-5　右键快捷菜单之三

　　另外，单击鼠标右键的另一个功能是结束对象选择，等同于回车键或空格键，即当命令行提示选择对象时可在绘图区按鼠标右键结束选择，但在其他情况，一般会弹出快捷菜单。AutoCAD还支持鼠标左键双击功能，例如在直线、标注等对象上双击将将弹出【Properties（特性）】窗口，在文字对象上双击则弹出文字编辑对话框，在图案填充对象上双击将弹出【图案填充编辑（HatchEdit）】对话框等。

2.1.2　使用菜单与面板

　　AutoCAD 调用命令除了在命令行输入命令之外，还可以通过菜单浏览器的菜单和功能区面板来执行命令。

2.1.2.1　使用菜单

　　（1）下拉菜单　AutoCAD 的下拉菜单通过单击菜单浏览器调用，是一种级联的层次结构，首先显示的是主菜单，在主菜单项上单击鼠标左键弹出相应的菜单项。例如单击菜单栏中的【工具】菜单，如图 2-6 所示。菜单项具有不同的形式和作用，以【工具】菜单为例分别介绍如下。

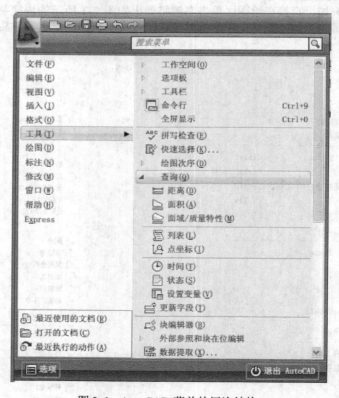

图 2-6　AutoCAD 菜单的层次结构

　　1）第一类菜单项　可直接执行某一命令，如其中的【全屏显示】、【块编辑器】等。

2）第二类菜单项　文字后面带有省略号"…"，如【快速选择】等，表示选择该菜单项后将会弹出一个相关的对话框，为用户的进一步操作提供了功能更为详尽的界面。

3）第三类菜单项　菜单项的最左侧有一个向右的三角形箭头"▶"，如【工具空间】、【选项板】、【工具栏】等，表示该菜单项包含级联的子菜单，如【查询】的子菜单包括【距离】、【面积】、【面域/质量特性】。

用户可通过如下三种方式来激活一个菜单项。

① 直接在该菜单项上单击左键。

② 组合键方式激活，先按[Alt]键激活主菜单项，然后按菜单项中带有下划线的字母即可激活该菜单项。例如，按下[Alt]键后，按字母 O 可打开【格式（O）】菜单，再按下字母 S，则即可调用【文字样式（S）】命令。

③ 快捷键方式。某些菜单项的右侧显示有快捷键形式（如[Ctrl+1]、[Ctrl+2]），对于这类菜单项，可以在不打开菜单的情况下，直接按快捷键执行相应菜单项（如【特性】和【设计中心】）对应的命令。

（2）快捷菜单　用户单击鼠标右键后，在光标处将弹出快捷菜单，其内容取决于光标的位置或系统状态。参见前面的使用鼠标的有关内容。

2.1.2.2　使用面板

功能区面板是 AutoCAD 调用命令的另一种方式，也是 AutoCAD 2009 的新功能，功能区由许多面板组成，每个面板包含许多由图标表示的命令按钮。在 AutoCAD 2009 中，面板被分类到"常用"、"块和参照"、"注释"、"工具"、"视图"和"输出"六个面板选项卡，其中"常用"面板选项卡又包括"绘图"、"修改"、"图层"、"注释"、"块"、"特性"、"实用程序"七个常用的面板，在每个面板中又包含了许多命令按钮，直接单击面板上的图标按钮就可以调用相应的命令，然后根据对话框中的内容或命令行上的提示执行进一步的操作。

（1）功能区的位置　功能区默认的位置显示在图形窗口的顶部，称为水平功能区，也可以显示在图形窗口的两侧，称为垂直功能区。功能区的默认方式是固定的，不能拖动。将光标移到功能选项卡栏上，单击右键弹出快捷菜单，选中【浮动】菜单项，使功能区为浮动方式，就可以将功能区拖动到屏幕的任何位置，如图 2-7 所示。改变功能区的显示效果，可以在不同的区域按右键，根据弹出的快捷菜单进行设置。

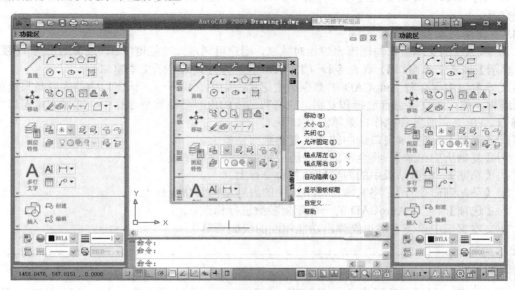

图 2-7　垂直功能区

（2）面板的显示和隐藏　面板按功能进行了分类，并把常用的命令显露在面板上，把不常用的命令隐藏在折叠区域，在少占用空间的情况下，尽量显露更多的命令按钮，为初学者的使用提供方便。

不过，用鼠标点击命令按钮，增加了操作动作，对于设计人员来说，建议用键盘左手输入命令，减轻右手的操作负担。这样可以通过单击"功能区选项卡"的最小化按钮 来隐藏面板，遇到不熟悉的命令时再展开。在"功能区选项卡"栏上按右键，通过弹出快捷菜单，可以对功能区做更详细的设置和操作。

面板中的命令按钮也进行了分类排列，以便于用户快速寻找到这些命令按钮。如图 2-8 所示，为"常用"选项卡绘图面板中命令按钮的分类排列。其他面板的排列也有规律可循，在此不再一一列举。

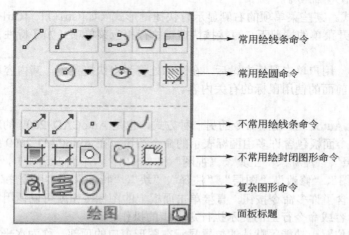

图 2-8　"常用"选项卡的绘图面板

2.1.3　使用文本窗口和对话框

在执行 AutoCAD 命令的过程中，用户与 AutoCAD 之间主要是通过文本窗口和对话框来进行人机交互。

2.1.3.1　使用文本窗口

AutoCAD 的文本窗口与图形窗口相对独立，用户可通过按功能键[F2]、菜单浏览器（【视图】⇨【显示】⇨【文本窗口】）和命令行（TEXTSCR）等方式来显示文本窗口。

文本窗口中保存着 AutoCAD 的命令历史记录，如图 2-9 所示。该窗口中的内容是只读的，不能编辑，但可对文字进行选择和复制，或将剪贴板的内容粘贴到命令行中。通过文本窗口中的【编辑】菜单来完成各种操作，菜单意义如下。

① 【复制】　将文本窗口选中的文字复制到剪贴板上。
② 【复制历史纪录】　将全部的命令历史记录复制到剪贴板上。
③ 【粘贴】　将剪贴板中的内容粘贴到命令行上。
④ 【粘贴到命令行】　将文本窗口中选中的内容粘贴到命令行上。
⑤ 【选项】　可对 AutoCAD 的一些配置参数进行修改。

在文本窗口中单击右键也能弹出功能相同的快捷菜单。

提示：

　　从文本窗口切换到绘图窗口，可采用如下几种方式，如在文本窗口中按功能键[F2]、使用[Alt+Tab]组合键和在命令行调用"GRAPHSCR"命令。

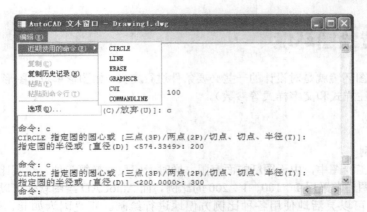

图 2-9 AutoCAD 的文本窗口

2.1.3.2 使用对话框

对话框由各种控件组成，用户可通过这些控件来进行查看、选择、设置、输入信息或调用其他命令和对话框等操作，如图 2-10 所示。典型的对话框包含的主要控件如下。

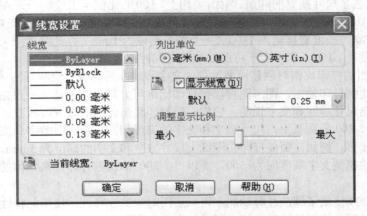

图 2-10 "线宽设置"对话框

（1）按钮   可通过单击按钮来完成相应的功能，在 AutoCAD 中按钮有如下形式。

① 周围显示为粗实线的按钮为缺省按钮，直接按 Enter 键可激活缺省按钮所定义的操作，如 确定 按钮。

② 字符带有下划线标记的按钮，称为快捷按钮，按住 Alt 键的同时按下标记字母可激活该按钮所定义的操作，如 帮助(H) 按钮，按下[Alt+H]功能键，可激活 帮助(H) 按钮。

③ 字符颜色呈淡显的按钮为不可用按钮，表示该按钮所定义的操作目前不能被执行。

（2）编辑框   可输入文本，并可以进行剪切、复制、粘贴和删除等操作。

（3）列表框   如"线宽"列表框中，规定了一系列国际标准线宽列表项，可选择其中的一个，有的列表框也允许选择多个。

（4）下拉列表框   如"默认"线宽下拉列表，规定了一系列国际标准线宽列表项，但只能选择其中的一个。

（5）单选按钮   如"列出单位"中的 毫米 和 英寸 按钮为单选按钮，只能选其中之一。

（6）滑块   如"调节显示比例"滑块，通过改变滑块的位置来设置显示比例的大小。

（7）开关   控制项目的状态，方框中显示【√】表示选中状态，否则为取消状态，如"显示线宽"开关按钮。

2.2 配置绘图环境

所谓配置绘图环境就是对设计的一些必要条件进行定义（如图形单位、图形界限、设计样板、布局、图层、标注样式和文字样式等参数）。

2.2.1 设置参数

2.2.1.1 绘图比例

在传统的手工绘图中，由于图纸幅面有限，同时考虑尺寸换算简便，绘图比例受到较大的限制，如建筑平面图通常采用1：100、1：200的比例。而AutoCAD绘图软件可以通过各种参数的设置，使得用户可以灵活地使用各种比例方便地进行绘制。正是因为如此，许多初学者对于AutoCAD的比例设置往往掌握不好，需要反复调整相关参数。为了以后更好地使用绘图比例，在学习初期先向用户简单介绍AutoCAD中比例的相关概念，在以后的章节中还会进一步地介绍各种比例参数的协调关系。

（1）创建模型时的绘图比例　因为图形界限可以设置任意大，所以通常可以按照1：1的比例绘图，这样就省去了尺寸换算的麻烦。例如，要用1：100的比例手工绘制一张A3的图纸（297mm×420mm），在AutoCAD中，可以将图形界限设置成29700×42000，按照建筑物实际尺寸绘图，如绘制1.8m的窗宽，长度直接输入1800（一个图形单位为1mm），此时图纸上的图样相对图形界限的比例依然是1：100，即相当于将图纸和图样同时放大100倍。

（2）图形输出的打印比例对创建模型过程中文字和尺寸的影响　绘制好的AutoCAD图形图样，可以按各种比例打印输出，图形图样根据打印比例可大可小。但是，一张完整的图纸，除了图形图样，还包括尺寸标注和文字说明，它们不随打印输出比例的改变而改变。如在打印比输出例为1：100和1：200的图纸上，尺寸数字和文字的高度相同。所以对数字和文字的高度设置，应依据打印输出比例。例如，要使打印在图纸上尺寸数字和文字的高度为5 mm，以1：100的比例打印，则字体的模型文字高度应为500，而以1：200的比例打印，则字体的模型文字高度应为1000。

AutoCAD 2009提供了缩放注释功能，可以启用对象的注释性，使用此特性，用户可以自动完成缩放注释的过程，从而使注释能够以正确的大小在图纸上打印或显示。用于创建注释的对象类型包括图案填充、文字、表格、标注、公差、引线和多重引线、块、属性。注释功能的引入，大大简化了绘图比例处理过程，减少了绘图比例错误。

2.2.1.2 【选项】对话框的环境设置

【选项】对话框可以完成界面的元素设置、给文件添加密码、修改自动保存间隔时间、设置选择框的大小和颜色等设置。其实，【选项】对话框包含了绝大部分AutoCAD的可配置参数，用户可以依据自己的需要和爱好对AutoCAD的绘图环境进行个性化设置。随着用户对AutoCAD操作的逐渐熟练，会发现【选项】对话框是对各种参数进行设置非常有用的工具，在绘图过程中遇到的许多问题都要靠它来解决。对于初学者，只要对【选项】对话框的各选项卡的主要功能有一个概括的了解即可，只有在今后的实际应用中，在遇到问题、解决问题的过程中才能对【选项】对话框的使用有更好的理解。

调用【选项】对话框的方法有：采用"下拉菜单法"（【工具】⇨【选项】）、命令行法（OPTIONS或CONFIG）和启动快捷菜单法（无命令执行时，在绘图区域单击右键，选择【选项】）。

【选项】对话框如图2-11所示，其中各选项卡的功能含义简单介绍如下。

（1）【文件】选项卡　主要用来确定各文件的存放位置或文件名。【文件】选项卡设置文件路径，可通过该选项卡查看或调整各种文件的路径。在【搜索路径、文件名和文件位置】列表中找到要修改的分类，然后单击要修改的分类旁边的加号框展开显示路径。选择要修改的路径后，单击 浏览 按钮，然后在【浏览文件夹】对话框中选择所需的路径或文件，单击 确定 按钮。选择要修改的路径，单击 添加 按钮就可以为该项目增加备用的搜索路径。系统将按照路径的先后次序进行搜索。若选择了多个搜索路径，则可选择其中一个路径，然后击 上移 或 下移 按钮提高或降低此路径的搜索优先级别。【自动保存文件位置】显示了 AutoCAD 临时文件的保存位置，若 AutoCAD 出现异常退出，通过临时文件可以恢复未保存的图形文件。

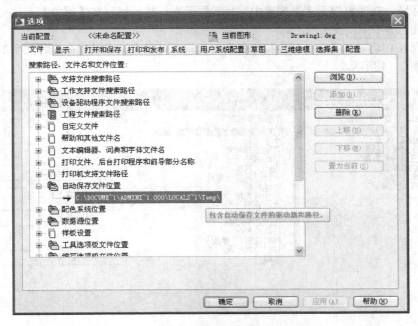

图 2-11 "文件"对话框

（2）【显示】选项卡 【显示】选项卡用于设置是否显示屏幕菜单、是否显示滚动条、是否显示布局和模型选项卡、是否显示工具提示、图形窗口和文本窗口的颜色及字体等，如图 2-12 所示。

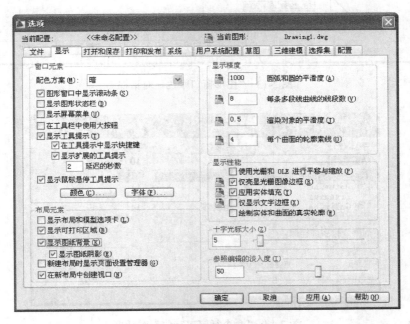

图 2-12 "显示"对话框

　　【窗口元素】、【布局元素】、【十字光标大小】和【参照编辑的淡入度】选区的选项主要用来控制程序窗口各部分的外观特征。【显示精度】和【显示性能】选区的选项主要用来控制对象的显示质量。

　　单击 颜色 按钮，弹出"图形窗口颜色"对话框，如图 2-13 所示。在"上下文"列表选择要修改的操作环境，在【窗口元素】列表中选择界面元素，然后然后在【颜色】下拉列表选择一种新颜色，单击 应用关闭 按钮退出。

　　单击字体按钮将显示【命令行窗口字体】对话框，可以在其中设置命令行文字的字体、字号和样式，如图 2-14 所示。

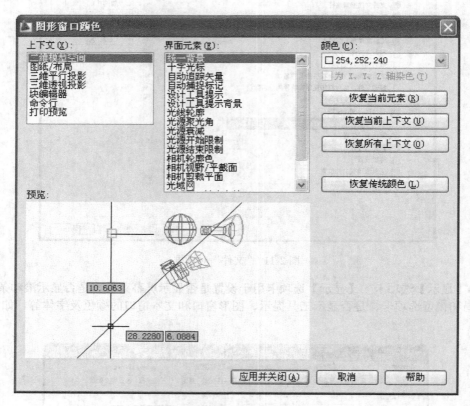

图 2-13　"图形窗口颜色"对话框

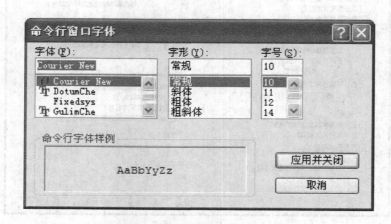

图 2-14　"命令行窗口字体"对话框

通过修改【十字光标大小】框中光标与屏幕大小的百分比，可调整十字光标的尺寸。

【显示精度】和【显示性能】区域用于设置"圆弧和圆的平滑度"、"渲染对象的平滑度"和"曲面轮廓素数"等。如果设置"圆弧和圆的平滑度"的值太小，那么绘制的圆和圆弧就会显示成为多边形，这虽然并不影响打印，但会影响视觉。由于当前的计算机性能都很高，建议使用默认值。

（3）【打开和保存】选项卡　【打开和保存】选项卡用于控制打开和保存相关的设置，如图 2-15 所示。

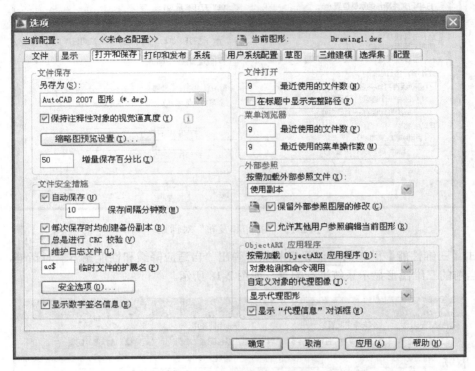

图 2-15　"打开和保存"对话框

【文件保存】、【文件安全措施】和【文件打开】选区的选项主要对文件的保存形式和打开显示进行设置；【菜单浏览器】可设置最近使用的文件数和菜单操作数；【外部参照】和【objectARX 应用程序】选区的选项用来设置外部参照图形文件的加载与编辑、应用程序的加载及自定义对象的显示。

（4）【打印和发布】选项卡　【打印和发布】选项卡是对图形打印的相关参数进行设置，可以从【新图形的缺省打印设置】中选择一个设置作为打印图形时的缺省设备，如图 2-16 所示。单击 添加或配置绘图仪 按钮，将打开 AutoCAD 目录下的【R17.2\chs\Plotters】文件夹，该文件夹中包含 AutoCAD 安装的绘图仪配置文件，另外有一个添加绘图仪向导，可以用它来为 AutoCAD 添加绘图仪。【常规打印选项】区域控制基本的打印设备设置，可以在【系统打印机后台打印警告】下拉列表中选择发出警告的方式，也可以在【OLE 打印质量】下拉列表中选择打印 OLE 对象的质量。 打印样式表设置 按钮可以确定新图形的默认打印样式、当前打印样式表设置等。

（5）【系统】选项卡　主要对 AutoCAD 系统进行相关设置。包括三维图形显示系统设置、布局切换时显示列表更新方式设置等内容，如图 2-17 所示。

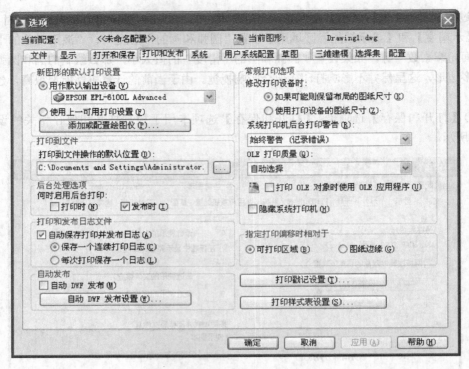

图 2-16 "打印和发布"对话框

单击【三维性能】区域的 性能设置 按钮,弹出"自适应降级和性能调节"对话框,在其中可以对当前的三维图形显示系统进行配置,如图 2-18 所示。

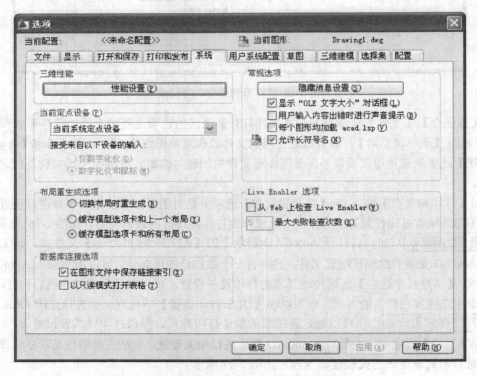

图 2-17 "系统"对话框

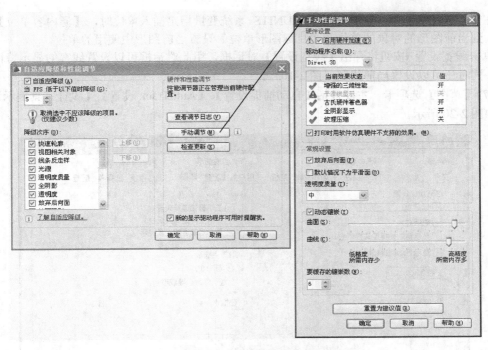

图 2-18 "自适应降级和性能调节"对话框

【允许长符号名】复选框被选中时，可以在图标、标注样式、块、线型、文本样式、布局、用户坐标系、视图和视口配置中使用长符号名来命名，名称最多可以包含 255 个字符。【数据库连接选项】用于设置 AutoCAD 与外部数据库连接的相关选项。

（6）【用户系统配置】选项卡　主要是用来优化用户工作方式的选项，包括控制单击右键操作、控制图形插入比例、坐标数据输入优先级设置和线宽设置等内容，如图 2-19 所示。

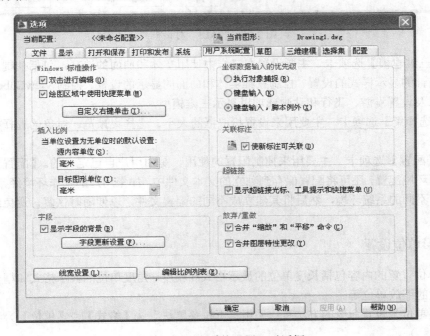

图 2-19 "用户系统配置"对话框

在【插入比例】中，在未使用 INSUNITS 系统变量指定插入单位时，【源内容单位】设置被插入到当前图形的对象的单位，【目标图形单位】设置当前图形中使用的单位。

单击 线宽设置 按钮将弹出【线宽设置】对话框，用此对话框可以设置线宽的显示特性和缺选项，同时还可以设置当前线宽（图2-10）。

（7）【草图】选项卡　主要包括【自动捕捉设置】、【AutoTrack 设置】、【设计工具提示设置】等，如图 2-20 所示。

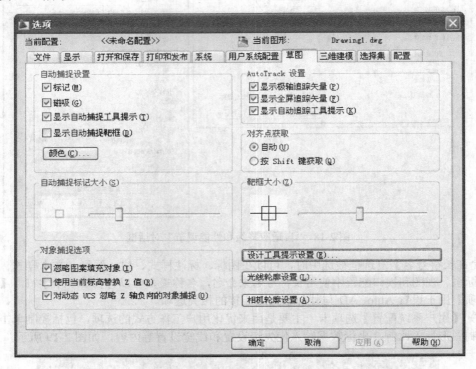

图 2-20　"草图"对话框

（8）【三维建模】选项卡　主要设置在三维中使用实体和曲面的选项，包括控制三维操作中十字光标指针的显示样式的设置、控制三维实体和曲面的显示的设置、控制 ViewCube 和 UCS 图标的显示以及设置漫游、飞行和动画选项以显示三维模型。

（9）【选择集】选项卡　主要用来设置拾取框的大小、选择集预览、对象的选择模式和夹点的相关特性。

（10）【配置】选项卡　主要用来控制配置的使用，是由用户自己定义的。【配置】选项卡用来创建绘图环境配置，还可将配置保存到独立的文本文件中。如果用户的工作环境经常需要变化，可依次设置不同的系统环境，然后将其建立成不同的配置文件，以便随时恢复，避免经常重复设置的麻烦。

2.2.2　图形单位设置

图形单位设置的内容包括长度单位的显示格式和精度、角度单位的显示格式和精度及测量方向、插入时的缩放单位等。

启动【单位】设置命令的方法有：采用"下拉菜单法"（【格式】⇨【单位】）和"命令行法"（UNits ）。

执行上述命令后,屏幕会出现如图 2-21 所示的【图形单位】对话框。

(1)【长度】选区 在土木工程设计中,【类型】选择通常使用"小数",【精度】选项一般使用"整数"。

(2)【角度】选区 【类型】可以选择"十进制度数"或"度/分/秒"的单位格式,对应的精度分别选择"0"或"0d",此时角度单位精确到"度"。

(3)【顺时针】复选框 用来表示角度测量的旋转方向,选中该项表示角度测量以顺时针旋转为正,一般习惯逆时针旋转为正,故不需要选中。

(4)方向 按钮 用来确定角度测量的起始方向,即【基准角度】。单击该按钮弹出【方向控制】对话框。通常选择系统默认东方为基准角度,即以屏幕上 X 轴的正向作为角度测量的起始方向。

图 2-21 图形单位

(5)【插入时的缩放单位】选区 单击【用于缩放插入内容的单位】下拉列表,在 20 种单位选项中选择一种。它是从 AutoCAD 设计中心或工具选项板中向当前图形插入块时使用的度量单位。当插入块的单位与该选项单位不同时,系统会自动根据两种单位的比例关系进行缩放。当在列表中选择【无单位】选项时,则系统对插入的块不进行比例缩放。

(6)【光源】选区 设置光源强度单位。

2.2.3 图形界限设置

图形界限是 AutoCAD 设定的一个可以几乎无限大的虚拟屏幕,是一个在 X、Y 二维平面上的矩形绘图区域,它的界限是通过指定矩形区域的左下角点和右上角点来定义的。图形界限也是 AutoCAD 的栅格和缩放的显示区域,当图形界限设置后,就可以在设置的虚拟屏幕上绘图,当栅格显示出来就相当于一张方格图纸。

可采用"下拉菜单法"(【格式】⇨【图形界限】)和命令"LIMITS"执行设置图形界限命令。

命令: <u>LIMITS</u> ↵	(或单击菜单【格式】⇨【图形界限】)
重新设置模型空间界限:	
指定左下角点或 [开(ON)/关(OFF)] <0.0000,0.0000>:↵	(直接回车取默认值 0.0000,0.0000 或输入左下角绝对坐标)
指定右上角点 <420.0000,297.0000>:<u>42000,29700</u>↵	(输入右上角点坐标 42000,29700,也可直接回车取默认值)

在命令行提示"指定左下角点或 [开(ON)/关(OFF)] <0.0000,0.0000>:"时,可以直接输入"<u>ON</u>"或"<u>OFF</u>",打开或关闭【出界检查】功能。"ON"表示用户只能在图形界限内绘图,超出该界限,在命令行会出现"××超出图形界限"的提示信息;"OFF"表示用户可以在图形界限之内或之外绘图,系统不会给出任何提示信息。

提示:

在新建图形时,如果使用向导的功能,也可以对新建图形的长度、角度测量、角度方向、区域进行设置。但是使用 UNits、LIMITS 等命令,用户可以随时对图形的绘图环境进行修改,十分方便。

2.3 绘制简单几何图形

如图 2-22 所示为土木工程图纸常用的定位轴线编号，绘制过程如下。

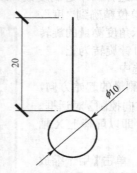

图 2-22　轴线编号

（1）新建图形文件并保存文件名为"轴线编号.DWG" 单击【快速访问】工具栏的 新建 按钮，打开"选择样板"对话框，打开默认的样板文件"acadiso.dwt"，便可新建 AutoCAD 默认的图形文件"Drawing2.DWG"。

用【快速访问】工具栏⇨ 保存 按钮弹出"图形另存为"对话框，输入"轴线编号"文件名，点 保存 按钮，即保存为"轴线编号.DWG"图形文件。

> **提示：**
>
> 用【快速访问】工具栏⇨ 保存 按钮或命令行"QSAVE"第一次保存文件时，AutoCAD 会执行"SAVEAS"另存操作，要求修改默认的文件名。当文件被保存过一次后，再执行"QSAVE"快速保存命令，AutoCAD 将不再提示，直接保存。并且 AutoCAD 将按默认设置的"自动保存"时间 10 分钟，自动保存图形文件。

（2）设置绘图环境 点击 菜单浏览器 按钮⇨【格式】⇨【单位】，按如图 2-21 所示的对话框进行设置，长度【类型】选择"小数"，【精度】选"0"；角度【类型】选择"十进制度数"，精度选择"0"。

点击 菜单浏览器 按钮⇨【格式】⇨【图形界限】，重新设置模型空间界限。

指定左下角点或 [开(ON)/关(OFF)] <0.0000,0.0000>:↵	[直接回车取默认值（0.0000，0.0000）或 输入左下角绝对坐标。]
指定右上角点 <420.0000,297.0000>:42000,29700↵	（输入右上角点坐标 42000,29700）

（3）用画圆命令绘制直径为 10 的圆 在命令行输入画圆命令"Circle"的快捷命令"C"，在绘图区内指定任意一点为圆心，然后在提示命令行输入默认选项半径的值为"5"，则产生一个半径为 5 的圆。具体操作如下。

命令: C ↵	（"命令: C↵"为快捷命令）
Circle 指定圆的圆心或 [三点(3P)/两点(2P)/相切、相切、半径(T)]:	（提示指定圆的圆心，可以用 鼠标左键在绘图区点取任意点）
指定圆的半径或 [直径(D)]: 5↵	（输入 5 回车，则圆的半径为 5）

（4）绘制直线 单击 绘图 面板的 直线 命令，以圆的上方象限点（用[Shift+右键]打开对象

捕捉快捷菜单，使用象限点捕捉方式）为起点向上作先垂直直线。

命令: _line　　　　　　　　　　　　　　　　　　　（单击 绘图 面板的 直线 命令）
指定第一点: _qua 于　　　　　　　　　（用 SHIFT+右键打开对象捕捉快捷菜单，选取【象限点】捕
捉方式，将光标移到圆上方的象限点附近，当出现"◇"拾取
框时，点击鼠标左键，则象限点确定输入，如图 2-23 和图 2-24 所示）
指定下一点或 [放弃(U)]: <正交 开> 20 ↵　　　（按[F8]功能键，打开正交功能。然后向上移动光标，
拉出一条垂直橡皮线，输入 20，即为垂直直线长度）
指定下一点或 [闭合(C)/放弃(U)]:　　　　　　　　　　　　　　　（直接回车，结束命令）

（5）保存图形　按下[Ctrl+S]快捷功能键，则执行"QSAVE"存盘命令，保存图形文件"轴线编号.DWG"。

图 2-23　捕捉快捷菜单

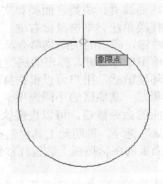

图 2-24　象限点捕捉

练 习 题

1. 设置图形界限为 A2 图纸大小，即 594 × 420。
2. 把图形窗口颜色改为黑色。
3. 分别绘制一条长度为 594 和 420 的水平线段和垂直线段。

3 绘制基本二维图形

调用 AutoCAD 命令有多种方式，这与版本不断升级和兼容性有关。早期的 AutoCAD 是通过命令行、屏幕菜单和下拉菜单执行命令，随着图形操作系统的出现，AutoCAD 增加了包含命令按钮的工具栏，并加强了对鼠标功能的开发，丰富了鼠标右键的功能，使用了快捷菜单功能，同时也赋予了鼠标滑轮很多功能，均衡了左右手操作的负荷。AutoCAD 的最新版本又增加了动态输入，摒弃了命令行和屏幕菜单执行命令的方式，并把工具栏优化为面板的形式，下面对这几种命令操作方法进行汇总，并分别加以说明。

（1）命令行法　在命令行的"命令："提示符下，用左手直接输入命令的全名或命令的快捷命令，然后按 [Enter]键或空格键。有些命令只能在命令行中才能输入。

（2）屏幕菜单法　AutoCAD 2009 默认屏幕菜单是禁用的，但通过【显示】选项卡设置显示屏幕菜单，屏幕菜单显示在绘图区域的右侧。

（3）下拉菜单法　通过单击 菜单浏览器 按钮弹出下拉菜单，默认的一级菜单有七项，一级菜单下又有二级菜单，如 AutoCAD 2009 把二级【绘图】菜单分为 7 类，包括三维建模类、直线类、多边类、曲线类、块类、面类和文字类等，可以直接点击【绘图(D)】中的相关项即可。

（4）快捷菜单法　单击鼠标右键，会打开一个包含相应选项的下拉快捷菜单。如果命令结束后单击鼠标右键，弹出的快捷菜单会显示重复命令和最近输入的命令等相关菜单项。如果处于命令执行期间单击鼠标右键，弹出的快捷菜单会显示所执行命令相关的选项。说明该快捷菜单对当前的上下文环境敏感，用户可以根据菜单中适合于当前的命令和选项进行操作。

（5）面板法　功能区的不同选项卡里含有多个面板，如绘图面板含 20 个常用的二维绘图图标，点击相应的命令按钮，可以直接执行相应的命令。其中 圆弧 、圆 、椭圆 、点 图标按钮右下角带有"◢"符号，说明此工具栏包括一系列相近的命令，单击鼠标左键将弹出子工具栏。将光标移动到面板的图标按钮上放置几秒钟，系统会分别显示二级工具栏提示，提示该图标的命令含义。

（6）动态输入法　如果启用了"动态输入"并设置为显示动态提示，用户则可以在光标附近的工具栏提示中直接输入命令，而不需在命令行中输入。

以上所介绍操作方法适用于二维图形的绘制，也适合于三维图形的绘制操作，修改和编辑等其他操作也同样适用。

在本书绘制图形的操作说明中，不再同时罗列六种操作方法，不常使用的屏幕菜单法不再介绍，仅分别挑选其中一种操作方法做重点介绍。

3.1　绘制直线

AutoCAD 提供了 5 种直线类型：直线（Line）、射线（RAY）、构造线（XLine）、多段线（PLine）和多线（MLine），最常用的是直线、构造线和多线，而射线与构造线相似，可被构造线代替。

说明：

　　在书写 AutoCAD 的命令时，全名中的大写字母为快捷命令，小写字母不是快捷命令组成部分。如构造线(XLine)命令，Xline 为命令全名，XL 为两个字母的快捷命令。

3.1.1　直线

3.1.1.1　命令功能

用于绘制指定长度的一条或若干条连续的含有两个端点的直线段，但绘制成的连续直线段中的每条直线段实际上是一个单独的实体。

3.1.1.2　操作说明

可采用"下拉菜单法"（【绘图】⇨【直线】）、"面板法"（"常用"选项卡⇨ 绘图 ⇨ 直线 ）和"命令行法"（Line 或 L）执行绘直线命令。

采用"命令行法"绘制如图 3-1 所示的标高符号，首先从左向右连续绘制两条斜线，起点为最左点，绝对坐标为(10,10)，然后重新启动 Line 命令绘制水平线。

```
命令: Line ↵                                   （"命令: L↵"为快捷命令）
指定第一点: 10,10 ↵                            （最左点绝对坐标或取任意点）
指定下一点或 [放弃(U)]: @3,-3 ↵                （下方顶点的相对坐标）
指定下一点或 [放弃(U)]: @3,3 ↵                 （绘右斜线）
指定下一点或 [闭合(C)/放弃(U)]: ↵              （回车结束命令）
命令: ↵                                        （回车重复命令）
LINE 指定第一点: 10,10 ↵                       （最左点绝对坐标）
指定下一点或 [放弃(U)]: @14,0 ↵                （绘上方水平线）
指定下一点或 [放弃(U)]: ↵                       （回车结束命令）
```

> **说明:**
> 在绘制过程中，如果在某一步出现操作失误，可键入"U"放弃这一步的操作，退回前一步的状态，重新进行操作。当直线绘制了两条以上，可以输入"C"以与第一点闭合。

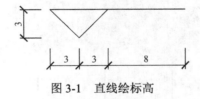

图 3-1　直线绘标高

3.1.2　构造线

3.1.2.1　命令功能

绘制两端无限长的直线，通常用来作辅助线。

3.1.2.2　操作说明

可采用"下拉菜单法"（【绘图】⇨【构造线】）、"面板法"（"常用"选项卡⇨ 绘图 ⇨ 构造线 ）和"命令行法"（XLine 或 XL）执行绘构造线命令。

采用"命令行法"绘制如图 3-2 所示的图形，其中圆心 O 绝对坐标为（200,200），半径为 100，水平构造线 AB 和垂直构造线 CD 通过圆心 O，绘两条构造线和平分圆的四个象限，再偏移构造线 AB 和 CD，构成与圆相切的四条构造线。

```
命令: C ↵                                      （在命令行输入圆的快捷命令"C"）
CIRCLE 指定圆的圆心或 [三点(3P)/两点(2P)/切点、切点、半径(T)]: 200,200 ↵    （圆心绝对坐标）
指定圆的半径或 [直径(D)] <100.0000>: 100 ↵                                （半径为100）
```

命令: <u>XL</u> ↵ （构造线的快捷命令"XL"）
XLINE 指定点或 [水平(H)/垂直(V)/角度(A)/二等分(B)/偏移(O)]: <u>H</u>↵ （选择绘水平线选项）

指定通过点: （捕捉圆心作为通过点，绘制一条通过圆心的水平构造线 AB）
指定通过点: ↵ （回车结束命令）

命令: ↵ （直接回车，重复执行最近的命令，即 XLine）
XLINE 指定点或 [水平(H)/垂直(V)/角度(A)/二等分(B)/偏移(O)]: <u>V</u>↵ （选择绘垂直线选项）
指定通过点: （捕捉圆心作为通过点，绘制一条通过圆心的垂直构造线 CD）
指定通过点: ↵ （回车结束命令）

命令: ↵ （直接回车，重复执行最近的命令，即 XLine）
XLINE 指定点或 [水平(H)/垂直(V)/角度(A)/二等分(B)/偏移(O)]: <u>B</u>↵ （选择二等分线选项，平分∠BOC）

指定角的顶点: （捕捉∠BOC 的顶点 O，即圆心）
指定角的起点: （捕捉∠BOC 的起点 B）
指定角的端点: （捕捉∠BOC 的端点 C）
指定角的端点: （捕捉∠BOD 的端点 D）
指定角的端点: ↵ （回车结束命令）

命令: <u>XLine</u> ↵ （构造线命令）
XLINE 指定点或 [水平(H)/垂直(V)/角度(A)/二等分(B)/偏移(O)]: <u>O</u>↵ （选择偏移选项）
指定偏移距离或 [通过(T)] <通过>: ↵ （直接回车，选择通过点偏移选项）
选择直线对象: （点选 AB 构造线）
指定通过点: （捕捉 C 点作为指定通过点，偏移水平构造线）
选择直线对象: （点选 AB 构造线）
指定通过点: （捕捉 D 点作为指定通过点）
选择直线对象: （点选 CD 构造线）
指定通过点: （捕捉 A 点作为指定通过点）
选择直线对象: （点选 CD 构造线）
指定通过点: （捕捉 B 点作为指定通过点）
选择直线对象: ↵ （回车结束命令）

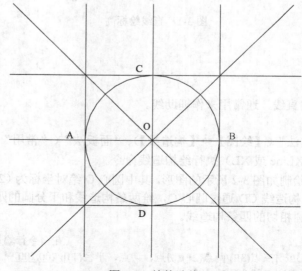

图 3-2　绘构造线

构造线的选项参数意义如下。

（1）指定点　通过"指定点"和"指定通过点"两点定线。

（2）水平（H）/垂直（V）　指定一点绘制一条水平线或垂直线。

（3）角度（A）　根据"输入构造线的角度 (0) 或 [参照(R)]:"提示输入指定角度，通过指定点创建一定角度的构造线。当选取参照（R）时，命令行将提示选择实体作为零度的参照方向。

（4）二等分（B）　创建一条通过选定的角顶点，平分选定两条线之间的夹角的构造线，是作平分夹角线有效、快捷的方法。

（5）偏移（O）　类似 <u>Offset</u> 命令，创建指定距离与选定直线平行的直线，可用于绘制轴线。

提示：

构造线功能强于射线，故一般选择构造线作辅助线。为方便起见，构造线最好设置单独的图层，图形完成之后，再关闭或冻结构造线图层。

3.1.3　射线

（1）命令功能　用于创建单向无限长的含有一个端点的直线，通常用来作辅助线。

（2）操作说明　可采用"下拉菜单法"（【绘图】⇨【射线】）和"命令行法"（RAY）执行绘制射线命令。

命令: _ray 指定起点:	（单击【绘图】⇨【射线】菜单，执行_ray 命令，点取起点）
指定通过点:	（用鼠标拾取通过点）
指定通过点:	（用鼠标拾取另一通过点）
指定通过点:	（回车结束命令）

3.1.4　多段线

3.1.4.1　命令功能

多段线是由可变宽度的、连续的直线和弧线相互连接的序列，它与直线（Line）的主要区别是，多线段可用来连续绘制不同宽度的直线和与之相接的弧线，并且起点与终点的宽度是可变的。可以用来绘制箭头和钢筋等，因 AutoCAD 2009 的直线属性得到了加强，使多段线在土木工程中使用较少。

3.1.4.2　操作说明

可采用"下拉菜单法"（【绘图】⇨【多段线】）、"面板法"（"常用"选项卡⇨ 绘图 ⇨ 多段线 ）和"命令行法"（PLine 或 PL）执行绘多段线命令。

采用"面板法"绘制一个箭头，如图 3-3 所示。

命令: _pline	（点击 绘图 面板⇨ 多段线 按钮）
指定起点:	（用鼠标指定起点）
当前线宽为 0.0000	（提示当前线宽为 0）
指定下一个点或 [圆弧(A)/半宽(H)/长度(L)/放弃(U)/宽度(W)]: w ↵	
指定起点宽度 <0.0000>: 2 ↵	（设置箭尾宽度为 2）
指定端点宽度 <2.0000>: ↵	（箭尾同宽，直接回车确认）
指定下一个点或 [圆弧(A)/半宽(H)/长度(L)/放弃(U)/宽度(W)]: 30 ↵	（箭尾长 30）
指定下一点或 [圆弧(A)/闭合(C)/半宽(H)/长度(L)/放弃(U)/宽度(W)]: w ↵	
指定起点宽度 <2.0000>: 6 ↵	（设置箭头起点宽为 6）
指定端点宽度 <6.0000>: 0 ↵	（端点宽为 0，形成箭头）
指定下一点或 [圆弧(A)/闭合(C)/半宽(H)/长度(L)/放弃(U)/宽度(W)]: 20 ↵	（箭头长 20）
指定下一点或 [圆弧(A)/闭合(C)/半宽(H)/长度(L)/放弃(U)/宽度(W)]: u ↵	（放弃）

| 指定下一点或 [圆弧(A)/闭合(C)/半宽(H)/长度(L)/放弃(U)/宽度(W)]: 15 ↵ | （箭头长 15） |
| 指定下一点或 [圆弧(A)/闭合(C)/半宽(H)/长度(L)/放弃(U)/宽度(W)]: ↵ | （回车结束） |

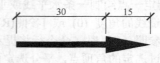

图 3-3　多段线绘箭头

多段线的几个参数的意义如下。

（1）圆弧（A）　控制由直线状态切换到圆弧绘制的方式。

（2）宽度（W）/半宽（H）　用于设置多段线的宽度，即多段线的宽度等于半宽的 2 倍。

（3）长度（L）　用于指定所绘的直线段的长度，此时，AutoCAD 将以该长度沿着上一段直线的方向绘制直线段。如果前一段线对象是圆弧，则该段直线的方向为上一圆弧端点的切线方向。

（4）闭合（C）　用于封闭多段线并结束命令。

3.1.5　多线

按【多线样式】菜单对多线的设定，构造一组平行直线，平行直线的数量可达 16 条，被广泛用来绘制建筑物或构筑物的墙体、平面窗户、管道以及电气线路等图形。具体操作参见第 7 章。

3.2　绘制矩形和正多边形

3.2.1　矩形

3.2.1.1　命令功能

矩形由四条线段组成，绘制矩形时需要指定两个对角点，甚至可以把矩形修饰成带圆角和倒角的。

3.2.1.2　操作说明

可采用"下拉菜单法"（【绘图】⇨【矩形】）、"面板法"（"常用"选项卡⇨绘图⇨矩形）和"命令行法"（RECtang 或 REC）执行绘矩形命令。

采用"动态输入"法绘制 A2（594 mm×420mm）图纸的图框，如图 3-4 所示。

命令: REC	（在绘图区光标附近动态输入矩形快捷命令 REC，回车，如图 3-5 所示）
RECTANG	（AutoCAD 自动执行命令全名）
指定第一个角点或 [倒角(C)/标高(E)/圆角(F)/厚度(T)/宽度(W)]:	[在左下角附近点取一点后，坐标值显示为（0,0），说明指针输入设置为相对坐标方式，如图 3-6 所示]
指定另一个角点或 [面积(A)/尺寸(D)/旋转(R)]: @594,420 ↵	[指针输入为另一角点坐标（594,420），在命令行中，AutoCAD 自动加上相对坐标符号@，如图 3-7 所示]
命令: L ↵	（执行直线快捷命令，作辅助线）
LINE 指定第一点:	（拾取矩形左下角点）
指定下一点或 [放弃(U)]: @25,10 ↵	（绘一直线定位图框的左下角点）
指定下一点或 [放弃(U)]:	（回车结束 Line 命令）
命令: REC ↵	（绘制图框）
RECTANG	
指定第一个角点或 [倒角(C)/标高(E)/圆角(F)/厚度(T)/宽度(W)]:	（拾取辅助线端点为图框的左下角点）
指定另一个角点或 [面积(A)/尺寸(D)/旋转(R)]: @559,400 ↵	（输入图框大小）
命令:	（用鼠标选中辅助线）
命令: _.erase 找到 1 个	（按[del]键删除）

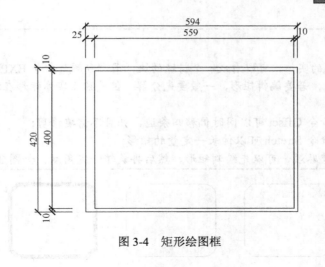

图 3-4　矩形绘图框

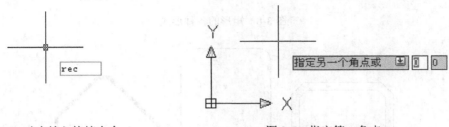

图 3-5　动态输入快捷命令　　　　　　图 3-6　指定第一角点

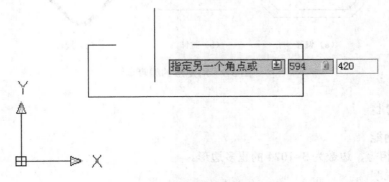

图 3-7　动态输入坐标值

矩形的参数意义如下

（1）倒角（C）　类似【编辑】菜单中的【倒角】命令 CHAmfer，用于设置倒角距离。缺省时倒角距离为 "0"，即不倒角。

（2）圆角（F）　类似【编辑】菜单中的【圆角】命令 FIllet，设置圆角的半径，缺省时不圆角。

（3）标高（E）　设置矩形的 Z 坐标高度。缺省时 "Z=0.000"，即所绘的矩形在 XY 平面上，本选项常用于三维绘图。

（4）厚度（T）　用于设置矩形的厚度，即矩形在高度方向上延伸的距离，本选项常用于三维绘图。

（5）宽度（T）　用于设置矩形的线宽，如图 3-8 所示。

提示:

　　矩形是一个独立的实体，可以看成一个特殊的块，用"分解"命令 EXPLODE 可分解成四个实体，即四条直线。若要编辑矩形，一般要先分解。但是独立实体矩形在编辑过程中具有特殊的优势:

　　① 用"偏移"命令 Offset 可以同时偏移四条边，并且不需要修剪;

　　② 用"拉伸"命令 Stretch 可以伸长一定量的矩形;

　　③ 绘制菱形比较麻烦，可以先绘制矩形，然后再旋转一定角度，如图 3-9 所示。

　　(a) 倒角　　　　　　　　(b) 圆角　　　　　　　　(c) 有宽度

图 3-8　矩形的各种形式

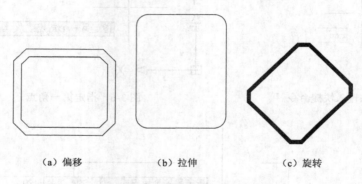

　　(a) 偏移　　　　　　　　(b) 拉伸　　　　　　　　(c) 旋转

图 3-9　对矩形的编辑

3.2.2　正多边形

3.2.2.1　命令功能

　　绘制边长相等、边数为 3~1024 的正多边形。

3.2.2.2　操作说明

　　绘制正多边形的情况较少，可采用"下拉菜单法"(【绘图】⇨【正多边形】)、"面板法"("常用"选项卡⇨ 绘图 ⇨ 正多边形)和"命令行法"(POLygon)执行绘正多边形命令。

　　下面绘制如图 3-10 所示的六角形。

命令: _polygon 输入边的数目 <4>: 1025 ↵　　　　　　　　　　　　　(点 绘图 面板的 正多边形)
需要 3 和 1024 之间的整数.　　　　　　　　　　　　　　　(因输入边数 1025，提示输入正确值)
输入边的数目 <4>: 6 ↵　　　　　　　　　　　　　　　　　　　　　(默认值为 4，输入 6)
指定正多边形的中心点或 [边(E)]: e ↵　　　　　　　　　　　　　　　(切换到边长输入状态)
指定边的第一个端点: 指定边的第二个端点:　　　　　(点取已知边的两端点，形成正 6 边形)
命令: ↵　　　　　　　　　　　　　　　　　　　　　　　　　　　(回车重复命令)
POLYGON 输入边的数目 <6>:　　　　　　　　　　　(默认值保留为上次操作输入值)
指定正多边形的中心点或 [边(E)]:　　　　　　　　　　(直接选取正多边形的中心点)

输入选项 [内接于圆(I)/外切于圆(C)] <I>: I　　　　　　　　　　　　　　　（切换内接正多边形绘制状态）
指定圆的半径:　　　　　　　　　　　　　　　　　　　　　　　　　　（输入半径或拾取通过点）

正多边形的几个参数的意义如下
（1）内接于圆（I）选项　表示绘制的正多边形将内接于假想的圆。
（2）外切于圆（C）选项　表示绘制的正多边形外切于假想的圆。

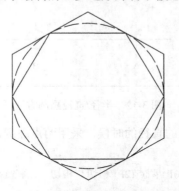

图 3-10　绘正多边形与假想圆的关系

3.3　绘制圆

3.3.1　命令功能

画圆的方法有 6 种，如图 3-11 所示。

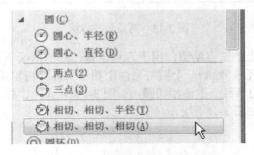

图 3-11　画圆 6 种方法

3.3.2　操作说明

可采用"下拉菜单法"（【绘图】 ⇨【圆】）、"面板法"（ "常用"选项卡⇨绘图⇨圆）和"命令行法"（Circle 或 C）执行画圆命令。

（1）圆心、半径/直径　本方法为缺省设置。当圆心确定后，可以通过键盘输入半径/直径值，或用鼠标捕捉对象确定半径/直径。用于圆心已知、半径/直径为规定值的情况下。某多孔管绘制如图 3-12 所示。

命令:C ↵　　　　　　　　　　　　　　　　　　　　　　　　　（输入画圆快捷命令 C）
CIRCLE 指定圆的圆心或 [三点(3P)/两点(2P)/相切、相切、半径(T)]:　　　　　（拾取圆心 A）
指定圆的半径或 [直径(D)]: D ↵　　　　　　　　　　　　　　　　（切换到直径状态）
指定圆的直径: 25 ↵　　　　　　　　　　　　　　　　　　（输入直径 25，圆创建）

命令: ↵ （回车重复 C 命令）
CIRCLE 指定圆的圆心或 [三点(3P)/两点(2P)/相切、相切、半径(T)]: （拾取圆心 B）
指定圆的半径或 [直径(D)] <12.5000>: 20 ↵ （处于默认的圆半径状态，其值保留为
上次输入的直径的一半，即圆的直径仍为 25。在此，输入半径 20，相当于直径 40）

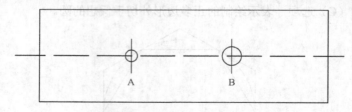

图 3-12 半径/直径画圆方法

（2）两点 当已知直线为圆的直径的时候，采用两点画圆，如图 3-13 所示。

命令: C ↵
CIRCLE 指定圆的圆心或 [三点(3P)/两点(2P)/相切、相切、半径(T)]: 2p ↵
指定圆直径的第一个端点： （拾取 C 点）
指定圆直径的第二个端点： （拾取 D 点）

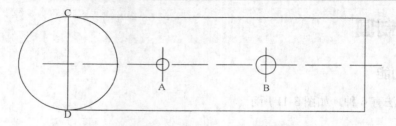

图 3-13 两点画圆方法

（3）三点 基于圆周上的三点绘圆，用于三点位置已知的情况下。

（4）相切、相切、半径 绘制一个圆与另两个图形实体（可以是直径、弧和圆）相切，通过捕捉两个切点和指定圆的半径产生该相切圆，如图 3-14 所示。对圆、直线等进行修剪后，就绘制成弯道和弯管等图形，如图 3-15 所示。

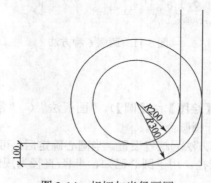

图 3-14 相切与半径画圆

命令: C ↵ （画小圆）
CIRCLE 指定圆的圆心或 [三点(3P)/两点(2P)/相切、相切、半径(T)]: T ↵
指定对象与圆的第一个切点： （捕捉水平线上的任意一切点）
指定对象与圆的第二个切点： （捕捉垂直线上的任意一切点）

指定圆的半径 <100.0000>: <u>200</u> ↵
命令:　　　　　　　　　　　　　　　　　　　　　　　　　　　　　　　（画大圆）
CIRCLE 指定圆的圆心或 [三点(3P)/两点(2P)/相切、相切、半径(T)]: <u>T</u> ↵
指定对象与圆的第一个切点:
指定对象与圆的第二个切点:
指定圆的半径 <200.0000>: <u>300</u> ↵

 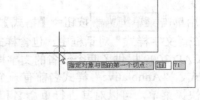

图 3-15　切点捕捉标记　　　　　　　　　　图 3-16　切点捕捉标记

 提示:

　　采用相切、相切、半径（或相切）方法画圆时，要捕捉与之相切的实体。方法是把光标移到与之相切的实体上，此时会出现相切自动捕捉标记（如图 3-16），按下鼠标左键即可。若光标离开实体太远，自动捕捉标记则会消失。

　　（5）相切、相切、相切　绘制一个圆与另三个图形实体（可以是直径、弧和圆）相切，通过捕捉三个切点产生该相切圆。与相切、相切、半径画圆方法类似，是在与之相切的三个实体存在而半径/直径未知的情况下使用。

　　若使用"命令行法"、"面板法"和"动态输入法"画圆，则切换到 3p 状态，捕捉三个图形实体上的任意切点，因此它属于三点画圆法。用菜单命令最方便，即【绘图】⇨【圆】⇨【相切、相切、相切】。如图 3-17 所示，是在三角形内作内切圆，任意捕捉三边切点的情况。

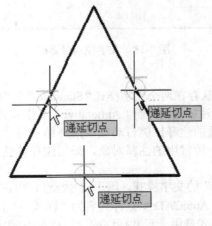

图 3-17　相切、相切、相切画圆捕捉切点

3.4　文字注释

　　文字注释是 AutoCAD 重要的图形元素，可以对工程图中几何图形难以表达的部分进行补充

说明，多用于对图形进行简要的注释和描述，用于图形中的一些非图形信息，包括技术说明、材料说明、施工说明、建筑物名称和设备表等。

3.4.1 创建文字样式

文字样式是一组可随图形保存的文字设置的集合，包括字体、文字高度和宽度比例、倾斜角度、反向、倒置、垂直等。在 AutoCAD 中所有的文字，包括尺寸标注、表格、图块、说明中的文字，都是与各自的文字样式相关联的，与文字相关联的文字样式发生了变化，其文字效果也随之改变。

用单击 菜单浏览器 按钮⇨【格式】⇨【文字样式】打开"文字样式"对话框，如图 3-18 所示。在"文字样式"对话框中，包含样式、字体、大小、效果、预览四个框架控件以及相关按钮。AutoCAD 2009 提供了两个缺省的文字样式"Standard"和"Annotative"，默认"Standard"为当前样式。"Annotative"样式名前有一个图标 ，表示该样式名是注释性的，选中样式名按右键弹出快捷菜单，可以对其进行重命名和删除。而"Standard"默认为非注释性文字样式，并且不能删除和重命名，但可以对其进行样式设置，也可以设置为注释性文字样式。一般情况，一个图形需要使用不同的字体，即使同样的字体也可能需要不同的大小和宽度比例，用户可以使用文字样式命令来创建或修改文字样式。

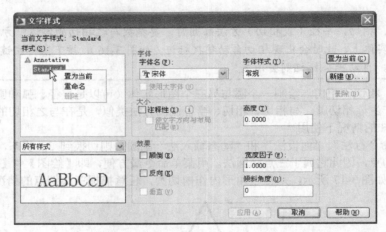

图 3-18　文字样式对话框

3.4.1.1 新建样式名

在新建的图形文件中，默认存在两个文字样式"Standard"和"Annotative"，其中"Standard"文字样式兼容以前版本，为非注释性的，而"Annotative"文字样式则是注释性的。注释性是注释对象的新特性，可以根据设置的注释比例自动完成注释缩放过程，这给用户准确地创建注释对象带来了方便。因此，作为一种常用的注释对象，采用注释特性进行文字注释，会更加快捷和准确。

下面新建的是名为"DIM"的文字样式，用于尺寸标注。单击 新建 按钮，打开"新建文字样式"对话框，如图 3-19 所示。AutoCAD 默认样式名为"样式 n"，n 从 1 开始，用户可以输入新样式名如"DIM"，表明该样式是用于尺寸标注的，然后单击 确定。

文字样式名可以重命名，在"样式"列表框中选中"DIM"样式名，按右键弹出快捷菜单，选择【重命名】菜单项，文字样式名处于编辑状态，按[Del]键删除原样式名，重新输入新样式名"标注文字"，也可以直接按[F2]键进入重命名状态。但"Standard"默认样式不能重命名，也不能被删除，【重命名】菜单项和 删除 按钮为灰色。

（a）默认样式名

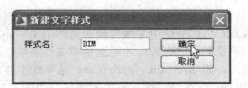
（b）指定样式名

图 3-19 新建文字样式

对于没有使用的用户定义的非当前文字样式，可以单击 删除 按钮进行删除。不过，被置为当前文字样式和文字样式已在图形中被使用，则 删除 为灰色而不能进行删除操作。

3.4.1.2 设置字体

AutoCAD 使用两种类型的字体，分别是 AutoCAD 专用的 SHX 字体和 Windows 系统的 TureType 字体。因 AutoCAD 支持 Unicode 字符编码标准，而 SHX 字体是使用 Unicode 标准字符编码的，它包含的字符比 TureType 字体所定义的字符多得多，所以建议用户尽量使用 SHX 字体进行文字注释。

为了支持中文以及其他亚洲语言，AutoCAD 提供了一种称作大字体文件的特殊类型的形定义，用户可以将样式设置为同时使用常规文件和大字体文件。

在"字体"框架中，包含两个下拉列表框和一个"使用大字体"复选框。默认情况下选用 TureType 字体"宋体"，在"宋体"前面的标志"T"表示该字体为 TureType 字体。若选择 TureType 字体，则"使用大字体" 复选框为不可选，两个下拉列表框名为"字体名"和"字体样式"，如图 3-18 所示。若选择 SHX 字体，"使用大字体" 复选框则为有效，勾选"使用大字体" 复选择框后，则两个下拉列表框名为"SHX 字体"和"大字体"。下面仅以 SHX 字体为例进行说明。

（1）"SHX 字体"下拉列表框 SHX 字体的文件类型为".SHX"，是形定义文件编译后的文件，为 AutoCAD 系统专用字体。在"SHX 字体"下拉列表框选用的字体为西文常规字体，用于尺寸标注、注释西文、数字、数学符号等。图 3-20 列出了常用的西文字体，其高度相同，宽度比例为 0.8。从中看出，每一种西文字体的字母和数字高度一致，但不同西文字体在相同的设置下大小不一样，这样打印出来的效果就有差异。01~07 行采用的大字体是 AutoCAD 自带的 gbcbig.shx，中文与西文字体不协调，字母和数字偏大，从美观上考虑，应优先选用 romans.shx 和 simpelx.shx 字体。08 行的西文与中文字符大小基本一致，这是由于用了非 AutoCAD 系统字体——gbxwxt.shx 和 gbhzfs.shx 两种字体。

01 TXT.shx字体

02 romans.shx字体

03 romand.shx字体

04 bold.shx字体

05 simpelx.shx字体

06 gbeitc.shx字体

07 gbenor.shx字体

08 gbxwxt.shx+gbhzfs.shx字体

图 3-20 常规字体比较

（2）"大字体"下拉列表框 大字体是指中国、日本、韩国等亚洲国家的形字体，gbcbig.shx 为 AutoCAD 2009 中文版自带的简体中文字体。只有勾选"使用大字体"复选框，才能使"大字体"下拉列表框有效，才能选择中文形字体。用户也可以通过"大字体"下拉列表框选用其他中文字体，如 hztxt.shx、gbhzfs.shx 是单线字体，可用于技术说明、建筑筑物名称、材料表等；而 hz129.shx 是双线字体，可用于图名，如图 3-21 所示。

图 3-21　双线字体写图名

3.4.1.3　设置文字大小

"大小"框架控件包括"注释性"复选框和"高度"（或"图纸文字高度"）文本框。

"注释性"复选框用来指定文字是否为注释性，默认未勾选"注释性"。如果选择"注释性"选项，则使"文字方向与布局匹配"复选框可用，可指定图纸空间视口中的文字方向与布局方向匹配。单击"注释性"复选框右边的信息图标可了解有关注释性对象的详细信息。

"高度"文本框用来指定文字高度。若不使用文字的注释性，设置文字高度的文本框名为"高度"，其数值为模型空间的文字高度，图纸的文字高度应缩小，其缩放倍数等于出图比例的倒数。如果选择"注释性"选项，文本框名为"图纸文字高度"，则文字高度是相对于图纸空间的，用于设置在图纸空间中显示的文字高度，而在模型空间的高度应根据设置的注释比例进行缩放。

文字高度默认为 0，表示在使用单行文字命令 TEXT 时，选项有文字高度提示，要求用户指定文字的高度。若在"高度"文本框输入了数值，TEXT 命令的选项不再提示输入文字高度，而使用"高度"文本框的值为文字高度。

在此设置的文字高度也会影响尺寸标注文字高度，如果"文字样式"的文字高度设置为 0，则尺寸标注的文字高度服从于"标注样式"中设置的文字高度。如果"文字样式"的文字高度不为 0，则尺寸标注的文字高度等于"文字样式"的文字高度。为了防止出错，建议用于尺寸标注的文字样式，设置其高度为 0，这样，尺寸标注的文字高度由标注样式决定。

3.4.1.4　设置文字效果

"效果"框架控件包括设置文字显示的效果的选项，最重要的一个选项是"宽度比例"，是指文字高度与宽度之比，按工程制图要求一般设为 0.7~0.8，有时也用于缩小宽度比例以减少文字串的长度。其他的文字显示效果在工程设计中使用较少，如图 3-22 所示。

提示：

　　"宽度比例"文本框中的数值显示，与单位精度的设置有关。若单位精度设为 0，则数值将显示为整数 1。单位精度会影响 AutoCAD 系统所有的数值显示，为了防止引起误解，建议单位精度不要设置为 0，而要设置为 0.0。

3.4.2　创建单行文字

文字注释分为单行文字和多行文字两种类型。单行文字的输入和编辑比较简单，适合于建筑物房间的名称说明，它允许用户一次输入多个单行文字，以回车作为每个单行文字的结束。而多行文字标注后的所有行文字均为一个对象。

3.4.2.1　命令功能

在指定位置按要求书写字符串。在命令行输入文字的过程中，文字会即时显示在绘图区上。

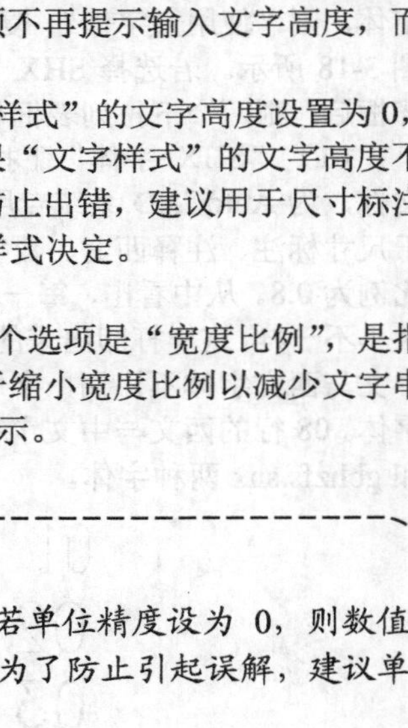

图 3-22　文字显示效果

3.4.2.2 操作说明

可采用"下拉菜单法"(【绘图】⇨【文字】⇨【单行文字】)、"面板法"("常用"选项卡⇨ 注释 ⇨ 单行文字)和"命令行法"(TEXT)执行单行文字命令。

命令: <u>TEXT</u> ↵	（输入单行文字命令）
当前文字样式: "HZ" 文字高度:20.0 注释性:否	（提示当前文字样式、高度和注释性）
指定文字的起点或 [对正(J)/样式(S)]:	（选取绘图区位置，或选择对正方式和文字样式）
指定高度 <50.0000>:<u>40</u> ↵	（设定文字高度为40）
指定文字的旋转角度 <0>:	（回车默认为旋转角度为0）

命令选项说明如下。

（1）指定文字的起点　文字的水平书写方向是自左向右，起点一般指文字串的最左点。但由于受对正方式的影响，有的对正方式使文字的起点不在左边。因此，严格地说文字的起点是指文字的对正点，两者是重合的。

（2）对正　用于设置文字串的对正方式。当用户选择"对正（J）"选项时，会出现下列提示。

[对齐(A)/布满(F)/居中(C)/中间(M)/右对齐(R)/左上(TL)/中上(TC)/右上(TR)/左中(ML)/正中(MC)/右中(MR)/左下(BL)/中下(BC)/右下(BR)]:

以上各选项的意义如下。

1）"对齐（A）"　通过指定基线的两个端点来指定文字的高度和方向。文字的方向与两点连线方向一致，文字的高度将自动调整，以使文字布满两点之间的部分，但文字的宽度比例保持不变。

2）"布满（F）"　通过指定基线的两个端点定义文字的方向和一个高度值布满一个区域。文字的方向与两点连线方向一致。文字的高度由用户指定，系统将自动调整文字的宽度比例，以使文字充满两点之间的部分，但文字的高度保持不变。

3）"居中（C）"、"中间（M）"和"右对齐（R）"　这三个选项均要求用户指定一点，分别以该点作为基线水平中点、文字中央点或基线右端点，然后根据用户指定的文字高度和角度进行绘制。

4）其他选项的意义　AutoCAD文字注释有很多种对齐方式，弄清它们的意义，应从英文书写规则上来理解。文字注释的对齐也是遵循四线格原则，大写字母占上三格，小写字母占下三格，如图3-23所示。图中的右侧为四线格，按从上向下的顺序，对齐第一线为上对齐，对齐第三线为中间对齐，是整个字符的垂直中间对齐线，第四线为基线，是右对齐和居中的对正线，最底线为下对齐，而图中左侧的上三格的中间线是大写字母的中间，为中对齐。其中，正中、中间和居中对齐从字面上不易区分，可以通过图示辨别它们的不同。由于中间对齐方式是相对整个字符高度，所以在表格中输入文字时被经常使用。经常使用的还有左下和右下对齐方式，其他方式可根据情况选择性地使用。

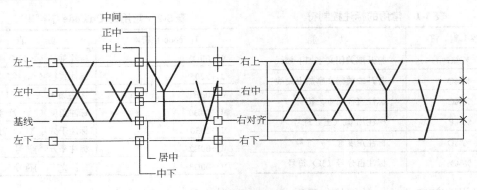

图3-23　文字的对正方式

（3）样式　用于设置当前文字样式。当选择"样式(S)"选项，命令行提示如下。

```
指定文字的起点或 [对正(J)/样式(S)]: S ↵                （切换到选择样式状态）
输入样式名或 [?] <DIM>: ? ↵                          （当前默认样式名为"DIM"，
                        可以输入指定样式名或输入"?"列出全部样式名，在此输入"?"）
输入要列出的文字样式 <*>:             （直接回车，默认输入通配符"*"，列出所有文字样式）
文字样式:
样式名: "Annotative"　字体: 宋体              （"Annotative"标准样式参数列表）
   高度: 0.0　宽度因子: 1.0　倾斜角度: 0
   生成方式: 常规
样式名: "DIM"            字体文件: txt.shx,gbcbig.shx      （"DIM"样式参数列表）
   高度: 0.0　宽度比例: 1.0　倾斜角度: 0
   生成方式: 常规
样式名: "Standard"     字体: 宋体              （"Standard"标准样式参数列表）
   高度: 0.0　宽度比例: 1.0　倾斜角度: 0
   生成方式: 常规
样式名: "仿宋"          字体: 仿宋_GB2312          （"仿宋"样式参数列表）
   高度: 0.0　宽度比例: 0.8　倾斜角度: 0
   生成方式: 常规
当前文字样式: 仿宋 ↵                           （选择"仿宋"为当前样式）
```

（4）字符的输入　当选项指定完后，就可以在绘图区上指定输入点，在单行在位编辑器上输入字符。在位编辑器包含高度为文字高度的边框，该边框随着用户的输入展开，不会自动换行，需硬回车才能强制换行。回车后另起一行，以相同的设置继续输入字符，其对正方式不变，如前图 3-20 所示，为八个单行文字，每一行为单一对象。如果剪贴板有多行文字内容，可以用[Ctrl+V]把文字一次性地直接粘贴到在位编辑器。

（5）输入控制码和特殊字符　在土木工程设计绘图中，往往需要标注一些特殊的字符，例如，在文字上方或下方加划线、标注角度（°）、‰、φ、±等符号。由于这些特殊字符不能从键盘上直接输入，因此，AutoCAD 提供了相应的控制符，以实现这些标注要求。

控制码一般由两个百分号（%%）和一个字母组成，常用的控制符见表 3-1。

特殊文字字符的组合方式：使用控制码来打开或关闭特殊字符。如第一次"%%U"表示为下划线方式，第二次"%%U"则关闭下划线方式，也可同时为文字加上划线和下划线，如 <u>36.63</u> 。

（6）输入 Unicode 字符串　输入文字时，可通过输入 Unicode 字符串创建特殊字符，包括度符号、正/负公差符号、乘号、千分号和直径符号等，使用方法类同控制码的输入。Unicode 字符串由"\U+nnnn"组成，其中 nnnn 为 Unicode 十六进制字符值。常用的 Unicode 字符串见表 3-2。

<table>
<tr><td colspan="2" align="center">表 3-1　常用的标注控制符</td></tr>
<tr><td align="center">控　制　符</td><td align="center">功　能</td></tr>
<tr><td>%%U</td><td>打开或关闭文字加下划线</td></tr>
<tr><td>%%O</td><td>打开或关闭文字加上划线</td></tr>
<tr><td>%%C</td><td>标注直径（φ）符号</td></tr>
<tr><td>%%P</td><td>标注加/减（±）符号</td></tr>
<tr><td>%%D</td><td>标注角度（°）符号</td></tr>
<tr><td>%%%</td><td>标注百分号（%）符号</td></tr>
</table>

<table>
<tr><td colspan="2" align="center">表 3-2　常用的 Unicode 字符串</td></tr>
<tr><td align="center">Unicode 字符串</td><td align="center">功　能</td></tr>
<tr><td>\U+00D7</td><td>标注乘号（×）符号</td></tr>
<tr><td>\U+2205</td><td>标注直径（φ）符号</td></tr>
<tr><td>\U+00B1</td><td>标注加/减（±）符号</td></tr>
<tr><td>\U+00B0</td><td>标注角度（°）符号</td></tr>
<tr><td>\U+2030</td><td>标注千分号（‰）符号</td></tr>
<tr><td>\U+00B2</td><td>标注平方（^{2}）符号</td></tr>
<tr><td>\U+00B3</td><td>标注立方（^{3}）符号</td></tr>
</table>

下面用 TEXT 命令，使用控制码和 Unicode 字符串两种方式输入特殊字码，完成专业图纸上

的一个技术说明，如图3-24所示。上图为在绘图区输入的字符"在%%P0.000处铺\U+220520的钢管"，下图是回车后显示的结果。实际上在输入完"%%P"，AutoCAD就会自动显示为"±"，输入完"\U+2205"自动显示为"φ"。

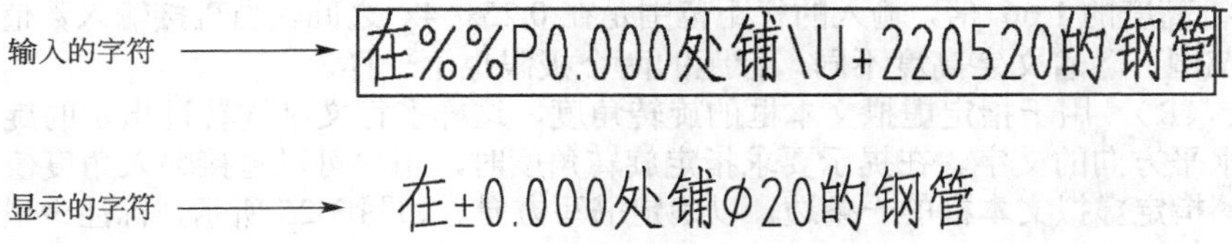

输入的字符 ────────▶ 在%%P0.000处铺\U+220520的钢管

显示的字符 ────────▶ 在±0.000处铺φ20的钢管

图3-24　特殊输入字符示例

3.4.3　创建多行文字

3.4.3.1　命令功能

　　单行文字只能使用相同的格式，如相同的字体、字号和显示效果等。对于内容较长或要求不同格式的文字，需要多行文字创建。多行文字又称段落文字，是由任意数目的文字行或段落组成的，布满指定的宽度，还可以沿垂直方向无限延伸。AutoCAD 2009中的多行文字功能有所加强，在使用上类似Word软件。

3.4.3.2　操作说明

　　可采用"下拉菜单法"（【绘图】⇨【文字】⇨【多行文字】）、"面板法"（ "常用"选项卡⇨ 注释 ⇨ 多行文字 ）和"命令行法"（MText或T或MT）执行多行文字命令。

　　（1）命令行参数

```
命令: T↵                                （用快捷命令"T"启动多行文字 mtext）
MTEXT 当前文字样式:  "Standard"  文字高度:  2.5  注释性:  否    （列出当前设置参数）
指定第一角点:
指定对角点或 [高度(H)/对正(J)/行距(L)/旋转(R)/样式(S)/宽度(W)/栏(C)]:
```

　　各项参数说明:

　　1）指定第一角点　与指定的对角点形成一个虚拟文本框，划定了文字书写范围。文字行的宽度不能超出虚拟文本框的宽度，超出虚拟文本框宽度会自动换行。虚拟文本框的上下边界决定了文字垂直方向的起点，这由对正方式所决定，但允许文字行超出虚拟文本框的上下边界。

　　2）高度（H）　用于指定文字高度。

　　3）对正（J）　用于定义多行文字对象在虚拟矩形中的对正方式。选取"对正（J）"选项，命令行提示如下。

```
输入对正方式 [左上(TL)/中上(TC)/右上(TR)/左中(ML)/正中(MC)/右中(MR)/左下(BL)/中下(BC)/右下
(BR)]<左上(TL)>: MC↵                        （指定"正中"对正方式）
```

　　多行文字对象在虚拟文本框中的对正方式有9种，比单行文字的少，但对正方式的含义是相同的。对正默认方式是"左上"，对上一次的指定不记忆。

　　4）行距（L）　用于设置多行文字的行间距，是一行文字的基线（底部）与下一行文字基线之间的距离。选取"行距（L）"选项，命令行提示如下。

```
输入行距类型 [至少(A)/精确(E)] <至少(A)>: ↵            （回车默认自动行距）
输入行距比例或行距 <1x>: 2x↵                        （输入2倍行距）
```

　　解释说明如下

　　① 至少（A）　表示按一行文字中最大的字符高度自动添加行间距，适合为字符高度不同的

多行文字对象设置行距。

② 精确（E） 表示强制各行文字具有相同的行间距，但可能会导致位于较大字符文字行的上面或下面行中的文字与较大字符发生重叠。

③ 输入行距比例或行距　输入的行距适用于整个多行文字对象而不是选定的行。单倍行距1x 是文字字符高度的 1.66 倍，输入的行距范围是在 0.25x~4x 之间。当直接输入数值时，注意不要超出数值范围，随着文字高度不同，行距的两个极限也不一样。

5）旋转（R）　用于指定虚拟文本框的旋转角度，这样多行文字均转过指定的旋转角，特别适合标注非水平方向的文字。在提示要求指定旋转角度时，用户可以直接输入角度值，也可以参照一条直线，指定虚拟文本框的一条边，以确定书写方向。如图 3-25 所示，标注一道斜坡，步骤如下。

① 输入多行命令"T"。

② 要求指定第一角点时，捕捉斜坡左下角的顶点，如图 3-25（a）所示。

③ 输入"R"选取旋转选项，要求输入指定旋转角度时，用最近点捕捉斜坡上的直线，与斜坡左下角的顶点连成一条参照直线，该参照线的角度即为输入的旋转角度。该参照线也是虚拟文本框的一条边，如图 3-25（b）所示。

④ 向上拉出平行于箭头的虚拟文本框，设置垂直对正方式为"中央对齐"，输入 "斜坡"文字，如图 3-25（c）所示。

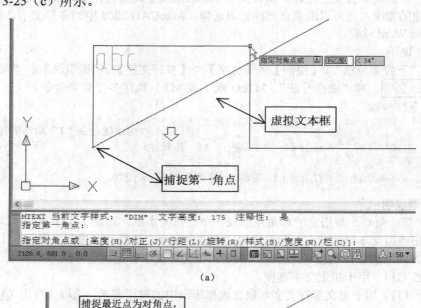

（a）

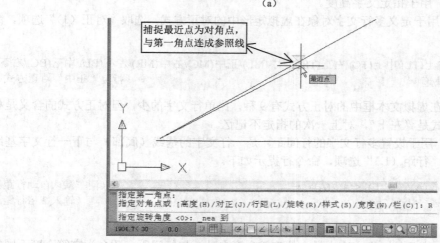

（b）

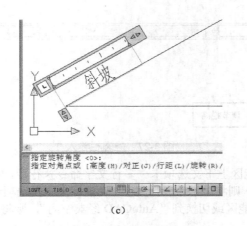

图 3-25 多行文字的旋转功能

6）样式（S） 用于指定当前的文字样式，参见单行文字的操作。

7）宽度（W） 准确指定文字行的宽度。若选取了此项操作，则多行文字没有上下边界。

8）栏（C） 用于设置多行文字对象不分栏和分栏显示，类似于 WORD 的分栏格式。不分栏实际上就是按一列显示，而分栏又有动态栏和静态栏两种类型。

选取"栏（C）"选项和"动态（D）"子选项，命令行提示如下。

输入栏类型 [动态(D)/静态(S)/不分栏(N)] <动态(D)>: D ↵ （选择动态栏子选项）
指定栏宽: <75>:20 ↵ （每个栏宽指定为 20 个图形单位）
指定栏间距宽度: <12.5>:4 ↵ （栏与栏间距宽度为 4 个图形单位）
指定栏高: <25>:20 ↵ （每个栏高为 20 个图形单位，而不是 20 个字符高度）

动态栏参数设置完毕，将弹出"多行文字"功能区上下文选项卡，显示顶部带有标尺的边界框文字输入区，则可以在第一栏的文字输入区输入字符，如图 3-26（a）所示。当第一栏文字填满后，在第一栏的右侧自动增加第二栏，文字也溢到第二栏，第二栏的宽度与第一栏是相同，栏与栏的间距为设置的图形单位，如图 3-26（b）所示。

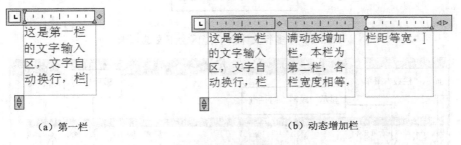

（a）第一栏　　　　　　　　　　　　　　（b）动态增加栏

图 3-26 动态栏输入

选取"栏(C)"选项和"静态（S）"子选项，命令行提示如下。

输入栏类型 [动态(D)/静态(S)/不分栏(N)] <动态(D)>: S ↵ （选择静态栏子选项）
指定总宽度: <200>: 100 ↵ （指定所有栏的总宽度，即文字总宽为 100 个图形单位）
指定栏数: <2>: 4 ↵ （分 4 栏）
指定栏间距宽度: <12.5>: 4 ↵ （栏与栏的间距为 4 个图形单位）
指定栏高: <25>: 20 ↵ （所有栏高为 20 个图形单位，如图 3-27 所示）

静态栏方式是把文字的总宽度和分栏数设置好，各栏的宽度自动计算分配，而动态栏方式是把各栏的宽度设置好，根据文字的多少自动增加栏数，文字的总宽度不断增加。可以根据情况使用夹点编辑调整文字边界框的栏宽和栏高。

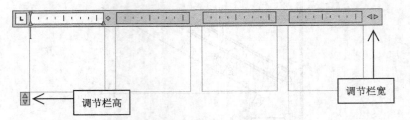

图 3-27　静态栏输入

（2）"多行文字"功能区上下文选项卡　多行文字命令执行后，指定了文字边框的对角点以定义多行文字对象的宽度，则将显示"多行文字"功能区上下文选项卡，如图 3-28 所示。如果执行 ribbonclose 命令关闭功能区或切换到"AutoCAD 经典空间"，则将显示在位文字编辑器，如图 3-29 所示。

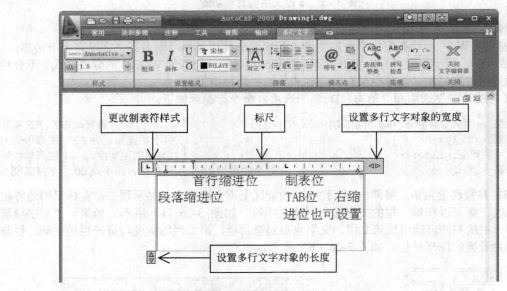

图 3-28　"多行文字"功能区上下文选项卡

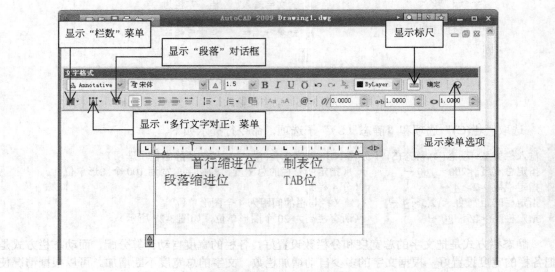

图 3-29　在位文字编辑器

提示：

　　面板控制说明：面板可以通过命令进行控制，其显示命令为 ribbon，关闭命令为 ribbonclose。也可通过菜单浏览器⇨【工具】⇨【选项板】⇨【功能区】控制面板的显示与关闭。

　　"多行文字"功能区上下文选项卡是 AutoCAD 2009 的新增功能，而在位文字编辑器最早出现在 AutoCAD 2006 版本，用户可以根据自己的喜好选择这两种形式，在此着重介绍"多行文字"功能区上下文选项卡的操作。

　　"多行文字"功能区上下文选项卡由"样式"、"设置格式"、"段落"、"插入点"、"选项"、"关闭"六个面板和一个顶部带标尺的多行文字编辑器组成，每个面板和面板里的每个图标都带有标题，对初学者来说，使用更加直观和容易，而在位文字编辑器的图标不带标题，图标安排得更加紧凑高效，占用空间更少。

　　1）多行文字编辑器　AutoCAD 2009 提供了一个简单的多行文字输入区，在上部设有水平标尺，用于设置首行缩进、段落缩进、右缩进和制表位。首行缩进是一个"▼"符号，段落缩进是一个"▲"符号，用鼠标按住缩进标志不放拖动，此时，会提示缩进距离，根据显示的值定位。在标尺的适当位置单击鼠标左键即可允许建立多个制表位，把不需要的制表符号拖向标尺之外即可删除。用鼠标按住标尺最右端的"◀ ▶"符号不放并拖动，可以调整多行文字的宽度。在标尺上按鼠标右键会弹出下拉菜单（图 3-30），可以通过菜单项【段落】、【设置多行文字宽度】和【设置多行文字宽度】弹出相应的对话框，对首行缩进、段落缩进、制表位以及多行文字宽度和高度进行准确设置，如图 3-31 所示。

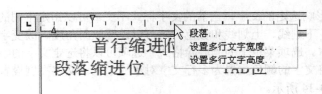

图 3-30　标尺下拉菜单

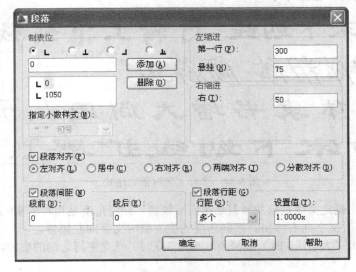

图 3-31　"段落"对话框

"段落"对话框中设置项的含义与 WORD 的相同，其中段落行距是控制行与行的间距，是很重要的设置项。

2）"样式"面板　控制多行文字对象的文字样式和选定文字的字符格式，如图 3-32 所示。

① 样式　向多行文字对象应用文字样式，当改变文字样式，则所有的多行文字对象使用新样式。默认情况下，"标准"文字样式处于活动状态。

② 注释性　不管当前文字样式是否勾选了注释性，都会打开或关闭当前多行文字对象的"注释性"。

③ 文字高度　按图形单位设置新文字的字符高度或修改选定文字的高度。多行文字对象可以包含不同高度的字符。

3）"设置格式"面板　创建多行文字时，可以替代文字样式并将不同的格式应用于单个词语、字符和段落，如图 3-33 所示。

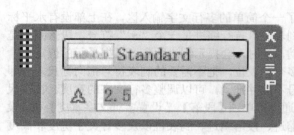

图 3-32　"样式"对话框

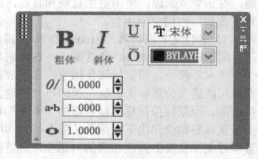

图 3-33　"格式"面板

格式的修改只影响选定的文字，当前的文字样式不变。可以指定不同的字体和文字高度，可以应用粗体、斜体、下划线、上划线和颜色。还可以设置倾斜角度、改变字符之间的间距以及将字符变得更宽或更窄。选项菜单上的"删除格式"选项可以将选定文字的字符属性重置为当前的文字样式，还可以将文字的颜色重置为多行文字对象的颜色。文字高度设置用于指定大写文字的高度。其效果如图 3-34 所示。

宋体粗体　斜体隶书

仿宋下划线　行楷上下划线

宋体粗体　倾斜30°

斜体隶书增大间距1.5

仿宋下划线扩展1.5

图 3-34　多行文字对象的格式

① 倾斜角度　确定文字是向前倾斜还是向后倾斜。倾斜角度是相对于 90°方向的偏移角度。倾斜角度的值为正时文字向右倾斜。倾斜角度的值为负时文字向左倾斜。

② 追踪　增大（大于 1.0 时）或减小（小于 1.0 时）选定字符之间的空间，1.0 设置是常规间距。

③ 宽度因子　扩展或收缩选定字符。1.0 设置代表此字体中字母的常规宽度。可以增大该宽

度或减小该宽度，例如，使用宽度因子 0.5 将宽度减半。

注意：

新选的字体只改变以后输入的文字和被选定文字。当文字被新字体改变后，不要再设置文字样式，否则会被新的文字样式所替代。也就是说文字样式的优先级高于字体，其他字符格式的级别也低于文字样式。

4）"段落"面板 为段落和段落的第一行设置缩进，指定制表位和缩进，控制段落对齐方式、段落间距和段落行距，如图 3-35 所示。

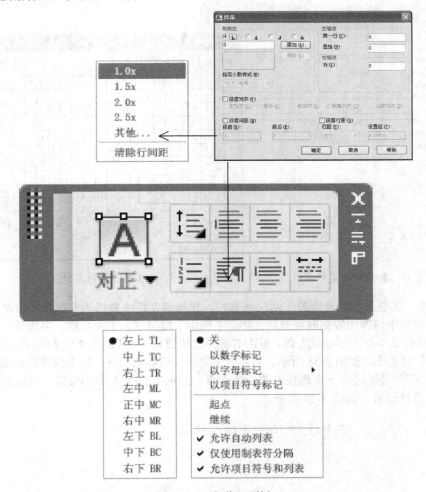

图 3-35 "段落"面板

① 多行文字对正 显示"多行文字对正"菜单，默认为"左上"对正。

② 段落 显示"段落"对话框，如图 3-31 所示。

③ 行距 显示建议的行距选项，选取【其他】选项则显示"段落"对话框，对当前段落或选定段落中设置行距。行距是指文字的上一行底部和下一行顶部之间的距离。

④ 编号 显示"项目符号和编号"菜单，可以创建以字母、数学、项目符号标记。

⑤ 左对齐、居中、右对齐、两端对齐和分散对齐 设置当前段落或选定段落的左、中或右

文字边界的对正和对齐方式。包含在一行的末尾输入的空格，并且这些空格会影响行的对正。

5）"插入点"面板　用于插入特殊符号、字段以及对段落分栏。

① 符号　在光标位置插入快捷菜单列出的或其他符号，也可以手动插入符号，与单行文字输入方法一样，如图 3-24 所示。快捷菜单中列出了常用符号及其控制代码或 Unicode 字符串，如图 3-36 所示。单击"其他"将显示"字符映射表"对话框，如图 3-37 所示。选择字体中的一个字符，然后单击"选择"将其放入"复制字符"框中。选中所有要使用的字符后，单击"复制"关闭对话框。在编辑器中，单击鼠标右键并单击"粘贴"，也可直接输入Unicode，如参考标志的 Unicode 为"\U+203B"。在垂直文字中不支持使用符号。

度数 (D)	%%d
正/负 (P)	%%p
直径 (I)	%%c
约等于	\U+2248
角度	\U+2220
边界线	\U+E100
中心线	\U+2104
差值	\U+0394
电相角	\U+0278
流线	\U+E101
恒等于	\U+2261
初始长度	\U+E200
界碑线	\U+E102
不相等	\U+2260
欧姆	\U+2126
欧米加	\U+03A9
地界线	\U+214A
下标 2	\U+2082
平方	\U+00B2
立方	\U+00B3
不间断空格 (S) Ctrl+Shift+Space	
其他 (O)...	

图 3-36　符号快捷菜单　　　　　　　　　　　图 3-37　字符映射表

② 字段　在任意文字命令处于活动状态时，在当前光标位置插入字段。字段是设置为显示在图形生命周期中修改的数据时可更新文字，主要由字段类别、字段名称、字段值、字段表达式等构成。当单行文字处于活动状态时，单击右键弹出快捷菜单⇨【插入字段】或按[Ctrl+F]组合键，弹出"字段"对话框，如图 3-38 所示。当多行文字处于活动状态时，使用快捷菜单或快捷键，或单击"多行文字"功能区上下文选项卡的"插入点"面板上的 插入字段 按钮，可以对"字段"对话框的各项进行设置，如图 3-39 所示。

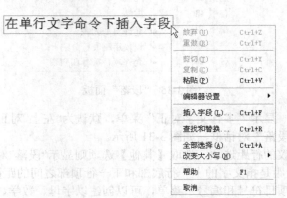

图 3-38　单行文字命令插入字段快捷菜单

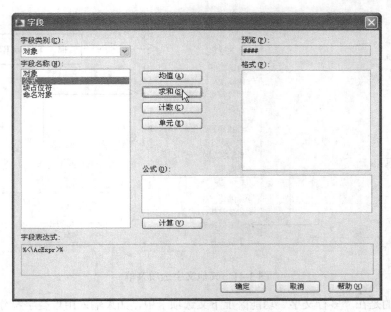

图 3-39 "字段"对话框

③ 栏（列） 将多行文字对象的格式设置为多栏。可以指定栏和栏间距的宽度、高度及栏数，使用夹点编辑栏宽和栏高。要创建多栏，必须始终由单个栏开始。根据所选的栏模式，有两种不同创建和操作栏的方法——静态模式或动态模式，也可手动插入分栏符。动态栏由文字驱动，调整栏将影响文字流，而文字流将导致添加或删除栏。静态栏模式可以指定多行文字对象的总宽度和总高度及栏数，所有栏将具有相同的高度且两端对齐。通过"分栏设置"对话框可以设置栏的高度、宽度或栏数等，如图 3-40 所示。

6）"选项"面板 主要由查找和替换、拼写检查、放弃、重做、标尺、选项图标组成。查找和替换用来搜索指定的文字串并用新文字进行替换，常用于大型工程设计中。放弃或重做是常用命令，用来放弃或重做在"多行文字"功能区上下文选项卡中执行的操作，包括对文字内容或文字格式的改变，建议使用组合键[Ctrl+Z]或[Ctrl+Y]更加快捷方便。标尺按钮用来控制在文字编辑器顶部显示标尺，拖动标尺末尾的箭头可更改多行文字对象的宽度。选项可以显示其他文字选项列表，如图 3-41 所示。

图 3-40 "分栏设置"对话框

7）"关闭"面板 结束 MTEXT 命令并关闭"多行文字"功能区上下文选项卡。

（3）在位文字编辑器 在位文字编辑器的功能与"多行文字"功能区上下文选项卡基本相同，但对堆叠文字的操作，两者有所区别。在位文字编辑器通过 按钮来创建，在"多行文字"功能区中上下文选项卡会弹出"自动堆叠特性"对话框。

堆叠文字是应用于多行文字对象和多重引线中的字符的分数及公差格式，如果选定文字中包含堆叠字符[如正向斜杠（/）、插入符（^）和磅符号（#）]，堆叠字符左侧的文字将堆叠在字符右侧的文字之上，则创建堆叠文字（例如分数）。

包含正向斜杠（/）的文字转换为居中对正的分数值，斜杠被转换为一条与较长字符串长度相同的水平线。包含插入符（^）的文字转换类似于正向斜杠（/），但不用直线分隔。包含磅符号（#）的文字转换为被斜线（高度与两个字符串高度相同）分开的分数，斜线上方的文字向右下对齐，斜线下方的文字向左上对齐。

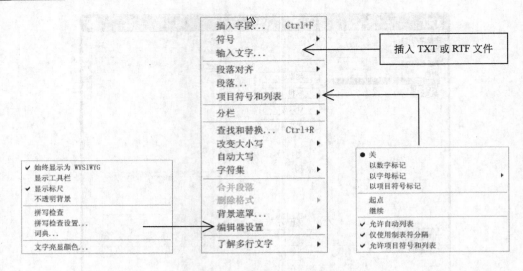

图 3-41　其他文字选项菜单

需要指出的是在"多行文字"功能区上下文选项卡中，如果输入由堆叠字符分隔的数字，然后输入非数字字符或按空格键，将显示"自动堆叠特性"对话框，如图 3-42 所示。如输入 1/2，然后按空格键或非数字键，则产生的堆叠效果如图 3-43 所示。

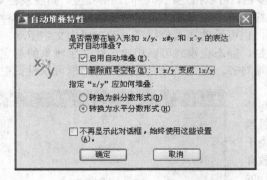

图 3-42　"自动堆叠特性"对话框

堆叠文字格式	输入	效果
正向斜杠(/)	$\frac{1}{2}$	$\frac{1}{2}$
插入符(^)	1^2	$\frac{1}{2}$
磅符号(#)	1#2	½

图 3-43　文字堆叠效果

 说明：

 其他功能说明如下。

 放弃\重做：在"在位文字编辑器"中放弃\重做操作，包括对文字内容或文字格式所做的修改。也可以使用[Ctrl+Z]\ [Ctrl+Y]组和键。

 下划线：为新建文字或选定文字打开和关闭下划线。

 粗体\斜体：为新建文字或选定文字打开和关闭粗体\斜体格式。此选项仅适用于使用 TrueType 字体的字符。

 全部大写：将选定文字更改为大写。

 小写：将选定文字更改为小写。

 上划线：将直线放置到选定文字上。

 【编号】：使用编号创建带有句点的列表。

 【项目符号】：使用项目符号创建列表。

 【背景遮罩】：显示"背景遮罩"对话框。

3.4.4 编辑文字

3.4.4.1 "编辑文字"命令

（1）命令功能　对选定的单行文字和多行文字进行修改。

（2）命令操作　可采用"下拉菜单法"（【修改】⇨【对象】⇨【文字】⇨【编辑】）、"面板法"（"注释"选项卡⇨ 文字 ⇨ 编辑 ，如图 3-44 所示）、"命令行法"（ ddEDit 或 ED）和快捷菜单法执行编辑文字命令。

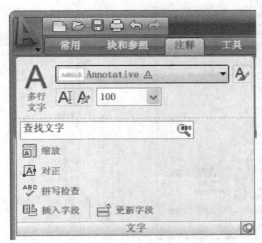

图 3-44　"注释"选项卡之"文字"面板

> **说明：**
> "注释"选项卡的"文字"面板说明："注释"选项卡的"文字"面板专用于文字注释，其主要功能也包括在"常用"选项卡的"注释"面板中，但"文字"面板的内容更加全面，其中的多行文字编辑命令按钮没有设置在"常用"选项卡的"注释"面板中。实际上，快捷菜单法对单行文字和多行文字的编辑，是最方便和通用的。

使用快捷菜单法，先选定要修改的文字对象，按鼠标右键，弹出快捷菜单，其子菜单项与文字的类型有关。若选定对象是单行文字，菜单项为【编辑】，若选定对象是多行文字，菜单项为【编辑多行文字】。同时也可以选定【特性】子菜单，修改文字的特性。

更快捷的方法是双击文字对象，即可弹出相应的修改对话框。

（3）操作说明　当用户选取的对象是单行文字，将在绘图区显示该单行文字的在位编辑器，可按左右光标键移动光标，定位需修改的字符，用退格键和[Del]键删除字格，也可直接输入插入字符。

当用户选取的对象是多行文字，将弹出"多行文字"功能区上下文选项卡或多行"在位文字编辑器"，可用鼠标定位光标或选取任意范围的字符串，对文字内容和格式进行修改。

3.4.4.2 "特性"命令

（1）命令功能　用于修改图形实体的特性，该命令允许采用"单选"或"窗选"方式，显示的对话框内容取决于被选实体的类型。

（2）命令执行方法　可采用"下拉菜单法"（【修改】⇨【特性】）、"面板法"（"视图"选项卡⇨ 选项板 ⇨ 特性 按钮）、"命令行法"（PRoperties 或 ddMOdify 或 ddCHprop）和快捷菜单法执行命令。

采用快捷菜单法，应先选定要修改的单行或多行文字对象，按鼠标右键弹出快捷菜单，然后选取最下面的【特性】，如图 3-45 所示。

除文字的对象外，更快捷的方法是双击其他图形对象如直线和圆，即可弹出"特性"选项板，如图 3-46 所示。

（a）单行文字 　　　　　　　　（b）多行文字

图 3-45　文字对象的"特性"选项板

（a）直线 　　　　　　　　（b）圆

图 3-46　图形对象的"特性"选项板

3.4.4.3 操作说明

"特性"选项板适用于所有的图形对象，所提示的内容随图形对象类型的不同而不同。

若"特性"选项板选取单行文字对象，将提示对象类型是"文字"。可以编辑单行文字的内容和样式、对正、高度、旋转、宽度比例、倾斜、文字对齐 XYZ 坐标等。在"内容"文字框中可以直接修改文字的内容。

若"特性"选项板选取多行文字对象，将提示对象类型是"多行文字"。可以编辑多行文字的内容和样式、对正、方向、宽度、高度、旋转、行距等。点击"内容"文字框右按钮，可弹出在位文字编辑器对文字修改。

如果没有选择任何对象，将提示"无选择"。

3.5 绘制标题栏实例

在了解了 AutoCAD 的基本绘制方法后，通过绘制 A2 图幅的标题栏实例，学会如何运用 AutoCAD 作图。

3.5.1 绘图设置

（1）设置图形界限

命令: <u>limits</u> ↵
重新设置模型空间界限:
指定左下角点或 [开(ON)/关(OFF)] <0.0000,0.0000>: ↵
指定右上角点 <420.0000,297.0000>:<u>@1000,600</u> ↵　　　　（图形界限一般要大于图形大小）

（2）设置栅格　在状态栏 栅格显示 按钮上，按右键弹出快捷菜单，选取菜单中的【设置】，弹出"草图设置"对话框。选取"捕捉与栅格"选项卡，设置栅格间距 XY 轴都为 100，栅格捕捉间距 XY 轴为 1，如图 3-47 所示。

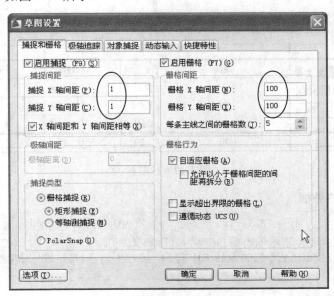

图 3-47　设置栅格与捕捉间距

（3）设置图层　执行【格式】⇨【图层】，弹出"图层特性管理器"对话框，设置标题栏内框、标题栏外框、标注、图幅、图框、文字等图层，并设置每个图层的颜色和线宽，线宽按照国标要求设置，如图 3-48 所示。

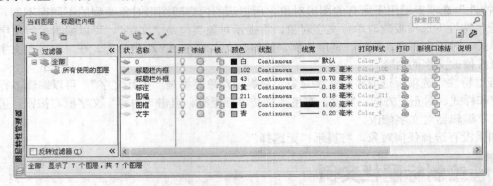

图 3-48　绘标题栏的图层设置

3.5.2　绘制图框

执行 Zoom 缩放命令，输入 All 选项，显示全图。

根据绘制矩形的方法，绘制 A2 图框，外矩形为图幅，内矩形为图框，按制图要求规定图框与图幅的距离：装订边距为 25mm，其他边为 10mm。

3.5.3　绘制标题栏

如图 3-49 所示，是一个符合国标的标题栏，可用于 A2 以上图纸。从左向右，依次为设计单位名称区、工程名称区、图名区、签字区、图号区，总长 240mm，高 40mm。其线宽分明，标题栏外框为 0.7mm，内框为 0.35mm，文字为 0.2mm，图框为 0.9mm 或更粗。文字样式按工程制图标准，宽度比例 0.7。

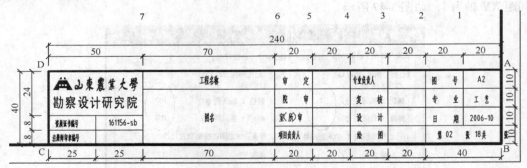

图 3-49　标题栏

（1）绘制标题栏外框

```
命令: _rectang                                （点击"常用"选项卡⇨绘图面板⇨矩形按钮）
指定第一个角点或 [倒角(C)/标高(E)/圆角(F)/厚度(T)/宽度(W)]:           （捕捉图框右下角 B 点）
指定另一个角点或 [面积(A)/尺寸(D)/旋转(R)]: @-240,40↵      （指定另一对角点，其 x 坐标为负值，
                                                               绘出标题栏外框 ABCD）
```

（2）分解标题栏

```
命令: _explode                                        （点击修改面板⇨分解）
选择对象: 找到 1 个                                （选取标题栏外框的任意边）
选择对象:                                                     （回车结束）
```

（3）绘制标题栏内框

```
命令: _offset                                                    （点击 修改 面板⇒ 偏移 ）
当前设置: 删除源=否    图层=源    OFFSETGAPTYPE=0
指定偏移距离或 [通过(T)/删除(E)/图层(L)] <25.0000>:    20 ↵     （指定审定、图号等栏宽度为20）
选择要偏移的对象，或 [退出(E)/放弃(U)] <退出>:                  （选取标题栏外框的 AB 线）
指定要偏移的那一侧上的点，或 [退出(E)/多个(M)/放弃(U)] <退出>:    （单击 AB 线左侧的任意点，指
                                                                 定 AB 线偏移方向）
选择要偏移的对象，或 [退出(E)/放弃(U)] <退出>:                  （选取被偏移的第 1 条线）
指定要偏移的那一侧上的点，或 [退出(E)/多个(M)/放弃(U)] <退出>:    （单击 1 线左侧任意点）
:                                  （依次选取 1、2、3、4、5 线，偏移绘出 2、3、4、5、6 线）
选择要偏移的对象，或 [退出(E)/放弃(U)] <退出>:↵                  （回车结束）
命令:↵                                                         （直接回车重复上次命令）
命令:
OFFSET
当前设置: 删除源=否    图层=源    OFFSETGAPTYPE=0
指定偏移距离或 [通过(T)/删除(E)/图层(L)] <20.0000>:    70↵        （指定图名区宽度为70）
选择要偏移的对象，或 [退出(E)/放弃(U)] <退出>:                   （选取被偏移的 6 线）
指定要偏移的那一侧上的点，或 [退出(E)/多个(M)/放弃(U)] <退出>:    （单击 6 线左侧，得到 7 线）
选择要偏移的对象，或 [退出(E)/放弃(U)] <退出>:↵                  （回车结束）
命令:
命令:↵                                                         （直接回车重复上次命令）
OFFSET
当前设置: 删除源=否    图层=源    OFFSETGAPTYPE=0
指定偏移距离或 [通过(T)/删除(E)/图层(L)] <70.0000>:    25 ↵       （指定资质证书编号宽度为25）
选择要偏移的对象，或 [退出(E)/放弃(U)] <退出>:                   （选取被偏移的 7 线）
指定要偏移的那一侧上的点，或 [退出(E)/多个(M)/放弃(U)] <退出>:    （单击 7 线左侧）
选择要偏移的对象，或 [退出(E)/放弃(U)] <退出> ↵                  （回车结束）
```

指定单元格高度为 10，偏移三次水平线，得到标题栏内框基本图形，如图 3-50 所示。

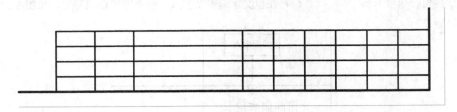

图 3-50　标题栏的内框绘制

3.5.4　定义文字样式

用"菜单浏览器"按钮⇨【格式】⇨【文字样式】，设置"HZ"文字样式，如图 3-51 所示。

3.5.5　文字标注

在单元格内输入文字，要求文字"正中"对齐，因单元格的高度为 8，故文字高度设为 5。下面采用单行文字和多行文字方式输入标题栏内文字。

（1）单行文字方式输入"注册师印章编号"

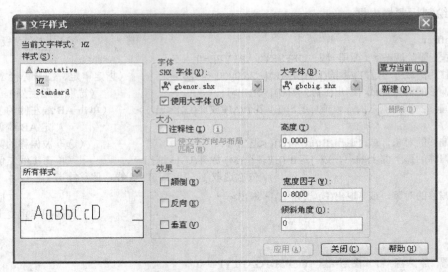

图 3-51　标题栏的文字样式

命令: _line 指定第一点:　　　　　　　　　　　　　　　　　　　（拾取 C 点，作一辅助对角线）
指定下一点或 [放弃(U)]:
指定下一点或 [放弃(U)]:
命令: <u>text</u> ↵
当前文字样式:　HZ　当前文字高度:　5.0000
指定文字的起点或 [对正(J)/样式(S)]: <u>j</u> ↵　　　　　　　　　　　　　　　　（切换到对正选项）
输入选项
[对齐(A)/调整(F)/中心(C)/中间(M)/右(R)/左上(TL)/中上(TC)/右上(TR)/左中(ML)/正中
(MC)/右中(MR)/左下(BL)/中下(BC)/右下(BR)]: <u>mc</u> ↵　　　　　　　　　（选择正中对齐方式）
指定文字的中间点:　　　　　　　　　　　　　　　　　　　　　（捕捉辅助对角线）
指定高度 <5.0000>:　　　　　　　　　　　　　　　　　　（回车默认文字高度为 5）
指定文字的旋转角度 <0>:　　　　（在单行在位文字编辑器输入"注册师印章编号"，如图 3-52 所示。）

图 3-52　单行文字标注标题栏

（2）多行文字方式输入"资质证书编号"

命令: _mtext 当前文字样式:"HZ"　当前文字高度:5 注释性:否
指定第一角点:　　　　　　　　　　　　　　　　　　　　　　（拾取单元格的第一角点）
指定对角点或 [高度(H)/对正(J)/行距(L)/旋转(R)/样式(S)/宽度(W)/栏(C)]:　<u>int</u> ↵ [拾取单元格的对角
　　　　　　　　　点，如图 3-53（a）所示，划定文字的书写范围，在"多行文字"
　　　　　　　　　选项卡⇨ 段落 ⇨ 对正 的快捷菜单中，选择【正中 MC】菜单项，
　　　　　　　　　输入"资质证书编号"，如图 3-53（b）所示]

> 说明:
>
> "多行文字"选项卡的"段落"面板说明: 对正 按钮所弹出的快捷菜单中的【正中 MC】菜单项,其对正方式为水平与垂直同时居中。"段落"面板中的 居中 按钮只是段落居中,也就是只是水平居中,其垂直方向取决于 对正 按钮中的快捷菜单项所设置的对齐方式,因此,两者是有区别的。

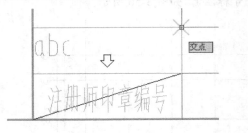

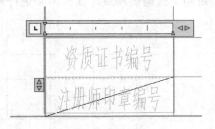

(a)对角点划定文字范围   (b)"在位文字编辑器"的设置

图 3-53　多行文字标注标题栏

（3）复制文字格式

其他单元格中的文字都可以用单行文字和多行文字方法书写,但每一次输入都需要设置对正方式,用单行文字输入还要作辅助线以捕捉中点对齐。如果单元格的大小一样,可以采用复制文字的方法。被复制的内容再编辑修改很容易,更重要的是文字格式也被复制,不需要重复设置文字格式。

3.5.6　修剪直线

标题栏的单元格,有的需要合并,但因为标题栏是用直线绘出来的,没有合并功能,只能把多余的直线删除,可用"TRim"命令进行修剪。

练　习　题

1. 分别用直线命令和矩形命令绘制 A2 图纸大小的图框(注: 不必进行尺寸标注),如图 3-54 所示。

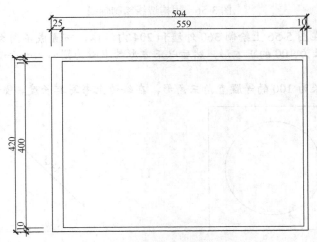

图 3-54　绘制 A2 图框

2. 绘制一轴线编号，圆的半径为 4，文字高度为 5，正中对齐，如图 3-55 所示。

图 3-55　绘制轴号

3. 用构造线绘制轴线（注：不必进行尺寸标注），如图 3-56 所示。

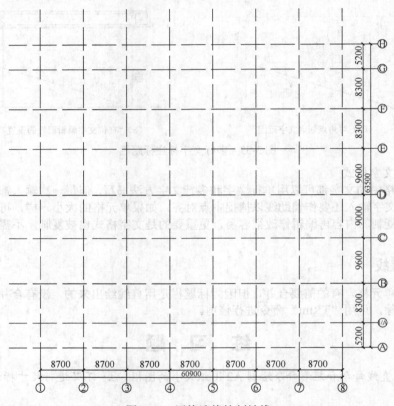

图 3-56　用构造线绘制轴线

4. 用多线命令在图 5-56 上绘制 360 外墙和 204 内墙体，布置成不同大小的房间。

5. 绘制一个边长为 100 的正方形，然后以正方形的中心为圆心画一个直径为 75 的圆，如图 3-57 所示。

6. 绘制一个边长为 100 的等腰直角三角形，在斜边上书写其长度，如图 3-58 所示。

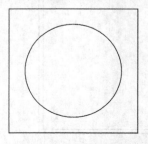

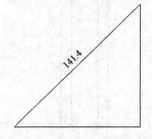

图 3-57　绘制矩形和圆　　　　　　　　图 3-58　在斜边上书写文字

4 精确绘图工具

精确绘图是用 AutoCAD 进行工程设计的关键，在绘图过程中必须精确定义点的位置、所绘图形对象的尺寸等。AutoCAD 为用户提供了丰富的辅助定义点精确位置的方法，如使用坐标方法等，而栅格、正交、极轴、对象捕捉、自动追踪、动态输入等方法更使绘图达到精确和快速的目的。

4.1 使用坐标系

4.1.1 坐标系的概念

AutoCAD 提供了世界坐标系（WCS）和用户坐标系（UCS）两种，用户可以通过输入坐标（X, Y, Z）值来精确定位点。

4.1.1.1 世界坐标系（WCS）

AutoCAD 对图形的操作，默认将图形置于一个世界坐标系（WCS），它包括固定不变的 X、Y 和 Z 轴和原点。X 轴沿水平方向由左向右，Y 轴沿垂直方向由下向上，Z 轴垂直屏幕向外，原点位于坐标系的原点处（0,0,0）。

世界坐标系（WCS）是固定坐标系，用户不可改变其原点和 XYZ 轴方向。但可以用系统变量"UCSICON"控制世界坐标系（WCS）图标的显示状态、样式、大小等。

命令：UCSICON ↵   （或菜单【视图】⇨【显示】⇨【UCS 图标】⇨【开/原点/特性】）
输入选项 [开(ON)/关(OFF)/全部(A)/非原点(N)/原点(OR)/特性(P)] <关>:ON ↵

各选项的意义如下。
（1）开（ON）/关（OFF） 显示或关闭 UCS 图标的显示。
（2）全部（A） 将对图标的修改应用到所有活动视口，否则，只影响当前视口。
（3）非原点（N） 在视口的左下角显示图标。
（4）原点（OR） 在当前坐标系的原点（0,0,0）处显示该图标。
（5）特性（P） 显示"UCS 图标"对话框，控制图标的样式、大小和颜色，如图 4-1 所示。

AutoCAD 在模型空间默认为三维图标，布局空间的图标样式与模型空间的相同，只是坐标系图标的颜色可以设置不同于模型空间，以示区别两个空间。

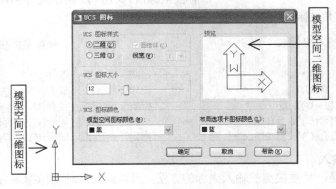

图 4-1 "UCS 图标"对话框

4.1.1.2 用户坐标系（UCS）

为了能够更好地辅助绘图，用户在 AutoCAD 中可以创建用户坐标系，即 UCS。USC 的原点可以改变，X、Y、Z 轴方向可以移动和旋转，甚至可以依赖于图形中某个特定的对象。

要设置 UCS，可以使用"UCS"命令，也可以使用菜单【工具】⇒【新建 UCS】/【命名 UCS】。UCS 新建后，会显示 UCS 图标，它与 WCS 图标的区别是：二维图标没有了 W 符号，三维图标没有了"□"符号。

4.1.2 坐标值的输入与显示

4.1.2.1 确定点位置的方法

任何简单或复杂的图形，都是由不同位置的点以及点与点之间的联结线组合而成的。AutoCAD 确定点的位置一般可采用以下三种方法。

① 在绘图区用鼠标直接单击，确定点的位置。

② 在对象捕捉方式下，捕捉已有图形的关键点，如端点、中点、圆心、插入点等。

③ 用键盘输入点的坐标，确定点的位置。

其中，用键盘输入点的坐标是最基本的方法。在坐标系中确定点的位置，用坐标的方式表达主要有直角坐标、极坐标、柱坐标、球坐标四种方式。其中直角坐标、极坐标主要用于绘制二维图形，而柱坐标和球坐标主要用于三维图形的绘制。

4.1.2.2 绝对坐标与相对坐标

绝对坐标是以当前坐标系的原点（0,0,0）为基准点来定位图形的点，定位一个点需要测量坐标值，具有很大的难度，因此在工程设计中不经常使用。相对坐标是相对于前一点的偏移值，可以很清晰地按照对象的相对位置确定下一点，是绘图中定点的主要方法。

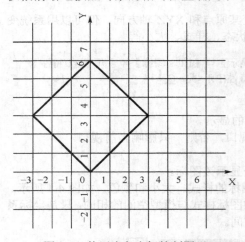

图 4-2 使用直角坐标绘制图形

AutoCAD 在命令行输入相对坐标，是在坐标值前加一个前缀符号"@"，而绝对坐标则不加。但若使用动态输入坐标，相对坐标可以不加"@"符号，而绝对坐标则需加"#"符号。直角坐标用 X、Y、Z 的坐标值来表示，坐标值间用西文逗号隔开，坐标值可以是小数、分数或科学记数等形式，如（23.5,32.7,12.5）和（1/3,2/3,0）为绝对坐标值。绘制二维图形，默认 Z 值为 0，不需要输入 Z 坐标值，如（@2000,2300）和（@3000,5000）是 Z 值为 0 的相对坐标值，相当于输入（@2000,2300,0）和（@3000,5000,0）坐标。极坐标是给定距离和角度的方式，其中距离和角度用"<"号分开，如（6<30）是绝对极坐标值，（@100<-60）是相对极坐标值。如图 4-2 所示是分别用绝对坐标和相对坐标的方法绘图的步骤。

绝对坐标法	相对坐标法
命令: L ↵	命令: L ↵
LINE 指定第一点: 0,0 ↵	LINE 指定第一点: 0,0 ↵
指定下一点或 [放弃(U)]: 3,3 ↵	指定下一点或 [放弃(U)]: @3,3 ↵
指定下一点或 [放弃(U)]: 0,6 ↵	指定下一点或 [放弃(U)]: @-3,3 ↵
指定下一点或 [闭合(C)/放弃(U)]: -3,3 ↵	指定下一点或 [闭合(C)/放弃(U)]: @-3,-3 ↵
指定下一点或 [闭合(C)/放弃(U)]: c ↵	指定下一点或 [闭合(C)/放弃(U)]: c ↵

4.1.2.3 直接距离输入

直接距离输入是一种更快捷的输入坐标的方法，可以通过移动光标指示方向和输入自第一点的距离来指定点。相当于用相对坐标的方式确定一个点，用这种方法配合"正交"模式或极轴追踪模式，绘制指定长度和方向的直线、移动或复制对象十分有效。

4.1.2.4 坐标显示

坐标显示器位于 AutoCAD 窗口状态栏的左侧，其功能是动态显示当前光标所在位置的坐标，它有以下三个状态。

（1）静态显示　显示上一个拾取点的绝对坐标。坐标显示呈现灰色，表示坐标显示是关闭的。

（2）动态显示　显示光标的绝对坐标，随着光标移动而更新。

（3）距离和角度显示　显示光标的相对极坐标，随着光标移动而更新相对距离。

通过双击坐标显示器或按鼠标右键弹出下拉菜单，可以切换三种不同的显示状态。三种坐标显示如图 4-3 所示。

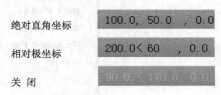

绝对直角坐标	100.0, 50.0 , 0.0
相对极坐标	200.0< 60 , 0.0
关 闭	90.0, 170.0 , 0.0

图 4-3　坐标显示

4.2 使用栅格捕捉和正交

4.2.1 使用栅格和捕捉

4.2.1.1 栅格

栅格类似于坐标纸，是一些小点或线充满用户定义的图形界限，因此通过栅格的显示可以看出图形界限的范围。仅在当前视觉样式设置为"二维线框"时栅格才显示为点，否则栅格将显示为线。在三维中工作时，所有视觉样式都显示为线栅格。如图 4-4 和图 4-5 所示为在"三维线框"时的栅格。使用栅格可以对齐对象并直观显示对象之间的距离，使用户可以直观地参照栅格绘制草图，但打印图纸时栅格不会输出。

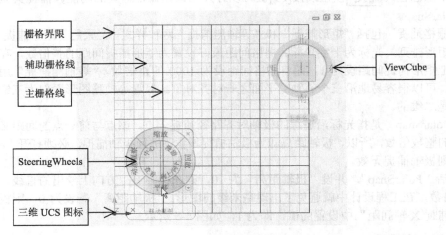

图 4-4　"三维线框"时的栅格

可采用"下拉菜单法"（【工具】 ⇨ 【草图设置】，在弹出的"草图设置"对话框中选择捕捉和栅格选项卡）、状态栏（在栅格显示按钮上按鼠标右键，弹出快捷菜单，选择【设置】，在弹出的"草图设置"对话框中选择捕捉和栅格选项卡）和"命令行法"（GRID）激活栅格设置的命令。

如图 4-5 所示为"草图设置"对话框中的捕捉和栅格选项卡。选取"启用栅格"复选框，在"栅格 X 轴间距"和"栅格 Y 轴间距"框中输入正数字，设定 X 轴和 Y 轴的栅格间距。若不勾选"X 轴间距和 Y 轴间距相等（X）"复选框，则捕捉间距和栅格间距可以使用不同的 X 和 Y 间距值，否则强制使用同一 X 和 Y 间距值。

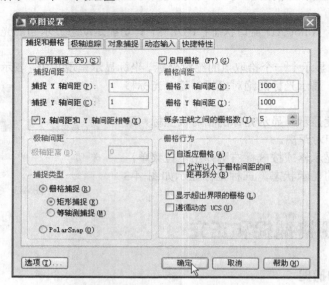

图 4-5　"草图设置"对话框"捕捉和栅格"选项卡

单击状态栏的 栅格 按钮或按[F7]键可以打开或关闭栅格的显示。

4.2.1.2　捕捉

捕捉的作用是准确地对准设置的捕捉间距点上，用于准确定位和控制间距。激活捕捉设置有三种方法，与栅格设置方法相似。捕捉设置的命令是 SNAP，其设置与栅格设置位于同一个选项卡上。单击状态栏的 捕捉 按钮或按[F9]键可以打开或关闭栅格捕捉的功能。捕捉类型分为栅格捕捉和 PolarSnap。

（1）栅格捕捉　包括"矩形捕捉"和"等轴测捕捉"两种样式。当采用"矩形捕捉"样式时，栅格点按矩形排列，光标为十字光标。栅格间距最好设置为矩形捕捉间距的整倍数，在工程设计中，一般把矩形捕捉间距设为 1，而将栅格间距设为 1000 的整倍数。"等轴测捕捉"用于等轴测图的绘制，可以很容易地沿三个等轴测平面之一对齐对象。尽管等轴测图形看似为三维图形，但它实际上是二维的。

（2）PolarSnap　是指光标沿追踪的极轴对齐路径捕捉一点，该点与前一点的间距必为极轴距离设定值的整数倍数，所以，极轴距离即为极轴捕捉增量。进行极轴捕捉，必须打开"极轴追踪"功能，否则极轴捕捉无效。

若激活"PolarSnap"，并设"极轴距离"为 10，则在极轴追踪方向上绘出的直线，其长度都是 10 的倍数，在工程设计中就避免了出现毫米级的图形。"极轴距离"若设为 0，则极轴捕捉距离采用"捕捉 X 轴间距"中设置的值，即为 1，如图 4-5 所示。

4.2.2　使用正交模式

当画水平或垂直线，或沿水平或垂直方向移动对象时，可以打开正交模式，光标将限制在水平或垂直方向移动，以便于精确地创建和修改对象。

打开或关闭正交方式的方法，可以键入 ORTHO 命令，更为简单快捷的是可以按下状态栏的 正交 按钮或按[F8]键。

4.2.3　使用栅格和正交功能绘图示例

使用栅格和捕捉功能，采用正交模式，绘制楼梯台阶，其踏步高为 160mm，宽为 260mm。

（1）栅格与捕捉设置　因为踏步宽度和高度不等，故设置栅格 X 间距为 260，Y 间距 160，栅格捕捉间距与栅格间距相同，如图 4-6 所示。不过，在实际绘图中，建议把栅格捕捉设为 1。

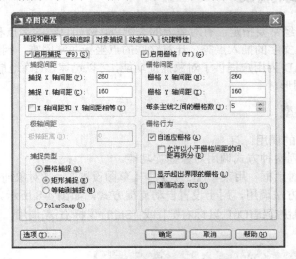

图 4-6　绘楼梯的栅格与捕捉设置

（2）图形界限设定

命令: '_limits　　　　　　　　　　　　　　　　　　　　　　　　　　【格式】⇨【图形界限】
重新设置模型空间界限：
指定左下角点或 [开(ON)/关(OFF)] <0.0000,0.0000>: ↵
指定右上角点 <4000.0000,3000.0000>: 3000,2000 ↵　　　　　（图形界限设定为 3000,2000）

（3）打开"正交"和"捕捉"模式　按[F8]键或单击状态栏的 正交 按扭，使 正交 按钮呈按下状态。按[F7]键或单击状态栏的 栅格 按钮，使 栅格 按钮呈按下状态。

（4）用直线命令绘楼梯　直线[Line]命令在"正交"模式下保证准确绘出水平和垂直线，用"栅格捕捉"功能捕捉每一个水平步长和垂直步长，在栅格的参照下，确保每一个步长等于踏步的宽度 260 和踏步的高度 160，如图 4-7 所示。

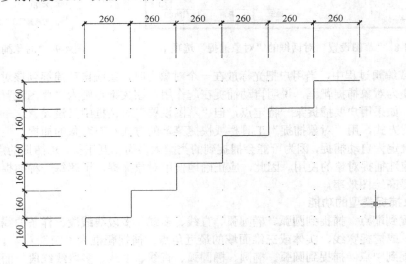

图 4-7　栅格和正交模式绘楼梯实例图

4.3　使用对象捕捉

在绘图的过程中，经常要指定已有对象上的关键点，例如直线的端点和中点、两直线的交点、圆的中心点和象限点、文字的插入点等。计算这些的点坐标非常困难，因此用坐标法拾取它们几乎是不可能的。AutoCAD 为用户提供了对象捕捉功能，可以迅速、准确地捕捉到对象上的关键点，从而能够精确地绘制图形。

4.3.1　对象捕捉的类型

4.3.1.1　对象捕捉功能的调用

AutoCAD 通过下列两种方式调用对象捕捉功能。

（1）"草图设置"对话框　用菜单【工具】⇨【草图设置】⇨【对象捕捉】或右键单击状态栏 对象捕捉 ⇨【设置】方法调用，用于设置自动捕捉方式，如图 4-8 所示。

（2）快捷菜单　用快捷键[Ctrl+鼠标右键] 或 [Shift+鼠标右键]调用，用于临时捕捉方式，如图 4-9 所示。

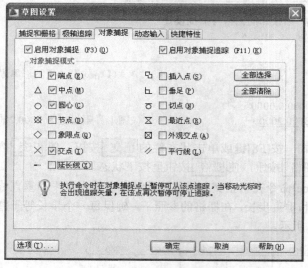

图 4-8　"草图设置"对话框的"对象捕捉"选项卡　　　　图 4-9　"对象捕捉"快捷菜单

在绘图或编辑过程中，当用户把光标放在一个对象上时，系统自动捕捉到该对象上某一关键点，光标将变为对象捕捉靶框，说明自动捕捉在起作用，该关键点则为"草图设置"对话框设置的捕捉类型。如果用户要捕捉某一特定点，但"草图设置"对话框中又没设置这一捕捉类型，就需要临时捕捉方式，用"对象捕捉"工具栏或快捷菜单的方式补充对象的捕捉。但如果把所有的捕捉类型都设定为自动捕捉，因为可能会捕捉到的类型太多而相互干扰，想捕捉的点却捕捉不到，影响用户快速捕捉对象的使用。因此，应正确地使用对象捕捉，了解每一种捕捉类型的功能，将会大大地提高绘图效率。

4.3.1.2　对象捕捉类型的功能

（1）捕捉到端点　捕捉到圆弧、椭圆弧、直线、多线、多段线线段、样条曲线、面域或射线最近的端点，或捕捉宽线、实体或三维面域的最近角点。捕捉靶框为"□"。

（2）捕捉到中点　捕捉到圆弧、椭圆、椭圆弧、直线、多线、多段线线段、面域、实体、样条曲线或参照线的中点。捕捉靶框为"△"。

（3）捕捉到交点　捕捉到圆弧、圆、椭圆、椭圆弧、直线、多线、多段线、射线、面域、样条曲线或参照线的交点。捕捉靶框为"×"。

（4）捕捉到外观交点　捕捉到不在同一平面但是可能看起来在当前视图中相交的两个对象的外观交点。捕捉靶框为"×"。

（5）捕捉到延长线　当光标经过对象的端点时，显示临时延长线或圆弧，以便用户在延长线或圆弧上指定点。捕捉靶框为虚线。

（6）捕捉到圆心　捕捉到圆弧、圆、椭圆或椭圆弧的圆点。捕捉靶框为"○"。

（7）捕捉到象限点　捕捉到圆弧、圆、椭圆或椭圆弧的象限点。捕捉靶框为"◇"。

（8）捕捉到切点　捕捉到圆弧、圆、椭圆、椭圆弧或样条曲线的切点。捕捉靶框为"○"。

（9）捕捉到垂足　捕捉圆弧、圆、椭圆、椭圆弧、直线、多线、多段线、射线、面域、实体、样条曲线或参照线的垂足。捕捉靶框为"⊥"。

（10）捕捉到平行线　创建的对象与选定的直线段平行，可用它创建平行对象。捕捉靶框为"∥"。

（11）捕捉到节点　捕捉到点对象、标注定义点或标注文字起点。捕捉靶框为"⊗"。

（12）捕捉到插入点　捕捉到属性、块、形或文字的插入点。捕捉靶框为"⊡"。

（13）捕捉到最近点　捕捉到圆弧、圆、椭圆、椭圆弧、直线、多线、点、多段线、射线、样条曲线或参照线的最近点。捕捉靶框为"⋈"。

（14）临时追踪点　可在一次操作中创建多条追踪线，并根据这些追踪线确定所要定位的点。

（15）捕捉自　在使用相对坐标指定下一个应用点时，"捕捉自"工具可以提示输入基点，并将该点作为临时参照点，这与通过输入前缀"@"使用最后一个点作为参照点类似。它不是对象捕捉模式，但经常与对象捕捉一起使用。

（16）两点之间的中点　捕捉绘图区域任意两点之间的中点，而与图形对象无关。

准确地说，临时追踪点、自和两点之间的中点并不是对象捕捉方式，它只出现在快捷菜单中，但却在实际绘图过程中有极重要使用价值。

4.3.2　自动捕捉和临时捕捉

4.3.2.1　自动捕捉

当按图 4-8 进行设置后，在执行绘图或编辑命令时，把光标放在一个图形对象上，系统能够自动捕捉到该对象上所有符合条件的关键点，并显示出相应的标记。如果把光标放在捕捉点上多停留一会，系统会显示该捕捉的提示。这样，用户在选点之前，就可以预览和确认捕捉点。因此，自动捕捉可以认为是预置的永久性的捕捉方式，一般情况下，可以把端点、中点、圆心、交点等设置为自动捕捉模式，其他捕捉模式用临时捕捉补充。

自动捕捉的启动或关闭由状态栏上的 对象捕捉 按钮或[F3]键控制。

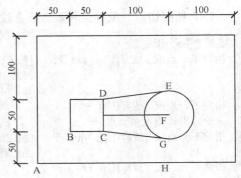

图 4-10　使用对象捕捉示例图

4.3.2.2　临时捕捉

当需要自动捕捉没有设置的点时，可以用临时捕捉方式。单击工具栏上的捕捉类型或者弹出快捷菜单选择相应的选项，也可以在命令行输入关键字（如 END、MID、CEN、QUA 等）。

4.3.3　使用对象捕捉绘图示例

使用 AutoCAD 对象捕捉的功能绘制图 4-10。

（1）绘矩形

```
命令：_rectang
指定第一个角点或 [倒角(C)/标高(E)/圆角(F)/厚度(T)/宽度(W)]：　（在图形界限左下角随意拾取一点 A）
```

指定另一个角点或 [面积(A)/尺寸(D)/旋转(R)]: @300,200 ↵   （绘 300×200 的矩形）

命令:

命令: ↵   （回车重复直线命令）

命令: _rectang   [绘 50×50 的矩形，左下角 B 点相对 A 点坐标为(50,50)]

指定第一个角点或 [倒角(C)/标高(E)/圆角(F)/厚度(T)/宽度(W)]: _from 基点: （按[Ctrl+鼠标右键]弹出快捷菜单，单击【自】选项，系统提示: _from 基点:，然后捕捉 A 点并拾取，则 A 点即为参照基点）

<偏移>: @50,50 ↵   （系统提示: <偏移>:后输入@50,50，回车确认，则 B 点被拾取）

指定另一个角点或 [面积(A)/尺寸(D)/旋转(R)]: @50,50 ↵   （绘 50×50 的矩形）

（2）画圆

圆心与直线 CD 的中点在一水平线上，偏移量为 100，因此圆心的位置的确定是关键。

命令: _circle

指定圆的圆心或 [三点(3P)/两点(2P)/相切、相切、半径(T)]: _from 基点: _mid 于 <偏移>: @100,0 ↵   （按[Ctrl+鼠标右键]弹出快捷菜单，单击【自】选项，系统提示: _from 基点:。然后再按[Ctrl+鼠标右键]弹出快捷菜单，单击【中点】选项，系统提示: _mid 于。把光标移动到直线 CD 上，则捕捉直线 CD 的中点，单击左键拾取 CD 中点，系统提示: <偏移>:。再输入@100,0，回车确认，则圆心 F 被拾取）

指定圆的半径或 [直径(D)] <25.0000>: D ↵   （选择直径选项）

指定圆的直径 <50.0000>: 75 ↵   （圆的直径为 75）

说明:

由一个固定点向圆绘制切线时，其切点是固定的。而对于由圆向其他对象绘制直线时，同样捕捉切点，切点却是不固定的，称为递延切点，但并不影响切线的绘出，类似于用相切、相切、相切的方法画圆。

（3）捕捉切点、象限点和垂点绘直线

命令: _line 指定第一点: （用自动捕捉拾取 D 端点）

指定下一点或 [放弃(U)]: _tan 到   [按[Ctrl+鼠标右键]弹出快捷菜单，单击【切点】选项，然后把光标移到圆上，当切点靶框显示时，单击左键，则切点 E 被拾取，如图 4-11 (a)所示]

指定下一点或 [放弃(U)]: ↵   （回车结束）

命令: _line 指定第一点: ↵   （回车重复直线命令）

指定下一点或 [放弃(U)]: _qua 于   [按[Ctrl+鼠标右键]弹出快捷菜单，单击【象限点】选项，然后把光标移到圆上，单击确定 G 点，如图 4-11(b)所示]

指定下一点或 [放弃(U)]: ↵   （回车结束）

命令: ↵   （回车重复直线命令）

命令: _line 指定第一点: （捕捉 G 点，可以用端点捕捉，也可以用象限点捕捉）

指定下一点或 [放弃(U)]: _per 到   [按[Ctrl+鼠标右键]弹出快捷菜单，单击【垂足】选项，然后把光标移到矩形的下边，当垂足靶框显示时单击左键，则垂点 H 被拾取，如图 4-11 (c)所示]

（4）捕捉中点和圆心绘直线　用自动捕捉方式捕捉直线 CD 的中点和圆心，绘制直线。

命令: _line 指定第一点:　　　　　（单击 绘图 面板的 直线 按钮，捕捉直线 CD 的中点，单击左键拾取）
指定下一点或 [放弃(U)]:　　　　（把光标移动圆周边上，捕捉圆心 F，单击左键拾取，如图 4-12 所示）

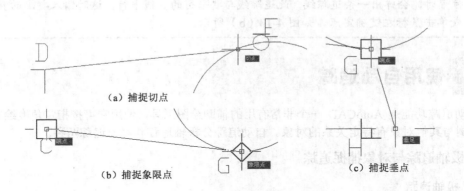

（a）捕捉切点

（b）捕捉象限点　　　　　　　　（c）捕捉垂点

图 4-11　捕捉切点、象限点和垂点绘直线

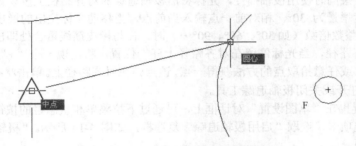

图 4-12　捕捉中点和圆心绘直线

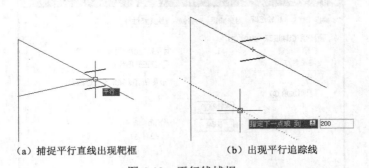

（a）捕捉平行直线出现靶框　　　　（b）出现平行追踪线

图 4-13　平行线捕捉

提示：
　　捕捉圆心的正确方法是把光标移到圆周边上的任何位置，并不是把光标移动到圆心附近，如图 4-12 所示。
　　对于最近点，是捕捉对象上最接近拾取光标的点，它可以是对象上的任意一点，比如把标高符号插入到直线，就可以用最近点捕捉，可以保证标高符号与直线相接触，而接触点又可以由用户决定，而不会被捕捉到端点或者中点上。

对于平行线捕捉，一般是在绘制平行于某个直线对象但又不知两者的距离时会使用到（若知道与某直线的距离，可以用偏移命令创建平行线）。使用时要关闭正交模式。在拾取了直线的第一点后，拾取第二点时先选取平行线捕捉模式，将鼠标移到要平行的直线上，直到出现平行靶框（不要在平行直线上单击），如图 4-13（a）所示。然后把光标移回到与要平行的对象接近平行的位置时，会弹出一条追踪线，此追踪线与要平行的直线平行，这时输入要画的直线长度后回车或单击鼠标左键确定点，如图 4-13（b）所示。

4.4 使用自动追踪

自动追踪功能是 AutoCAD 一个非常有用的辅助绘图工具，使用它可按指定角度绘制对象，或者绘制与其他对象有特定关系的对象。自动追踪分极轴追踪和对象追踪两种。

4.4.1 极轴追踪与对象捕捉追踪

4.4.1.1 极轴追踪

使用极轴追踪，可以追踪沿设定的角度增量产生的对齐路径（以虚线显示），从而准确捕捉到齐路径上的点。如果同时使用极轴捕捉，光标将沿极轴追踪的对齐路径上按设置的步长进行移动。例如，设定角度增量为 30°，相对前一点输入当前点，当移动光标拉出的橡皮筋线与水平方向所呈夹角为 30°的整数倍数（如 30°、60°、90°…）时，在与橡皮筋线重合处即出现一条虚线，显示追踪的极轴对齐路径，当光标停留在对齐路径上任一位置，将出现一个"+"标记，此时可采用直接输入距离法或任意拾取点的方法获得一点，该点必在对齐路径上。单击状态栏的 极轴 按钮或按[F10]键可以打开或关闭极轴追踪工具。

极轴追踪的设置也在"草图设置"对话框上，可通过下拉菜单和状态栏的按钮的方法打开，进入"极轴追踪"选项卡，选取"启用极轴追踪"复选框，如图 4-14 所示。"极轴追踪"选项卡中各选项的说明如下。

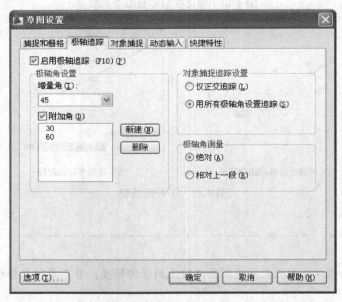

图 4-14 "草图设置"对话框中的"极轴追踪"选项卡

（1）极轴角设置

1）增量角 用于设置极轴追踪对齐路径的极轴增量角。单击下拉框从列表中选取系统规定值，也可输入列表中没有的角度。这样，所有0°和增量角的整数倍角度都会被追踪到。

2）附加角　用于设置极轴的附加角度。由于设置的角增量只能满足用户追踪角度为该设置值的整数倍数的极轴，当用户还需要追踪其他角度的极轴时，可单击 新建 按钮，输入附加角度。但附加角度不像增量角，只有被设置的单个附加角才会被追踪，不会整数倍地增加角度，附加角可以设置多个。

（2）对象捕捉追踪设置

1）仅正交追踪　表示当对象捕捉追踪与正交追踪同时激活时，仅正交追踪有效，即只追踪对象捕捉点的水平和垂直对齐路径，而像用平行线追踪非水平和垂直线时，会无效。

2）用所有极轴角度设置追踪　表示将极轴追踪的设置应用于对象捕捉追踪，即当采用对象捕捉追踪时，光标将从获取的对象捕捉点起沿极轴对齐角度进行追踪。

（3）极轴角测量单位

1）绝对　表示根据当前用户坐标系确定极轴追踪角度。

2）相对上一段　表示极轴角的测量值以上一次绘制的直线段为零度基准，即追踪到的极轴角是光标拉出的橡皮筋线与上一次绘制的直线段的夹角。

4.4.1.2　对象捕捉追踪

对于无法用"对象捕捉"直接捕捉到的某些点，利用对象追踪可以快捷地定义其位置。对象追踪可以根据现有对象的关键点定义新的坐标点。

对象追踪由状态栏上的 对象追踪 按钮或[F11]键控制，可以激活或关闭对象追踪。

对象追踪必须配合自动对象捕捉完成，也就是说，使用对象追踪的时候必须将状态栏上的对象捕捉也打开，并且设置相应的捕捉类型。

4.4.2　使用自动追踪功能绘图示例

不作辅助线，使用自动追踪功能，绘制如图4-15所示的模型剖面图。

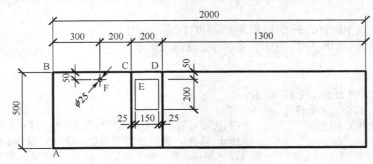

图4-15　模型剖面图

（1）设置图形界限

```
命令: limits ↵                                                    （设置图形界限）
重新设置模型空间界限:
指定左下角点或 [开(ON)/关(OFF)] <0.0,0.0>: ↵                        （回车缺省）
指定右上角点 <2970.0,2100.0>: 2500,600 ↵         （图形界限设置范围一般比图形要大，
                                                  也可以等于图纸大小×出图比例）
```

（2）设置栅格和捕捉　在状态栏的 栅格 按钮上按鼠标右键，弹出快捷菜单，单击【设置】子菜单项，弹出"草图设置"对话框，对"捕捉和栅格"选项卡进行设置，如图4-16所示。设置完毕按 确定 按钮，然后执行缩放命令，显示整个图形范围。

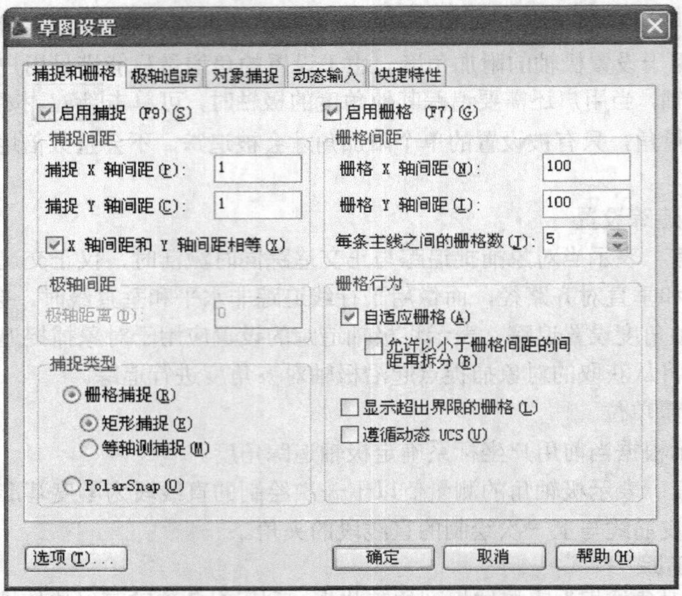

图 4-16 自动追踪示例的捕捉和栅格设置

命令: Z ↵
ZOOM
指定窗口的角点，输入比例因子 (nX 或 nXP)，或者
[全部(A)/中心(C)/动态(D)/范围(E)/上一个(P)/比例(S)/窗口(W)/对象(O)] <实时>: a ↵

（3）绘制大矩形

命令: _rectang
指定第一个角点或 [倒角(C)/标高(E)/圆角(F)/厚度(T)/宽度(W)]:
指定另一个角点或 [面积(A)/尺寸(D)/旋转(R)]: @2000,500 ↵

（4）画圆

命令: _circle 指定圆的圆心或 [三点(3P) /两点(2P)/相切、相切、半径(T)]: _from
基点: <偏移>: @300,-50 ↵   （按[Ctrl+鼠标右键]弹出快捷菜单，单击【自】选项，系统提示: _from 基点:，捕捉 B 点并拾取，则 B 点即为参照基点。系统提示: <偏移>:后，输入@300,50，回车确认，则 F 点被拾取）

指定圆的半径或 [直径(D)]: D ↵
指定圆的直径: 25 ↵

（5）绘垂直线

命令: _line 指定第一点: 500 ↵   [执行 Line 命令，把光标移到 B 点，自动捕捉生效，显示端点靶框"□"。不要单击，向右拖动光标，出现水平对齐路径（虚线），在动态输入工具栏提示中输入"500"，则第一点 C 被指定]

指定下一点或 [放弃(U)]:   （从 C 点向下移动鼠标，垂直对齐路径出现，继续向下移动，当光标移动到矩形底边附近时，自动捕捉显示交点靶框"×"，单击左键拾取，则第一条垂直线完成）

指定下一点或 [放弃(U)]: ↵   （回车结束，操作过程如图 4-17 所示）

用同样的方法，以 C 点作为基准点，指定第一点 D，绘制另一条垂直线。当然，也可以使用 Copy、Offset、Array 编辑命令以及夹点编辑功能完成。

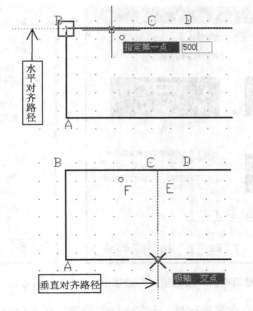

图 4-17　自动追踪示例的对齐路径

（6）绘小矩形　对于 150×200 的矩形，是用矩形命令先以 C 点作为基准点，用"捕捉自"功能确定 E 点作为第一个角点。

```
命令: _rectang
指定第一个角点或 [倒角(C)/标高(E)/圆角(F)/厚度(T)/宽度(W)]: _from 基点: <偏移>: @25,-50 ↵
指定另一个角点或 [面积(A)/尺寸(D)/旋转(R)]: @150,-200 ↵
```

4.5　动态输入

　　动态输入主要由指针输入、标注输入和动态提示三个组件组成。它是在光标附近提供了一个命令界面，工具栏提示将在光标附近显示信息，该信息会随着光标移动而动态更新。当某条命令为活动时，工具栏提示将为用户提供输入的位置，以帮助用户专注于绘图区域。

4.5.1　动态输入的设置

　　动态输入的设置方法主要有：采用"下拉菜单法"（【工具】⇨【草图设置】，在弹出的"草图设置"对话框中选择"动态输入"选项卡）、"状态栏法"（在状态栏的 DYN 按钮上单击鼠标右键，单击快捷菜单的【设置】子菜单项，在弹出的"草图设置"对话框中选择"动态输入"选项卡）和"命令行法"（DSetting）。

　　"动态输入"选项卡如图 4-18 所示。动态输入由状态栏上的 DYN 按钮或按[F12]键开关控制。

4.5.2　启用指针输入

　　选中"启用指针输入"复选框可以启用指针输入功能。单击 设置 按钮，弹出"指针输入设置"对话框，如图 4-19 所示。"格式"中选项为对于第二个点或后续的点默认为笛卡尔相对坐标。"可见性"中，选项为"输入坐标数据时"表示仅当开始输入坐标数据时才会显示工具栏提示。为"命令需要一个点时"表示只要命令提示输入点时，便会显示工具栏提示。为"始终可见-即使未执行在命令"表示始终显示工具栏提示。

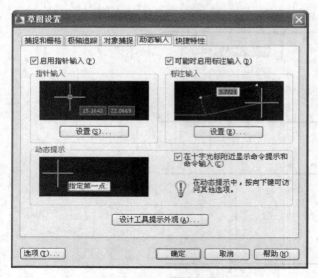

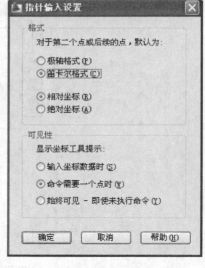

图4-18 "草图设置"对话框的"动态输入"选项卡　　图4-19 "指针输入设置"对话框

当启用指针输入且有命令在执行时,十字光标的位置将在光标附近的工具栏提示(动态输入被激活时跟随光标的文本框被称为工具栏提示)中显示为坐标。可以在工具栏提示中输入坐标值,而不用在命令行中输入,使用[Tab]键可以在多个工具栏提示中切换。第一点为绝对直角坐标,输入数值后输入逗号,接下来输入的值则为Y坐标值,若输入数值后按[Tab]键,接下来输入的值为角度值。第二个点和后续点的默认设置为相对坐标,但不需要输入@符号,如果需要使用绝对坐标,使用井号(#)前缀。

4.5.3　启用标注输入

选中"可能时启用标注输入"复选框可以启用标注输入功能。单击 设置 按钮,弹出"标注输入的设置"对话框,如图4-20所示。使用夹点编辑拉伸对象时,"可见性"中的"每次仅显示1个标注输入字段"选项表示仅显示距离标注输入工具栏提示;"每次显示2个标注输入字段"选项表示显示距离和角度标注输入工具栏提示;"同时显示以下这些标注输入字段"选项表示显示选定的标注输入工具栏提示,可选择一个或多个复选框。

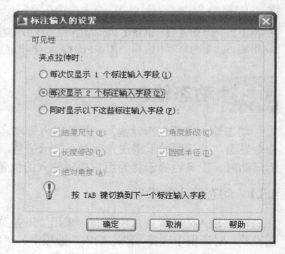

图4-20 "标注输入的设置"对话框

标注输入可用于绘制直线、多段线、圆、圆弧、椭圆等命令。当命令提示输入第二点时,工具栏提示中将显示距离和角度值。其值随着光标移动而改变,用户可以按[Tab]键移动到要更改的输入框,输入距离或角度值。

4.5.4　显示动态提示

选中"动态提示"选项组中的"在十字光标附近显示命令提示和命令输入"复选框,可以在光标附近显示命令提示。用户可在工具栏提示(而不是在命令行)中输入响应。 按下箭头键可查看和选择选项,按上箭头键可显示最近的输入。

当动态输入工具栏提示显示红色错误边框时,使用[→]键、[←]键、[Backspace]键和[Delete]

键来更正输入。更正完后，按[Tab]键、逗号（,）或左尖括号（<），以便去除红色边框并完成坐标。

说明:

在动态输入中，按上箭头键可访问最近输入的坐标，也可以通过单击鼠标右键并单击"最近的输入"，从快捷菜单中访问这些坐标。如果在指针输入工具栏提示中键入 @、# 或 * 前缀后又想修改，只需键入所需的字符。不需要按[Backspace]键或[DEL]键删除前缀。

4.5.5　修改设计工具栏提示外观

单击 设计工具栏提示外观 按钮，弹出"工具栏提示外观"对话框，如图 4-21 所示。

在"颜色"下单击 模型颜色 或 布局颜色 ，弹出"选择颜色"对话框，可以指定在两空间工具栏中提示的颜色。

"大小"滑动条控制工具栏提示框的大小。"透明度"滑动条控制工具栏提示的透明度。

"应用于"下的"替代所有绘图工具栏提示的操作系统设置"选项将设置应用到所有的工具栏提示，替代操作系统中的设置；而"仅对动态输入工具栏提示使用设置"选项将设置仅应用到用于"动态输入"中的绘图工具栏提示。

图 4-21　"工具栏提示外观"对话框

4.5.6　动态输入示例

为了更好地认识动态输入，特意地对如图 4-22 所示的实例图分别使用指针输入和标注输入进行操作，并介绍动态显示的界面。

（1）仅指针输入　打开如图 4-18 所示的草图设置对话框，关闭标注输入和动态提示，仅打开指针输入，绘 AB 线段，其操作过程如图 4-23 所示。

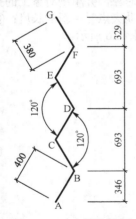

图 4-22　动态输入示例

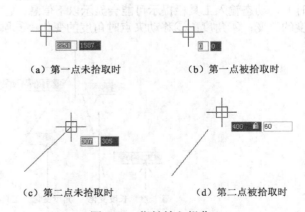

（a）第一点未拾取时　　　　（b）第一点被拾取时

（c）第二点未拾取时　　　　（d）第二点被拾取时

图 4-23　指针输入操作

命令: L ↵
LINE 指定第一点:

[光标在绘图区移动时，在指针输入文本框显示当前光标的绝对坐标，如图 4-23 (a)所示，当鼠标单击拾取了第一点后，文本框显示相对坐标，如图 4-23(b)所示，此时也可以直接输入下

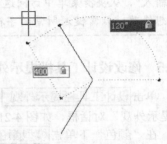

指定下一点或 [放弃(U)]: <u>400<60</u> ↵	一点坐标值] [当光标移动时，显示笛卡尔相对坐标值，如图 4-23 (c)所示， 而 AB 线段用极坐标方式输入更容易，在输入框中直接输入 [400<60]，指针输入自动接受极坐标方式的输入值，回车确认]
指定下一点或 [放弃(U)]: ↵（回车结束）	

（2）仅标注输入　关闭指针输入和动态提示，仅打开标注输入，绘 BC 线段，其操作过程如图 4-24 所示。可以用[Tab]键切换输入框，输入直线的长度和角度。

（3）有提示的输入　打开动态输入的所有选项，绘 CD线段，其操作过程如图 4-25 所示。

当用键盘输入"<u>L</u>"时，在光标附近显示命令提示，如图 4-25（a）所示。回车确认，执行"Line"命令，工具栏提示"指定第一点："，并激活指针输入，如图 4-25（b）所示。捕捉直线端点 C，工具栏提示"指定下一点或："，并激活标注输入，而指针输入隐藏，如图 4-25（c）所示。在工具栏

图 4-24　标注输入操作

提示框的最右边，显示▣符号，表示可以按下箭头键，查看和选择选项。也可以按上箭头键，显示最近的输入。使用动态输入，用[Ctrl+9]快捷键可以把命令行关闭。

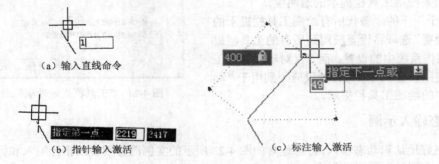

（a）输入直线命令

（b）指针输入激活

（c）标注输入激活

图 4-25　有提示的输入

（4）夹点编辑提示　夹点是一种集成的编辑模式，为用户提供了一种方便快捷的编辑操作途径（详见第 5 章）。夹点编辑对象时（在不执行任何命令的情况下选择对象，并单击对象上的夹点时），动态输入工具栏提示可能会显示以下信息：①旧的长度；②移动夹点时更新的长度；③长度的改变；④角度；⑤移动夹点时角度的变化；⑥圆弧的半径，如图 4-26 所示。

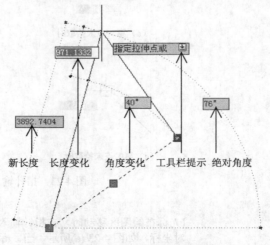

新长度　长度变化　角度变化　工具栏提示　绝对角度

图 4-26　夹点编辑提示

4.6 图形显示控制

在设计过程中，需要对图形进行缩放、平移等多种方法控制其在显示器中的显示，观察设计的全部与局部内容。

4.6.1 图形缩放与平移

由于显示器尺寸的限制，需要按照一定的比例、观察位置和角度显示图形，称为视图。根据设计的需要，改变视图最常用的方法是缩放和平移，来放大或缩小绘图区中的图形，以便局部详细或整体观察图形。

4.6.1.1 缩放命令

缩放命令的功能如同照相机中的变焦镜头，它能够放大或缩小观察对象的视觉尺寸，而对象的实际尺寸并不改变。放大一个视觉尺寸，能够更详细地观察图形中的某个较小的区域；反之，可以更大范围地观察图形。缩放命令在整个绘图过程使用频繁，常用命令行法和面板法执行缩放命令。

（1）直接输入命令

> 命令: <u>Zoom</u> ↵
> ZOOM
> 指定窗口的角点，输入比例因子 (nX 或 nXP)，或者
> [全部(A)/中心(C)/动态(D)/范围(E)/上一个(P)/比例(S)/窗口(W)/对象(O)] <实时>:

各选项的意义如下。

1）指定窗口的角点，输入比例因子（**nX** 或 **nXP**） 直接输入窗口的一个角点，相当于"窗口（W）"选项；输入比例因子，相当于"比例（S）"选项。

2）全部（A） 显示整个图形界限，若图形对象超出图形界限，也能显示所有对象。

3）中心（C） 显示由中心点和放大比例（或高度）所定义的窗口。高度值较小时增加放大比例；高度值较大时减小放大比例。

4）动态（D） 显示在视图框中的部分图形。视图框表示视口，可以改变大小，或在图形中移动。移动视图框或调整它的大小，将其中的图像平移或缩放，以充满整个视口。

5）范围（E） 尽可能大地显示整个图形。

6）上一个（P） 显示上一个视图，最多可恢复此前的 10 个视图。缩放上一个和窗口缩放显示可以结合使用。例如，在绘图的开始时，选缩放全图，再局部缩放窗口，观察细部，一旦设计细部后，可以再用上一个缩放恢复前一个视图，这样可以提高显示的速度，尤其在绘制复杂和具有大量图形对象的图形时，更能显示其优点。

7）窗口（W） 在当前图形中选择一个矩形区域，将该区域的所有图形放大到整个绘图区。

8）比例（S） 按比例因子缩放图形。

9）<实时> 默认选项为实时缩放，直接回车确认。在屏幕上出现一个类似于放大镜的小标记🔍，按下鼠标左键不放，向上推动🔍标记，表示以🔍标记为中心放大图形，向下推动🔍标记，表示以🔍标记为中心缩小图形。要退出实时缩放，按回车键或[Esc]键，或单击右键弹出快捷菜单，如图 4-27 所示。

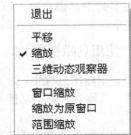

图 4-27 实时缩放时的快捷菜单

说明：

　　　动态（D）选项中，屏幕显示出图纸范围、当前范围、当前显示区域、下一显示区域。图纸的范围用蓝色的虚线方框显示，表示用[LIMITS]命令设置的边界和图形实际占据的区域两者中较大的一个。当前显示区域用绿色的虚线显示，下一显示区域用视图框显示。视图框为细实线框，它有两种状态：一种为缩放视图框，在框的右侧有一个箭头，它不能平移，但大小可以调节；另一种是平移视图框，在框的中心有一个显示心"×"，它大小不能改变，只可能任意移动，这两种视图框之间用单击鼠标左键切换，当确定好下一显示区域时，单击鼠标右键，终止该命令。

　　　比例（S）选项中，输入缩放系数时，有三种输入形式：①直接输入数值[n]，则以相对于图形的实际尺寸进行缩放；②输入[nX]"，则相对当前可见视图进行缩放；③输入[nXP]，则相对于当前的图纸空间缩放。

　　（2）面板方式　在AutoCAD的"常用"选项卡"实用程序"面板，范围按钮的右下角有一个"◢"符号，单击它会弹出一组嵌套按钮，这组按钮命令比命令行多出"放大"和"缩小"两个选项，它是指相对于当前视图的中心将当前视图放大或缩小一倍，如图4-28所示。

　　（3）鼠标滚轮方式　AutoCAD强烈建议使用带滚轮的鼠标，滚动鼠标滚轮可以执行实时缩放功能，按下鼠标滚轮执行实时平移功能，这在绘图过程中是更快捷的方法。

4.6.1.2 平移命令

　　平移命令是在不改变图形的缩放显示比例的情况，观察当前图形的不同部位，使用户能够看到以前屏幕以外的图形。该命令的作用如同通过一个显示窗口审视一幅图纸，可以将图纸上、下、左、右移动，而观察窗口的位置不变。

　　可用命令行 [Pan] 命令和"常用"选项卡"实用程序"面板下的平移按钮命令，命令执行后，作图区域出现一个小手 符号，按下鼠标左键，移动鼠标，使光标可以随意移动，则视图也随之移动，按[Esc]键或直接回车结束该命令的操作。

　　在实时平移操作时，可单击右键，弹出实时缩放快捷菜单。

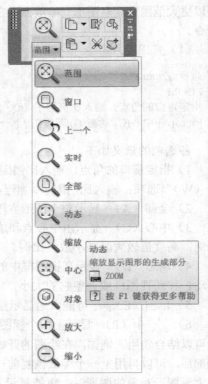

图4-28 "标准"与"缩放"工具栏

4.6.2 使用鸟瞰视图

　　在大型绘图过程中，为了方便地掌握当前视图在整个图形中的位置，AutoCAD提供了鸟瞰视图功能，又称"鹰眼"功能，即用户可像鹰在空中俯视一样，快速找出所要的图形，并可放大缩小图形。

　　启动鸟瞰视图命令的方法可采用"下拉菜单法"（【视图】⇨【鸟瞰视图】）和"命令行法"（DSVIEWER）。命令执行后，弹出如图4-29所示的"鸟瞰视图"对话框，用户可以通过改变小视窗中视图框大小来划定图形显示范围。单击小视窗的标题栏，按住鼠标左键，可将该视窗拖至屏幕上任何位置，鹰眼视窗的大小也可用双箭头的光标进行调节。直接回车锁定图形位置，按【Esc】键结束"鸟瞰视图"的操作。

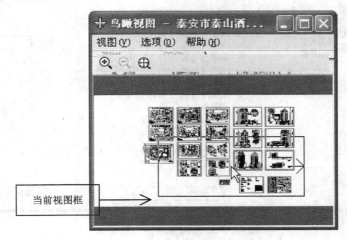

图 4-29 "鸟瞰视图"视窗

下面介绍"鸟瞰视图"视窗中的菜单和一些图标的功能。

（1）【视图】菜单

1）放大 将"鸟瞰视图"中的视图放大一倍。

2）缩小 将"鸟瞰视图"中的视图缩小一倍。

3）全局 将整个图形在"鸟瞰视图"视窗中显示。

（2）【选项】菜单

1）自动视口 执行该菜单命令，AutoCAD 会自动地显示活动视口模型空间中的视图。

2）自动更新 该项为开关选项，打开时，"鸟瞰视图"中的图形会随着主视窗中图形的修改而自动更新。

3）实时缩放 动态开关选项，打开时，利用导航功能进行平移和缩放时，屏幕上的图形变化是连续的动态变化。

（3）图标区 有三个图标，分别为放大、缩小、全局。

4.6.3 命名视图

在设计过程中，可以将经常使用的某些视图进行命名，并保存起来，然后在需要时将其恢复成为当前显示，提高了设计和绘图的效率。

4.6.3.1 创建视图

视图的创建可采用"下拉菜单法"（【视图】⇨【命名视图】）和"命令行法"（View）。执行命令后弹出"视图管理器"对话框，如图 4-30 所示。

（1）在"视图管理器"对话框中，单击 新建 按钮，出现"新建视图"对话框，如图 4-31 所示。

（2）在"视图名称"文本框指定当前视图名称，名称最多可以包含 255 个字符。

（3）在"视图类别"列表框中选择一个视图类别，或输入新的类别，也可保留此选项为空。

（4）选中"视图特性"选项卡，定义命名视图边界，可以定义命名视图为当前显示和定义窗口的图形区域，对命令视图的 UCS、活动截面、视觉样式进行设置，改变背景为纯色、渐变色和图像背景。如果只想保存当前视图的一部分，则选择"定义窗口"，然后单击 定义视图窗口 按钮，此对话框将暂时关闭，然后使用光标指定视图的两个对角。

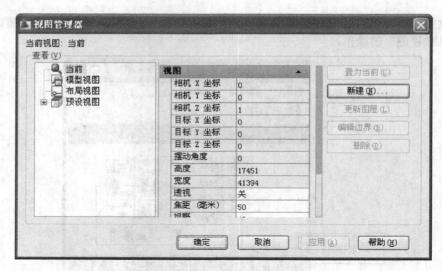

图 4-30 "视图管理器"对话框

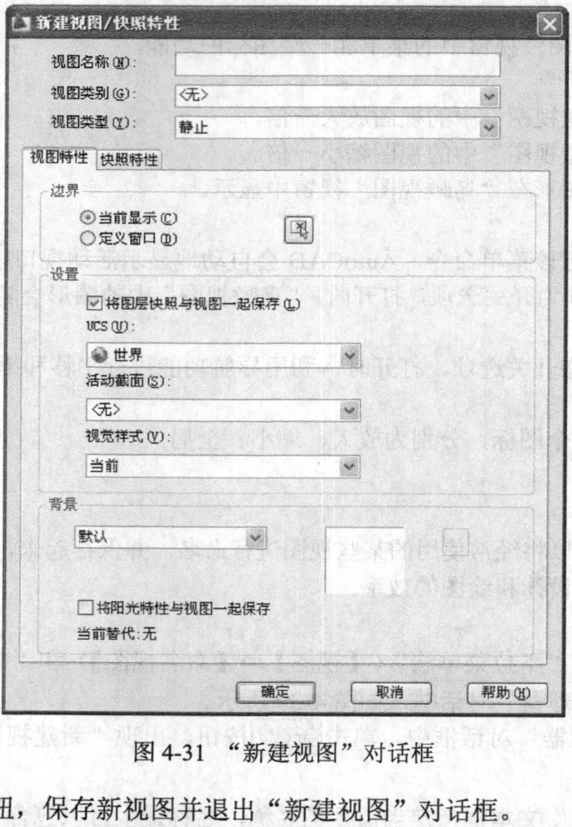

图 4-31 "新建视图"对话框

（5）单击 确定 按钮，保存新视图并退出"新建视图"对话框。

用同样的方法可以创建多个命名视图。在以后的设计过程中可以十分方便地选择命名的视图。在保存视图时，将保存以下设置。

1）视图比例、视图位置以及三维视图位置。

2）视图是位于模型选项卡还是位置布局选项卡上。

3）三维透视和剪裁。

4）视图类别、图层可见性、用户坐标系。

5）视觉样式、背景。

4.6.3.2 恢复视图

当需要使用命名的视图时，可以将其恢复，其过程如下。

（1）选择【视图】⇒【命名视图】菜单命令，弹出"视图管理器"对话框，如图 4-32 所示。

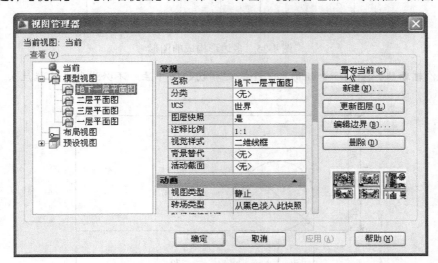

图 4-32 恢复视图

（2）在列表框中，选择要恢复的视图，单击 置为当前 按钮。

（3）单击 确定 按钮，将当前命名视图切换到屏幕上。

（4）在"视图管理器"对话框中选择一个命名视图，单击 删除 按钮，则命名视图被删除。

（5）使用 编辑边界 按钮，为选择的命名视图重新指定边界。

（6）单击 更新图层 按钮，可以更新与选定的命名视图一起保存的图层信息，使其与当前模型空间和布局空间中的图层可见性相匹配。

练 习 题

1. 用极坐标的方法绘制一个边长为 100 的等边三角形，然后分别以三个顶点为圆心，绘制三个相切的圆，在三个圆的中间再绘一个与三个圆相切的小圆，如图 4-33 所示。

2. 在图 4-34 的基础上，绘制一个由三个圆相切的外切圆，然后绘制一个外切的五边形，在五边形的边长外接五个五边形。

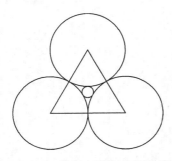

图 4-33 绘制由圆构成的图形

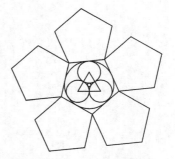

图 4-34 多边形构成的图形

3. 根据制图标准编制一个 A2 图纸大小的标题栏。

4. 不作辅助线，绘制一条两矩形之间的中心线，如图 4-35 所示。

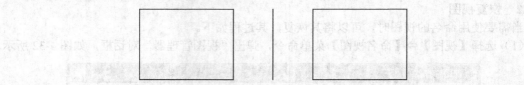

图 4-35 多边形构成的图形

5. 不作辅助线，绘制一个矩形和一个与之相切的圆（注：不必进行尺寸标注），如图 4-36 所示。

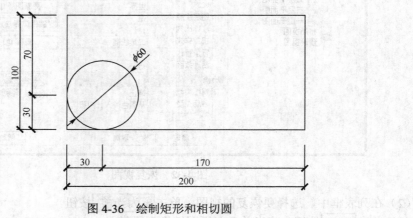

图 4-36 绘制矩形和相切圆

5 编辑二维图形对象

在工程设计中，对图形对象的编辑占了很大的比例，AutoCAD 提供了丰富的二维图形对象编辑功能，可以轻易修改对象的大小、形状、位置和特性等。

5.1 对象选择方法

图形编辑过程，选择对象的操作非常频繁。执行图形编辑命令后，需要选择单个或多个对象，在"选择对象"提示下，用户可以逐个地选择对象，也可以选择多个对象。

5.1.1 逐个地选择对象

在选择对象状态下，光标变为拾取框，放在要选择对象的位置时，将亮显对象，单击后才能选择对象。

（1）从选择的对象中删除对象　选择了多个对象后，可以按住[Shift]键并再次选择选择对象，可以将其从当前选择集中删除。

（2）选择彼此接近的对象　选择彼此接近或重叠的对象比较困难，一般情况是对局部区域进行缩放来解决，但这增加了操作频率。更便捷的方法，是把光标放在要选择对象上，然后按[Shift+Space]键，亮显可以在这些对象之间循环，所需对象亮显时，单击以选择该对象，如图5-1所示。

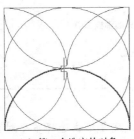 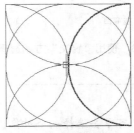 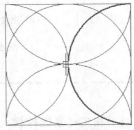

　（a）第一个选定的对象　　　　　　（b）第二个选定的对象　　　　　　（c）第三个选定的对象

图 5-1　选择彼此接近的对象

5.1.2 选择多个对象

选择多个对象可用点取选择、窗口选择、循环选择、栏选择、从选择集中添加或清除对象等方法。当在命令行提示选择对象时，如果输入"？"，则显示如下提示语句：

> 需要点或窗口(W)/上一个(L)/窗交(C)/框(BOX)/全部(ALL)/栏选(F)/圈围(WP)/圈交(CP)/编
> 组(G)/添加(A)/删除(R)/多个(M)/前一个(P)/放弃(U)/自动(AU)/单个(SI)

输入其中的大写字母，可得到指定的对象选择模式，各项的含义如下。

（1）需要点　默认选项，要求逐个选择对象。每次单击鼠标左键只能选取一个对象，但允许逐个选择多个对象。

（2）窗口（W）　也为默认选项，从左向右拖动光标，指定对角点来定义矩形区域，矩形以实线显示，完全包括在矩形窗口内的对象才被选中。如图 5-2 所示，定义窗口包含了内圆，外圆没被选中。

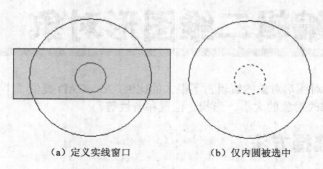

（a）定义实线窗口　　　　　　　　（b）仅内圆被选中

图 5-2　使用"窗口"方式选择对象

（3）上一个（L）　选择最后创建的可见对象，并且只有一个对象被选中。

（4）窗交（C）　也为默认选项，与窗口选择对象类似，从右向左拖动光标，指定对角点来定义矩形区域，矩形窗口以虚线显示，只有与选取窗口相交或完全位于选取窗口内的对象才被选中，如图 5-3 所示。

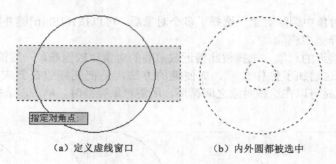

（a）定义虚线窗口　　　　　　　　（b）内外圆都被选中

图 5-3　使用"窗交"方式选择对象

　说明:

　　如果不明确指定对象选择模式，可单击选择一个对象，或反复单击选择多个对象；若从左至右定义实线窗口，默认为窗选模式；若从右至左定义虚线窗口，默认为窗交模式。

（5）框（BOX）　是"窗口"和"窗交"的组合选项。从左到右拖动光标，执行"窗口"选择，从右到左拖动光标，执行"窗交"选择。

（6）全部（ALL）　选取包括被关闭的所有图形对象，但不能选择冻结图层上的对象，锁定图层上的对象虽然能被选择但不能做任何编辑操作。

（7）栏选（F）　通过绘制类似于直线的多点栅栏来选择，与栅栏线相交的对象被选中，如图5-4 所示。

（8）圈围（WP）　绘制一个不规则的封闭多边形，构成实线窗口，完全包围在多边形中的对象将被选中，类似"窗口"选择。

（9）圈交（CP）　与"圈围"选择的操作相同，但类似于"窗交"选择，所有在多边形相交或包括在内的对象被选中。

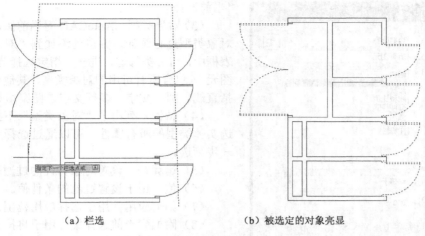

（a）栏选　　　　　　　　　　（b）被选定的对象亮显

图 5-4　利用"栏选"方式选择对象

　说明：

　　其他对象选择模式如下。

　　（1）编组（G）　通过使用已定义的组名来选择该编组中的所有对象。

　　（2）添加（A）　可使用任何选择方法将选定对象添加到选择集中。如通过设置 PICKADD 系统变量把对象加入到选择集中。PICKADD 设为 1（默认），所选对象均被加入至选择集中。PICKADD 设为 0，则最近所选择的对象均被加入至选择集中。

　　（3）删除（R）　从选择集中（而不是图中）移出已选择的对象，此时只需单击要从选择集中移出的对象即可。

　　（4）多个（M）　该法指定多次选择而不高亮显示对象，从而加快对复杂对象的选择过程。

　　（5）前一个（P）　将最近的选择集设置为当前选择集。

　　（6）放弃（U）　取消最近的对象选择操作，如果最后一次选择的对象多于一个，取消方法将从选择集中删除最后一次选择的所有对象。

　　（7）自动（AU）　自动选择对象，即指向一个对象即可选择该对象。指向对象内部或外部的空白区，将形成框选方法定义选择框的第一个角点。

　　（8）单个（SI）　如果用户提前使用"单个"来完成选取，则当对象被发现，对象选取工作就会自动结束，此时不会要求按[Enter]键来确认。

5.1.3　快速选择

　　快速选择是指定过滤条件以及根据该过滤条件创建选择集的方式。当用户选择具有某些共同特性的对象时，可利用"快速选择"对话框根据对象的颜色、图层、线型、注释性等特性创建选择集。

　　可采用"下拉菜单法"（【工具】⇨【快速选择】）和"面板法"（"常用"选项卡⇨ 实用程序 ⇨ 快速选择 按钮）弹出"快速选择"对话框，如图 5-5 所示。

　　各选项的功能如下。

　　（1）应用到　当前设置应用到"当前选择"还是"整个图形"。

　　（2）选择对象 按钮　切换到绘图窗口，根据当前指定的过滤条件来选择对象。选择完毕后，按[Enter]键结束并返回到"快速选择"对话框中，同时在"应用到"下拉列表框中的选项设置为

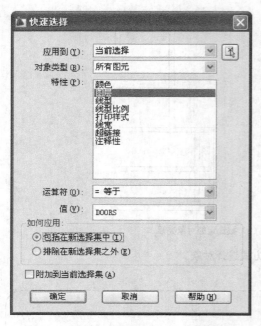

图 5-5 "快速选择"对话框

"当前选择"。

（3）对象类型　AutoCAD 对当前图形所拥有的对象类型进行统计，并自动添加到"对象类型"列表框中，可分类筛选，进一步指定选择范围。"所有图元"包含所有可用的对象类型，其他对象类型包括直线、圆、文字、多行文字、图案填充等。

（4）特性　列出了"对象类型"下拉列表中所选实体类型的所有属性，可以通过选择对象特性进一步筛选。

（5）运算符　设置对象特性的过滤范围。

（6）值　用于设置过滤的条件值。

（7）如何应用　用于选择应用范围。

（8）附加到当前选择集　用于将按设定条件得到的选择集添加到当前选择集中。

5.1.4　对象编组

当图形对象被选择后，形成了一个临时的无名选择集合，选择集只对当前操作有效。而对象编组是一种命名的选择集，它长期有效，并可随图形保存。当把图形文件作为外部参照使用或作为块插入到另一个图形中时，编组的定义也仍然有效。只有绑定并且分解了外部参照，或者分解了块以后，才能直接访问那些在外部参照或块中已经定义好的编组。

（1）创建对象编组　创建对象编组只能通过"命令行"法（Group 或 G），弹出"对象编组"对话框，如图 5-6 所示。

各个选项的含义如下。

1）编组名　显示当前图形中已存在的对象组名字。

2）编组标识　用于设置编组的名称及说明。其中，单击 亮显 按钮可以在绘图窗口中亮显该编组的图形对象。

3）创建编组　单击 新建 按钮，切换到绘图区，选择要创建编组的图形对象。在"对象编组"对话框的"编组名"输入框，命名一个编组名称（如"门"或"窗"），"说明"可选。

（2）修改编组　在"对象编组"对话框中可以修改编组，添加、删除编组中的某些图形对象，对编组重命名。分解编组即为删去所选的对象组，不是删除图形对象。

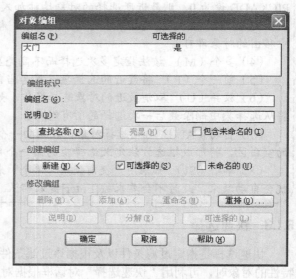

图 5-6 "对象编组"对话框

（3）使用编组　在编辑命令提示"选择对象："，输入 G 命令，在命令行提示的"输入编组名："中，输入编组名称并按[回车]或[空格键]，可以看到编组对象全部亮显被选择。

命令: CO ↵　　　　　　　　　　　　　　　　　　　　　　　　　　　　　（执行 COPY 命令）
COPY
选择对象: G ↵　　　　　　　　　　　　　　　　　　　　　　　　　　（输入 G 执行 Group 命令）

输入编组名: 大门 ↵　　　　　　　　　　　　　　　　　　　　　　（输入编组名"门"）
找到 8 个
选择对象: ↵　　　　　　　　　　　　　　　　　　　　　（直接回车，结束选择对象）
当前设置: 复制模式 = 多个
指定基点或 [位移(D)/模式(O)] <位移>: 指定第二个点或 <使用第一个点
作为位移>:
指定第二个点或 [退出(E)/放弃(U)] <退出>:

　　编组的对象以一个集合的形式存在，当选择被定义为编组的某一个对象时，整个编组对象都被选择。若只想选择编组中的一个对象，可以按[CTRL+H]组合键或[CTRL+SHIFT+A]组合键关闭编组，命令行提示"<编组 关>"，再按下组合键则打开编组选择，命令行提示"<编组 开>"。

5.2　夹点编辑图形

5.2.1　图形对象的控制点

　　当选择对象时，在对象上会显示出若干个蓝色小方框，这些小方框就是用来标记被选中对象的夹点，是对象上的控制点。不同的对象，用来控制其特征的夹点的位置和数量也不相同，如图5-7 所示。其中，被选中的夹点称为为热夹点，夹点的颜色由蓝色变为红色，是使用夹点模式进行操作的基点，可以拖动热夹点快速拉伸、移动、旋转、缩放或镜像对象。不过，锁定图层的对象不显示夹点。

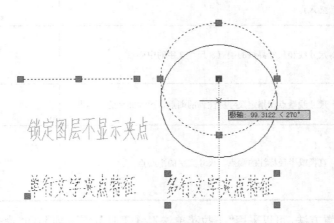

图 5-7　图形对象的夹点

表 5-1 列举了 AutoCAD 常见对象的夹点特征。

表 5-1　AutoCAD 图形对象的夹点特征

对象类型	夹点特征描述	图　例
直线	两个端点和中点	
构造线	控制点以及线上的邻近两点	
多线	控制线上的两个端点	
多段线	直线段的两端点、圆弧段的中点和两端点	
射线	起点以及线上的一个邻近点	

对 象 类 型	夹点特征描述	图 例
圆	圆心和四个象限点	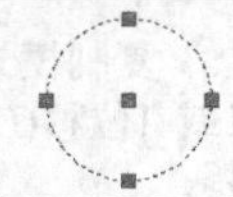
圆弧	两个端点和中点	
椭圆	中心点和四个顶点	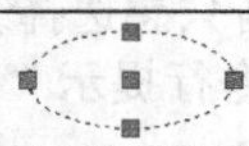
椭圆弧	端点、中点和中心点	
区域填充	中心点	
单行文字	插入点	
多行文字	各顶点	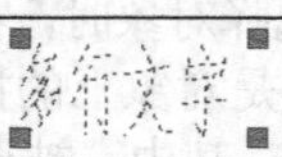
块	插入点	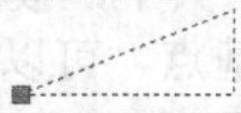
属性	插入点	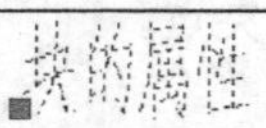
线性、对齐标注	尺寸线和尺寸界线的端点、尺寸文字的中心点	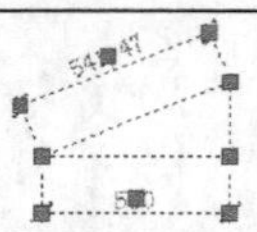
角度标注	尺寸线端点和指定尺寸标注弧的端点、尺寸文字的中心点	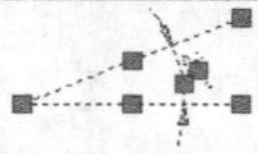
直径、半径标注	直径或半径标注的端点、尺寸文字的中心点	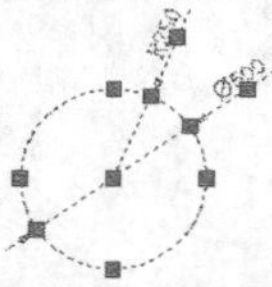

　　夹点显示的设置方法，可以采用"下拉菜单法"（【工具】⇨【选项】）和"命令行"法（"CONFIG"或"OPTIONS"）弹出"选项"对话框，选中"选择集"选项卡，可对夹点的显示进行设置，如图5-8所示。

　　在"选项"对话框中，可以控制夹点显示的大小，改变夹点在未选中、选中和悬停状态的颜色，以及是否启用夹点模式。

5.2.2　使用夹点编辑对象

　　夹点编辑对象是一种集成的编辑模式，可以对图形对象方便快捷地进行拉伸、移动、旋转、缩放及镜像等操作。当对象被选取后，则未选中夹点显示，用鼠标对准需操作的夹点单击左键，则夹点被选中并变成红色，成为可操作的热点，AutoCAD同时自动执行夹点编辑命令。

```
命令:
** 拉伸 **
指定拉伸点或 [基点(B)/复制(C)/放弃(U)/退出(X)]:
```

在命令行的提示下，可以输入相关选项，执行相应的命令。或者单击右键，弹出快捷菜单，从中执行菜单命令，如图 5-9 所示。

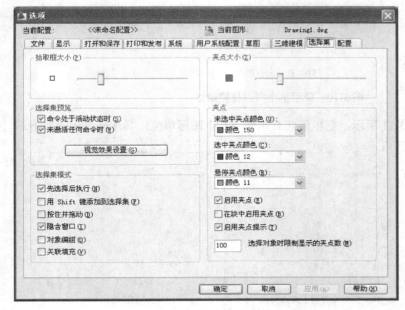

图 5-8　"选项"对话框　　　　　　　　　图 5-9　夹点模式快捷菜单

一般情况下，用户选中了一个夹点后，就无法再选择其他的夹点，因为当选中一个夹点后，即进入了夹点编辑状态，无法再选择其中的夹点。要选中多个夹点，必须先按住[Shift]键，然后再用鼠标选择夹点，这样，多个热点即可同时进行操作。

5.2.2.1　使用夹点拉伸对象

在不执行任何命令的情况下选择对象，单击对象上的夹点作为拉伸的基点，系统便直接进入"拉伸"模式，可直接对对象进行拉伸。

命令行提示信息如下：

＊＊ 拉伸 ＊＊　　　　　　　　　　　　　　　　　　　　　　（说明当前编辑状态为拉伸模式）
指定拉伸点或 [基点(B)/复制(C)/放弃(U)/退出(X)]:

- 指定拉伸点　要求指定对象拉伸操作的目的点，把对象移动拉伸到新的位置。对于对象上的某些夹点，只能进行移动操作而不能进行拉伸操作，如直线中点、圆心、椭圆中心、单行文字和块的夹点。

- 基点　重新确定拉伸基点。默认选中的热点为拉伸基点，按热点与指定的新位置点之间的位移矢量拉伸图形。

- 复制　允许用户连续进行多次拉伸复制操作。此时用户可连续确定一系列的拉伸点新位置，以实现多次拉伸复制。

（1）单点拉伸　如图 5-10 所示，要求通过夹点编辑的拉伸功能，把直线右端点与圆心相重合，而直线左端点位置不变，具体操作步骤如下。

1）单击选取直线，直线呈"亮显"状态，同时直线上出现 3 个蓝色的夹点。

2）选取直线的右端点，该夹点变为红色，同时直线随着鼠标的移动而改变右端点位置，使直线变成了一条橡皮线。

3）移动光标至圆的圆心或圆周线附近，圆心捕捉起作用，捕捉圆心为拉伸的目的点。

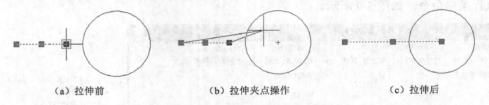

（a）拉伸前 　　　　　　　（b）拉伸夹点操作 　　　　　　　（c）拉伸后

图 5-10　使用单个夹点拉伸操作

（2）多点拉伸　如图 5-11 所示，把矩形向右拉伸 100 个图形单位，具体操作步骤如下。

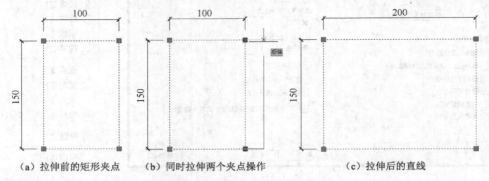

（a）拉伸前的矩形夹点 　　（b）同时拉伸两个夹点操作 　　（c）拉伸后的直线

图 5-11　使用多个夹点拉伸操作

1）在不执行任何命令的情况下选择矩形，则矩形的四个角的夹点显示出来。

2）按下[Shift]键，再选择矩形右边的两个夹点，则被选中的夹点变为红色而亮显。

3）释放[Shift]键，选择两个选中夹点中的任一个，水平向右拖适当距离，用直线距离法输入 100，则矩形拉伸 100 个图形单位。

5.2.2.2　使用夹点移动对象

在不执行任何命令的情况下选择对象，把选中夹点作为移动基点，输入"MO"后回车，夹点编辑便直接进入"移动"模式，可对图形对象进行移动。夹点移动的操作命令如下。

```
命令:
** 拉伸 **                                                （默认拉伸模式）
指定拉伸点或 [基点(B)/复制(C)/放弃(U)/退出(X)]: MO ↵      （使用移动模式）
** 移动 **                                    （提示当前的编辑状态为移动模式）
指定移动点或 [基点(B)/复制(C)/放弃(U)/退出(X)]:
```

如图 5-12 所示，移动矩形使左上角与圆心重合，同时多重移动圆到矩形的另外三个角，具体操作步骤如下。

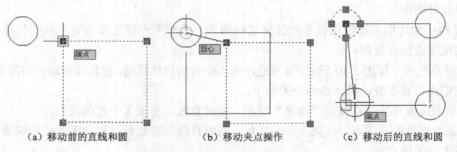

（a）移动前的直线和圆 　　（b）移动夹点操作 　　（c）移动后的直线和圆

图 5-12　使用夹点移动操作

1）选取矩形并点取矩形的左上角为选中夹点，该夹点变为红色。

2）在提示符下输入"MO"进入移动模式，捕捉圆心，使矩形的左上角与圆心重合。

3）按[Esc]键取消矩形的选择，然后再选择圆并点取圆心，圆心成为选中夹点。因不可能拉伸圆心，所以可以直接移动鼠标进行移动圆。

4）按下[Ctrl]键，进入多重移动模式，相当于复制模式。移动鼠标把圆多次移动到矩形的其他三个角。

5）也可在命令行提示下输入"C"，进行复制移动，但按下[Ctrl]键复制移动更便捷。

说明：

夹点模式的其他说明如下。

① 利用夹点编辑主要是对图形对象进行拉伸、移动和复制，其中拉伸功能是默认功能，进行移动和复制要输入 Move 和 Copy 命令。而按下[Ctrl]键进行多重移动可以代替复制功能，像圆心夹点只能进行移动，对文字的移动也非常便捷。因此，夹点模式移动功能的使用是经常性的，也是高效的。

② 夹点编辑还可以旋转对象、缩放对象和镜像对象，对应的命令是 Rotate、Scale 和 Mirror。但夹点编辑不可能代替所有的修改命令，因此，对对象的旋转、缩放和镜像推荐使用专门的修改命令，会更加方便和简单。

5.3 图形修改命令

5.3.1 复制、偏移与镜像

5.3.1.1 复制

（1）命令功能　对选定的实体按指定方向和距离复制多个或一个副本。

（2）操作说明　可采用"下拉菜单法"（【修改】⇨【复制】）、"面板法"（"常用"选项板⇨ 修改 ⇨ 复制 ）和"命令法"（COpy 或 CO）执行复制命令。常用位移法和指定位置法来完成复制功能。

1）位移法复制　就是通过输入位移矢量作为距离和方向，对原来对象进行复制。如图 5-13 所示，把矩形的左边直线向右复制三次，间距都为 200，其操作说明如下。

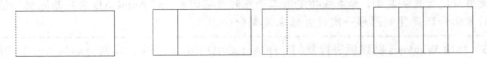

图 5-13　按位移复制对象的图形

```
命令: CO ↵                                              （输入 Copy 的快捷命令 CO）
COPY                                                   （提示复制命令的全名）
选择对象: 找到 1 个                          （选择要复制的最左边的直线，直线呈"亮显"状态）
选择对象: ↵                                                （回车结束选择）
指定基点或 [位移(D)] <位移>: 200,0 ↵          （使用位移法输入位移矢量为 200,0）
指定第二个点或 <使用第一个点作为位移>: ↵   （直接回车，则选择默认选项，即"使用第一个点作为
                                                位移"，则直线向右 200 被复制）
命令: ↵                                                  （直接回车，执行上次命令）
COPY
选择对象: 指定对角点: 找到 1 个                        （选择刚被复制的直线）
```

选择对象: ↵ （回车结束选择）
当前设置： 复制模式 = 多个 （提示当前模式为自动重复复制）
指定基点或 [位移(D)/模式(O)] <位移>: ↵ （直接回车）
指定位移 <200.0000, 0.0000, 0.0000>: ↵ （提示上次设置的默认位移值，直接回车默认，则第二条直线被复制，同样的操作来复制第三条直线）

使用位移法复制对象所输入的位移值可以采用直角坐标和极坐标两种方式，由于输入的是位移量，不是坐标点，所以不能使用相对坐标的方法，即在位移值前不能加@符号。

2）指定位置法复制　就是通过指定两个点作为特征点，以第一个点为基点，以第二个点为目标点，来确定复制对象相对于源对象的方向和距离。下面以图 5-14 为例对操作进行说明。

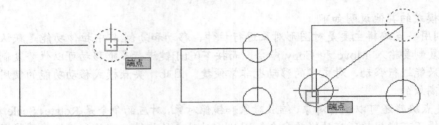

图 5-14　按指定点复制对象的图形

命令: _copy （点击 修改 面板的 复制 按钮）
COPY （显示执行 COPY 命令）
选择对象: 找到 1 个 （选择要复制的图形实体圆，圆呈"亮显"状态）
选择对象: ↵ （回车结束选择）
指定基点或 [位移(D)] <位移>: （选中矩形右上角为指定基点）
指定第二个点或 <使用第一个点作为位移>: （选取矩形的右下角点为目标点）
指定第二个点或 <使用第一个点作为位移>: （选取矩形的左下角点为目标点）
指定第二个点或 <使用第一个点作为位移>: （选取矩形的左上角点为目标点）
指定第二个点或 [退出(E)/放弃(U)] <退出>: ↵ （直接回车，退出）

复制命令默认为多重复制操作,若想中途结束复制操作,可以直接按[回车]或 [空格]键。

 说明：
　　使用指定位置法复制，如果在指定第二个点时直接回车，则 AutoCAD 会将基点坐标值当作复制的方向和距离复制图形一次，并结束复制命令。

（3）利用 Windows 剪切板进行复制　在 AutoCAD 绘图过程中，常常会遇到从一个图形文件到另一个图形文件、从图纸空间到模型空间（反之亦然），或在 AutoCAD 和其他应用程序之间复制对象，此时使用 Windows 剪切板进行复制对象较为方便。利用 Windows 剪切板进行复制，一次只能复制出一个相同的被选定对象。操作过程如下。

1）不指定基点复制　首先选择被复制的对象，然后按下[Ctrl＋C]组合键，则被选中的对象就被复制到 Windows 剪切板。在打开的图形文件中，按下[Ctrl＋V]组合键，则对象被粘贴，得到了复制。

 说明：
　　① 复制对象的方法除了按[Ctrl＋C]组合键外，还有下拉菜单的【修改】⇨【复制】、"常用"选项卡⇨ 实用程序 面板⇨ 复制剪裁 按钮⇨【复制剪裁】菜单项、命令行的 COPYCLIP 命令以

及在绘图区按鼠标右键弹出快捷菜单⇨【复制】。

　　②粘贴对象的方法除了按[Ctrl + V]组合键外，还有下拉菜单的【修改】⇨【粘贴】、"常用"选项卡⇨ 实用程序 面板⇨ 粘贴 按钮⇨【粘贴】菜单项、命令行的 PASTECLIP 命令以及在绘图区按鼠标右键弹出快捷菜单⇨【粘贴】。

　　2）指定基点复制　指定基点复制是指在复制过程重新指定基点，作为粘贴的插入点。实际上，不指定基点复制也有默认的基点，如直线的基点就在左边的端点上，圆的基点就在圆的水平和垂直切线的交点上。指定基点复制的命令方式类似于不指定基点复制，其操作如下。

命令: _copybase 指定基点:	（单击菜单【修改】⇨【带基点复制】，指定圆心为复制的基点）
选择对象: 指定对角点: 找到 1 个	（选择圆）
选择对象:↵	（回车结束）

　　操作方法同不指定基点复制的粘贴对象的操作方法。打开另一个图形文件，执行粘贴命令，则光标位在复制时选择的基点，即在圆心处，便可完成准确定位复制。图 5-15（a）没有指定基点，插入点为直线的交点，而圆与直线相切，图 5-15（b）指定圆心为基点，插入点与直线交点重合。这是不指定基点复制与指定基点复制的区别。

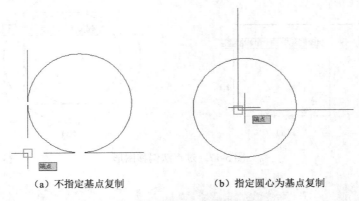

（a）不指定基点复制　　　　　　　　（b）指定圆心为基点复制

图 5-15　不指定与指定基点复制的区别

　　3）复制链接　复制链接是将当前视图复制到剪贴板中以便链接到其他 OLE 应用程序。通过双击对象打开源应用程序，可以在图形中编辑链接或嵌入的 OLE 对象。执行菜单【修改】⇨【复制链接】或命令行 COPYLINK 命令，可以在 Word 等文档中粘贴被链接的内容。

5.3.1.2　偏移

　　（1）命令功能

　　1）对选定的图元如线、圆、圆弧、椭圆等进行同心复制。

　　2）对于曲线（如圆、圆弧、椭圆、椭圆弧等）来说，偏移所生成的新对象将变大或变小，这取决于将其放置在源对象的哪一边。对于直线来说，其圆心在无穷远，故是平行复制。

　　（2）操作说明　可采用"下拉菜单法"（【修改】⇨【偏移】）、"面板法"（"常用"选项卡⇨ 修改 ⇨ 偏移 ）和"命令法"（Offset 或 O）执行偏移命令。常用定距法和过点法来完成偏移功能。

　　1）定距法偏移　设定一个距离值，或通过给出两点来确定一个距离值，选定被偏移的对象和偏移的方向来进行偏移。

命令: O↵	（执行 Offset 的快捷命令 O）
当前设置: 删除源=否　图层=源　OFFSETGAPTYPE=0	（当前设置信息）
指定偏移距离或 [通过(T)/删除(E)/图层(L)] <通过>: 10↵	（输入偏移距离）
选择要偏移的对象，或 [退出(E)/放弃(U)] <退出>:	（选择要偏移的矩形）

指定要偏移的那一侧上的点，或 [退出(E)/多个(M)/放弃(U)] <退出>: （在要偏移矩形的内部点击一下，指定要偏移的方向）

选择要偏移的对象，或 [退出(E)/放弃(U)] <退出>: ↵ （回车结束，偏移距离为 10 后的图框，如图 5-16 所示。）

（a）选择要偏移的矩形　　（b）在矩形的内部点击一下　　（c）矩形偏移后的图框

图 5-16　定距法偏移图形

2）过点法偏移　是通过指定的某个点创建一个新的对象，该新对象与初始对象保持等距离。如图 5-17 所示，对内切圆偏移，通过正方形的四个角，成为外接圆。

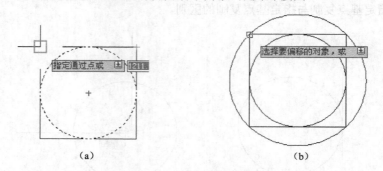

（a）　　　　　　　　　　　　　　（b）

图 5-17　过点法偏移图形

命令: _offset
当前设置: 删除源=否　图层=源　OFFSETGAPTYPE=0
指定偏移距离或 [通过(T)/删除(E)/图层(L)] <通过>: ↵ （直接回车，选择过点法偏移）
选择要偏移的对象，或 [退出(E)/放弃(U)] <退出>: （选择圆）
指定通过点或 [退出(E)/多个(M)/放弃(U)] <退出>: （捕捉正方形的任意四个角，作为指定通过点）
选择要偏移的对象或[退出(E)/放弃(U)] <退出>:↵ （回车结束操作，或继续选择要偏移的对象，继续操作）

偏移复制对象操作应注意以下几点。

① 只能以单击选取的方式选择要偏移对象，并且只能选择一个对象。

② 当提示"指定偏移距离或[通过]<缺省值>:"时，可以通过输入两点来确定偏移距离。

③ 如果给定的偏移距离值或要通过的点的位置不合适，或指定的对象不能用偏移命令确认，系统会给出相应的提示。

说明:
在"指定偏移距离或 [通过(T)/删除(E)/图层(L)]"提示下，选择"E"，可决定偏移后是否删除源对象。选择"L"，可改变偏移后的对象所在的图层是在源对象层还是当前层。

5.3.1.3　镜像

（1）命令功能　用所指定的两点定义的镜像轴线来创建对象的对称图形。

（2）操作说明　可采用"下拉菜单法"（【修改】⇒【镜像】）、"面板法"（"常用"选项卡⇒ 修
改 ⇒ 镜像 按钮）和"命令法"（MIrror 或 MI）执行镜像命令。

命令: MI ↵	（执行快捷命令 MI）
MIRROR	（显示镜像命令全名）
选择对象: 指定对角点: 找到 4 个	（选择要镜像复制的门,如图 5-18 所示）
选择对象: ↵	（回车结束选择）
指定镜像线的第一点: 指定镜像线的第二点:	（按[F8]键打开正交状态,用鼠标拾取镜像的第一点,然后向下移动鼠标,绘出垂直的直线即为镜像线）
要删除源对象吗? [是(Y)/否(N)] <N>:↵	（直接回车选择"N,保留源对象,若要删除源对象则选择"Y"。）

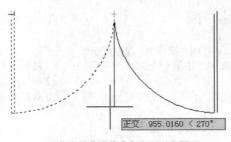

　　（a）镜像前图形　　　　　　　　（b）指定镜像线镜像保留源对象图形

图 5-18　镜像图形

5.3.2　删除与移动

5.3.2.1　删除

　　（1）命令功能　删除一个或多个图形对象。

　　（2）操作说明　采用"下拉菜单法"（【修改】⇒【删除】）、"面板法"（"常用"选项卡⇒
修改 ⇒ 删除 按钮）、"命令法"（Erase 或 E）执行删除命令,也可以选择要删除的对象,再按[Del]
键。或者选择要删除的对象,单击鼠标右键,在弹出的快捷菜单中选择【删除】命令。

　　执行删除操作后,命令提示选择对象,则可直接选择要删除的图形对象。若对象被误删除,
可以撤销被删除对象,因为这些被删除的对象只是暂时被删除,只要不退出当前图形,均可将其
恢复。

　　撤销被删除对象的方法如下。

　　1）紧接删除对象操作,执行【编辑】⇒【放弃】。

　　2）紧接删除对象操作,单击 快速访问 工具栏中的 放弃 按钮。

　　3）在命令行中执行 Undo 或 U 命令。

　　4）在命令行中执行 OOPS 命令。

说明:

　　Undo 和 OOPS 的区别如下。

　　① Undo 或 U 命令是对命令流的操作,是对以前执行过的命令进行撤销,可以撤销所有的
命令执行,但保存、打开、新建、打印等命令不能被撤销。

　　② OOPS 命令是对图形对象的操作,只能恢复前一次被删除的对象,但不是对命令的撤消,
不会影响前面进行的其他操作。如在把图形对象定义成块时,源图形随之被删除,可用 OOPS
命令恢复被删除的对象,但定义块命令不能撤消,也就是不能撤消对块的定义。若用 Undo 或 U
命令,就会撤消对块的定义。

5.3.2.2 移动

（1）命令功能 将图形中的对象按指定的方向和距离移动位置，这种移动不改变移动对象的尺寸和方向。

（2）操作说明 可采用"下拉菜单法"（【修改】➪【移动】）、"面板法"（"常用"选项卡➪ 修改 ➪ 移动 按钮）和"命令法"（Move 或 M）执行移动命令。常用位移法和指定位置法来完成移动功能。

1）位移法移动 输入一个位移矢量，该位移矢量决定了被选择对象的移动距离和移动方向。一般情况下，位移矢量是通过给出直角坐标 X 方向和 Y 方向的值来确定，或者用极坐标的方式来确定。对于水平和垂直的移动，可以采用直接距离法更简单。

命令: M↵	（输入 MOVE 的快捷命令 M）
MOVE	
选择对象: 找到 1 个	（选择要移动的小圆，被选择的圆呈"亮显"状态）
选择对象:	（回车结束选择）
指定基点或 [位移(D)] <位移>: 650,600↵	（使用位移法输入位移矢量为 650，600）
指定第二个点或 <使用第一个点作为位移>:↵	（直接回车，则选择默认选项，即"使用第一个点作为位移"，则小圆在 X 轴方向移动了 650 个单位，在 Y 轴方向移动了 600 个单位，如图 5-19 所示）

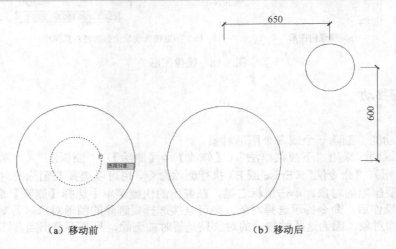

(a) 移动前　　　　　　　　　　　　(b) 移动后

图 5-19　位移法移动对象的图形

用位移法移动对象，所输入的位移值是用直角坐标或极坐标的方式来表示的，不能在位移值前输入@符号。

2）指定位置法移动 又被称为特征点法，是通过指定的两个点来确定被选取对象的移动方向和移动位移。通常将指定的第一个点称为基点，第二个点则称为目标点。如图 5-20 所示，将圆从矩形的左下角点移动到矩形的右上角点。

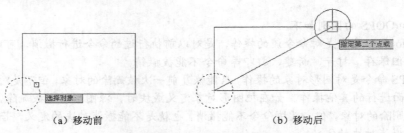

（a）移动前　　　　　　　　　　　　（b）移动后

图 5-20　位置法移动对象的图形

命令: _move	（执行菜单【修改】⇨【移动】）
选择对象: 找到 1 个	（选中圆）
选择对象:	（回车结束选择）
指定基点或 [位移(D)] <位移>:	（使用对象捕捉选择矩形左下角为指定基点）
指定第二个点或 <使用第一个点作为位移>:	（选择矩形的右上角点为目标点）
指定第二个点或 <使用第一个点作为位移>:↵	（回车结束命令）

5.3.3　修剪与延伸

5.3.3.1　修剪

（1）命令功能　沿着由一个或多个对象定义的边界，删除所要修剪对象的其中一部分。

（2）操作说明　可采用"下拉菜单法"（【修改】⇨【修剪】）、"面板法"（"常用"选项卡⇨
修改⇨修剪按钮）和"命令法"（TRim 或 TR）执行修剪命令。

修剪命令操作主要掌握修剪边的确定和被修剪的对象。

1）一般对象的修剪

命令: TR ↵	（输入 TRim 的快捷命令 TR）
TRIM	
当前设置:投影=UCS，边=延伸	（显示当前的修剪设置）
选择剪切边...	（提示用户选取用作修剪边的实体）
选择对象或 <全部选择>: 找到 1 个	[选择修剪边，如图 5-21(a)中的直线 B]
选择对象: ↵	（回车结束修剪边的选择）
选择要修剪的对象，或按住[Shift]键选择要延伸的对象，或	
[栏选(F)/窗交(C)/投影(P)/边(E)/删除(R)/放弃(U)]:	[选择被修剪对象，如图 5-21(b)中的直线右端]
选择要修剪的对象，或按住[Shift]键选择要延伸的对象，或	
[栏选(F)/窗交(C)/投影(P)/边(E)/删除(R)/放弃(U)]: ↵	（回车结束被修剪对象的选择,修剪命令终止）

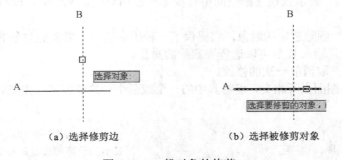

（a）选择修剪边　　　　　　（b）选择被修剪对象

图 5-21　一般对象的修剪

修剪命令中提示项的含义如下。

① 选择剪切边　剪切边相当于一把剪刀,用选择的对象剪切其他图形对象。在命令行的提示
下，可以直接回车，选择默认的<全部选择>项，就是把所有图形对象都当做剪切边，因不需要选
择对象，操作上简单些。剪切边可以连续进行选择，所以必须回车结束剪切边的选择，初学者很
容易在这上面犯错。

② 选择要修剪的对象或按住[shift]键选择要延伸的对象　选择要修剪的对象是指定修剪对
象，且会重复提示选择要修剪的对象，能实现选择多个修剪对象，完成修剪后，按回车键结束修
剪命令。按住[shift]键选择要延伸的对象是指若按住[shift]键选择对象，则执行延伸命令而不是当
前的剪切命令，该选项提供了修剪和延伸之间命令切换的简便方法。

③ 栏选（F）　输入 F，将采用"栏选"方式选择需要修剪的对象，命令行将进行如下提示。

指定第一个栏选点：　　　　　　　　　　　　　　　　　　　　　　　　（指定选择栏的起点）
指定下一个栏选点或 [放弃(U)]：　　　　　　　（指定选择栏的下一个点，该点与指定选择栏的起点的
　　　　　　　　　　　　　　　　　　　　　　　　连线必须压住被修剪的对象）
指定下一个栏选点或 [放弃(U)]：　　　　　　　（指定选择栏的下一个点或回车结束修剪命令）

④ 窗交（C） 采用"窗交"方式选择需要修剪的对象。输入 C 后，命令行将进行如下提示。

指定第一个角点：　　　　　　　　　　　　　　　　　　　　　　　　（指定第一个角点）
指定对角点：　　　　　　　　　　　　（指定第一个角点的对角点，这两点所构成的矩形窗口
　　　　　　　　　　　　　　　　　　　必须压上被修剪的对象）

⑤ 投影（P） 改变修剪投影方式，输入 P，则进行如下提示。

输入投影选项[无（N）/UCS（U）/视图（V）]<UCS>：

其中注释如下。
- 无（N） 表示无投影，该命令只修剪与三维空间中的修剪边相交的对象。
- UCS（U） 表示指定当前用户坐标系 XOY 平面上的投影，该命令将修剪不与三维空间中的修剪边相交的对象。
- 视图（V） 表示指定沿当前视图方向的投影，此时将修剪与当前视图中的边界相交的对象。

⑥ 边（E） 设置修剪边界的属性，即确定对象是在另一对象的延长边处进行修剪，还是仅在三维空间中与该对象相交的对象处进行修剪。输入 E，则进行如下提示。

输入隐含边延伸模式[延伸（E）/不延伸（N）]<不延伸>：

其中注释如下。
- 延伸（E） 表示按延伸方式进行修剪，如果修剪边界太短，没有与被修剪对象相交，即修剪边界与被修剪对象没有相交，但 AutoCAD 会假想将修剪边界延长，然后进行修剪。
- 不延伸（N） 表示按在三维空间中与实际对象相交的情况修剪，即修剪边界不能假想被延长。

⑦ 删除（R） 删除选定的对象，它提供了一种用来删除不需要的对象的简便方法，而无需退出"修剪"命令，输入 R 后可以选择要删除的对象。

⑧ 放弃（U） 取消前一次的修改。

对两个对象在图面上不相交，但将其中的一个或两个对象延伸可以相交的对象的修剪，具体要求操作如下。

命令: _trim　　　　　　　　　　　　　　　　　　（点击"常用"选项卡⇨ 修改 ⇨ 修剪 按钮）
当前设置:投影=视图，边=无　　　　　　　　　　（显示当前修剪命令的设置为按视图投影，修
　　　　　　　　　　　　　　　　　　　　　　　　剪边不延伸）

选择剪切边...
选择对象或 <全部选择>:指定对角点: 找到 2 个　　　　　[窗交选择直线 A 和 B，如图 5-22(a)所示]
选择要修剪的对象，或按住[Shift]键选择要延伸的对象，或
[栏选(F)/窗交(C)/投影(P)/边(E)/删除(R)/放弃(U)]:E ↵　　　　　　　　　　（选择"边"选项）
输入隐含边延伸模式[延伸(E)/不延伸(N)] <不延伸>:E ↵　　　　　　　　（选择"延伸"选项）
选择要修剪的对象，或按住[Shift]键选择要延伸的对象，或
[栏选(F)/窗交(C)/投影(P)/边(E)/删除(R)/放弃(U)]:　　　　　　　[选择直线 A 的右端,如图 5-22(b)所示]
[栏选(F)/窗交(C)/投影(P)/边(E)/删除(R)/放弃(U)]:　　　　　[按下[shift]键，选择直线 B 的下端，执行延
　　　　　　　　　　　　　　　　　　　　　　　　伸对象操作，此时延伸边为直线 A，被延伸对
　　　　　　　　　　　　　　　　　　　　　　　　象为直线 B，如图 5-22(c)所示]
选择要修剪的对象，或按住[Shift]键选择要延伸的对象，或
[栏选(F)/窗交(C)/投影(P)/边(E)/删除(R)/放弃(U)]: ↵　　　　　[回车结束修剪命令，执行结果如图 5-22(d)
　　　　　　　　　　　　　　　　　　　　　　　　所示]

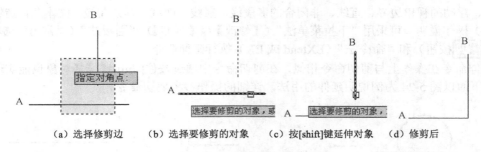

（a）选择修剪边　　　（b）选择要修剪的对象　　（c）按[shift]键延伸对象　　（d）修剪后

图5-22　不相交对象的修剪图形

2）复杂对象的修剪　在修剪复杂的对象时，可采用不同的方法选择对象，使得对象既可作为修剪边界，也可作为被修剪的对象，达到正确地选择修剪边界和修剪对象，实行复杂对象的修剪命令。

如图 5-23（a）所示，该图由两条水平线和两条垂直线组成。若对位于水平线和垂直线之间的部分进行修剪，使得修剪后的图形如图 5-23（c）所示。其修剪操作步骤如下。

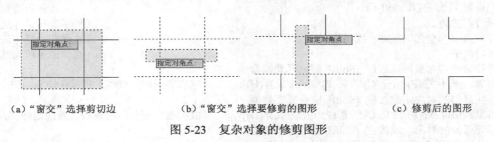

（a）"窗交"选择剪切边　　　　（b）"窗交"选择要修剪的图形　　　　（c）修剪后的图形

图5-23　复杂对象的修剪图形

命令: TR ↵	（输入快捷命令 TR）
TRIM	
当前设置:投影=UCS，边=延伸	（显示当前的修剪设置）
选择剪切边...	
选择对象或 <全部选择>: 指定对角点: 找到 4 个	（"窗交"选择四条直线，或直接回车选择全部对象）
选择对象: ↵	（回车结束剪切边的选择）
选择要修剪的对象，或按住[Shift]键选择要延伸的对象，或	
[栏选(F)/窗交(C)/投影(P)/边(E)/删除(R)/放弃(U)]:	（"窗交"选择被修剪垂直直线的中间部分）
选择要修剪的对象，或按住[Shift]键选择要延伸的对象，或	
[栏选(F)/窗交(C)/投影(P)/边(E)/删除(R)/放弃(U)]:	（"窗交"选择被修剪水平直线的中间部分）
选择要修剪的对象，或按住[Shift]键选择要延伸的对象，或	
[栏选(F)/窗交(C)/投影(P)/边(E)/删除(R)/放弃(U)]: ↵	（回车结束修剪的命令）

 说明:

修剪与删除这两个命令有所不同，修剪是只去除对象的一部分，而删除是对整个对象的全部去除。

对于 AutoCAD 初学者，最容易犯的一个错误是在确定剪切边界时，当选择完作为剪切边界的对象后常常忘记按回车或空格键来结束剪切边界的定义。

5.3.3.2　延伸

（1）命令功能　指将指定的延伸对象的终点落到指定的某个对象的边界上。被延伸的对象可以是圆弧、椭圆弧、直线、非闭合的多段线、射线等。有效的边界对象包括圆弧、块、圆、椭圆、椭圆弧、浮动的视口边界、直线、非闭合的多段线、射线、面域、样条曲线、文本及构造线等。

（2）操作说明　可采用"下拉菜单法"（【修改】⇨【延伸】）、"面板法"（"常用"选项卡⇨ 修改 ⇨ 修剪 按钮）和"命令法"（EXtend 或 EX）执行延伸命令。

延伸命令在操作上与剪切命令相似，在剪切命令中通过按住[shift]键选择对象也能实现延伸功能，下面以图 5-24 为例说明延伸的用法，详细的操作参考剪切命令。

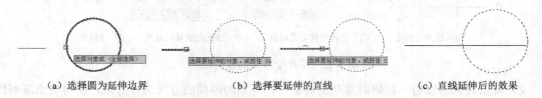

(a) 选择圆为延伸边界　　　　(b) 选择要延伸的直线　　　　(c) 直线延伸后的效果

图 5-24　一般对象的延伸的图形

命令: EX ↵	（输入 EXtend 快捷命令 EX）
EXTEND	
当前设置:投影=视图，边=无	（提示当前设置）
选择边界的边...	（提示选择延伸边界）
选择对象或 <全部选择>: 找到 1 个	（选择圆为延伸边界）
选择对象:↵	（直接回车结束选择）
选择要延伸的对象，或按住 [Shift] 键选择要修剪	
的对象，或[栏选(F)/窗交(C)/投影(P)/边(E)/放弃(U)]:	（选取要延伸的直线，直线延伸到圆的左弧）
选择要延伸的对象，或按住 [Shift] 键选择要修剪	
的对象，或[栏选(F)/窗交(C)/投影(P)/边(E)/放弃(U)]:	（继续选取要延伸的直线，直线延伸到圆的右弧）
选择要延伸的对象，或按住 [Shift] 键选择要修剪	
的对象，或[栏选(F)/窗交(C)/投影(P)/边(E)/放弃(U)]:	（回车结束延伸命令）

 说明：

延伸命令和修剪命令实际上可互相转换使用，其方法是：在使用延伸命令的过程中同时按住[Shift]键和鼠标左键，则可对所选择的对象进行修剪；而在使用修剪命令的过程中同时按住[Shift]键和鼠标左键，则可对所选择的对象进行延伸。如果能灵活运用这两个命令的转换功能，则可以在实际的绘图工作中节约大量的时间。

5.3.4　旋转与阵列

5.3.4.1　旋转

（1）命令功能　以一个指定点为基点，按指定的旋转角度或一个相对于基础参考角的角度来旋转一个或多个对象。

（2）操作说明　可采用"下拉菜单法"（【修改】⇨【旋转】）、"面板法"（"常用"选项卡⇨ 修改 ⇨ 旋转 按钮）和"命令法"（ROtate 或 RO）执行旋转命令。常用角度法和参照法来完成旋转功能。

1）角度法旋转

命令: RO ↵	（输入 Rotate 的快捷命令 RO）
ROTATE	
UCS 当前的正角方向: ANGDIR=逆时针 ANGBASE=0	（显示当前角度设置情况）
选择对象:	[选择要旋转的对象，如图 5-25(a)所示，选中矩形]
选择对象: ↵	（回车结束选择命令或，继续选择对象）

指定基点：   [选择要旋转对象的旋转基点，选中图 5-25(a)中矩形的左下角点为旋转基点]

指定旋转角度，或[复制（C）/参照（R）] 〈0〉：<u>60</u> ↵   [矩形将以左下角点为基点，按逆时针方向旋转 60°，执行结果如图 5-25(b)所示]

（a）旋转前图形   （b）旋转后图形

图 5-25 角度法旋转图形

说明：

在图形单位设置对话框中，角度的默认选项是以逆时针为正，顺时针为负。指定旋转角度的输入方法是角度数值，该数值在 0～360 之间，如 60 表示旋转 60 度角，但不能输入 60°。另外指定旋转角度的输入也可以用光标按照需要进行拖动。为了更加精确，最好能使用"正交"模式、极轴追踪或对象捕捉等绘图辅助工具。

2）参照法旋转　参照法旋转一般是用来对齐 2 个不同的对象。

命令：<u>RO</u> ↵
UCS 当前的正角方向： ANGDIR=逆时针   ANGBASE=0
选择对象：   （选择矩形）
选择对象：↵   （结束对象选取）
指定基点：   [选择图 5-26(a)中的 A 点]
指定旋转角度，或 [复制(C)/参照(R)] <0>:R↵   （输入 R，按参照的方式旋转对象矩形）
指定参照角：   （直接输入参照方向角度值，或用捕捉的方式，单击两点来确定参照方向的角度。本例题将用捕捉的方式选中 A 点）
指定第二点：   （用捕捉的方式选中 B 点，确定了参照角）
指定新角度或 [点(P)]:   [直接输入新的角度值，或用捕捉的方式，确定新角度。本例题将用捕捉的方式选中 C 点以确定新角度，完成矩形的旋转。矩形的实际的旋转角度为新角度减去参照角度的差，执行结果如图 5-26(b)所示]

在旋转命令执行过程中，若输入"C"，表示在旋转的同时，还对所旋转对象进行复制。如上例中，在命令行提示：在指定旋转角度，或 [复制(C)/参照(R)] <0>:输入 C，即进行复制旋转，其他操作过程同上，执行结果如图 5-26(c)所示。

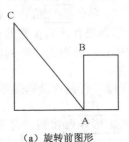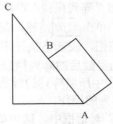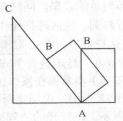

（a）旋转前图形   （b）旋转后图形   （c）复制旋转后图形

图 5-26 参照法旋转图形

5.3.4.2 阵列

（1）命令功能   以矩形或环行方式多重复制对象。对于矩形阵列，可通过指定行和列的数目以及它们之间的距离来控制阵列后的效果；对于环行阵列，则需要确定组成阵列的复制数量以及是否旋转复制等。

（2）操作说明   可采用"下拉菜单法"（【修改】⇨【阵列】）、"面板法"（"常用"选项卡⇨(修改 ⇨ 阵列)和"命令法"（ARray 或 AR）执行阵列命令。常用角度法和参照法来完成旋转功能。

1）矩形阵列   矩形阵列是指多个相同的结构按行、列的方式进行有序排列。执行阵列命令后，弹出"阵列"对话框，选择"矩形阵列"方式，如图 5-27 所示。

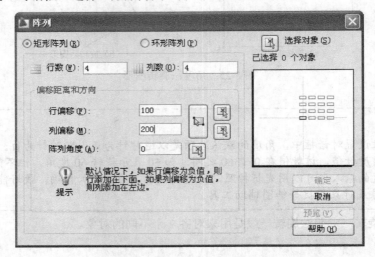

图 5-27 "阵列"对话框的矩形阵列

"矩形阵列"对话框中各区域的选项功能说明如下。

① "行"文本框   指定阵列后的行数。

② "列"文本框   指定阵列后的列数。

③ "偏移距离和方向"选项区域   用来确定矩形阵列的行间距、列间距及整个矩形阵列的旋转角度。用户可分别在"行偏移"、"列偏移"、"阵列角度"文本框中输入具体的数值，也可单击相应的按钮，然后在绘图屏幕上选取两点作为间距值。行偏移可取正值或负值，正值表示阵列后的行在原对象的上方，负值表示阵列后的行在原对象的下方。列偏移可取正值或负值，正值表示阵列后的列在原对象的右面，负值表示阵列后的列在原对象的左面。旋转角度也可取正值或负值，正值表示阵列后的行按逆时针方向旋转，负值表示阵列后的行按顺时针方向旋转。

④ 选择对象 按钮   单击该按钮，系统切换到绘图区，并提示要求选择阵列的对象。

⑤ 预览 按钮   在上述选项设置完后，预览 按钮才变为可选项。单击该按钮，系统切换到绘图区，以预览阵列后的效果，同时弹出"阵列预览"对话框中。单击 接受 按钮，表示按当前设置的阵列参数进行阵列，完成阵列操作；单击 修改 按钮，表示重新进行阵列参数的设置，并返回到"阵列"对话框进行修改；单击 取消 按钮，表示不执行阵列操作，并退出"阵列"对话框。

⑥ 阵列预览框   显示设置了阵列参数后的阵列模拟效果。

关于矩形阵列主要掌握在操作过程中所要阵列的行数、列数、行偏移及列偏移的输入或选择。下面以图 5-28 为例，说明矩形阵列的操作。

执行阵列命令，在打开的"阵列"对话框中，选中单选 矩形阵列 按钮。再单击右上角的 选择对象 按钮，此时系统切换到绘图区中，用鼠标拾取图 5-28（a）中的长方形，并按回车或空格键，系统又返回"阵列"对话框。在"行"文本框中输入 4，在"列"文本框中输入 4，在"行偏移"文本框中输入 100，在"列偏移"文本框中输入 200，在"阵列角度"文本框中输入 0。

　　单击"矩形阵列"对话框中的预览按钮，系统切换到绘图区，在绘图区中预览矩形阵列后的结果，如果"矩形阵列"后的结果不符合要求，则单击"阵列预览"对话框中的修改按钮，返回到"矩形阵列"对话框再进行修改，完成矩形阵列相关参数的设置后，单击对话框中确定按钮结束操作，执行结果如图 5-28（b）所示。若旋转角度输入 45，则执行结果如图 5-28（c）所示。

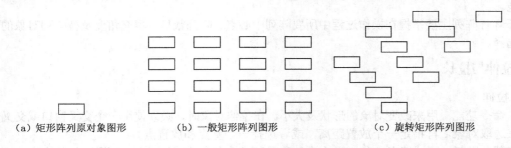

（a）矩形阵列原对象图形　　　　　（b）一般矩形阵列图形　　　　　（c）旋转矩形阵列图形

图 5-28　矩形阵列对象

　　2）环行阵列　环行阵列是指将所选的对象绕某个中心点进行旋转，然后生成一个环行结构的图形。在"阵列"对话框，单选环形阵列按钮，如图 5-29 所示。

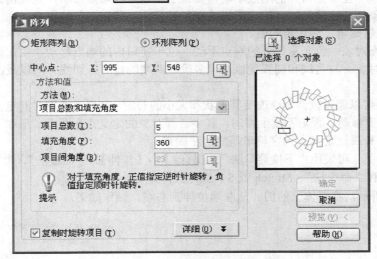

图 5-29　"阵列"对话框之环行阵列

　　"环行阵列"对话框中各区域的选项功能说明如下。

　　①"中心点"栏　其后的 X 和 Y 文本框中指定环行阵列参照的中心点。单击其后的拾取中心点按钮，可在绘图区中以拾取点的方式指定中心点。

　　②"方法"下拉列表框　该下拉列表框定义环行阵列的方式，提供了"项目总数和填充角度"、"项目总数和项目间的角度"、"填充角度和项目间的角度"三种方式，其中"项目总数和填充角度"是默认选项。

　　③"项目总数"文本框　指定所选对象进行环行阵列后生成的对象个数。

　　④"填充角度"文本框　指定环行阵列围绕中心点进行复制的角度，如绕环行阵列一周，则填充角度为 360°。角度输入正值表示沿逆时针方向环行阵列，角度输入负值表示沿顺时针方向环行阵列。

　　⑤"项目间的角度"文本框　指定环行阵列对象基点之间的包含角和阵列的中心，默认角度为 90°。

⑥ "复制时旋转项目"复选框　选中该复选框，则在环行阵列的同时，每一个阵列生成的对象也围绕中心点进行旋转。在该栏中可相对于选择对象指定新参照（基准）点，对对象进行操作时，这些选择对象将与阵列圆心保持不变的距离。通常默认系统设置，即在栏中选中"设为对象的默认值"复选框。

⑦ 选择对象 按钮、 确定 按钮、 取消 按钮、 预览 按钮　其功能同矩形"阵列"对话框该按钮的功能。

关于环行阵列主要掌握在操作过程中所要阵列中心点、阵列数目、填充角度及被阵列对象的输入或选择。

5.3.5　拉伸与拉长

5.3.5.1　拉伸

（1）命令功能　用来改变对象的形状及大小。在拉伸对象时，必须使用一个交叉窗口或交叉多边形来选取对象，再指定一个放置距离，或者选择一个基点和放置点。

由直线、圆弧、区域填充（SOLID 命令）和多段线等命令绘制的对象，可通过拉伸命令改变其形状和大小。在选择对象时，若整个对象均在选择窗口内，则对其进行移动；若其一端在选择窗口内，另一端在选择窗口外，则根据对象的类型，按以下规则进行拉伸。

1）直线对象　位于窗口外的端点不动，而位于窗口内的端点移动，直线由此而改变。

2）圆弧对象　与直线类似，但在圆弧改变的过程中，其弦高保持不变，同时由此来调整圆心的位置和圆弧起始角、终止角的值。

3）区域填充对象　位于窗口外的端点不动，位于窗口内的端点移动，由此改变图形。

4）多段线对象　与直线和圆弧类似，但多段线两端的宽度、切线方向以及曲线拟合信息均不改变。

对于其他不可以通过拉伸命令改变其形状和大小的对象，如果在选取时其定义点位于选择窗口内，则对象发生移动，否则不发生移动。其中，圆对象的定义点为圆心，形和块对象的定义点为插入点，文字和属性定义点为字符串基线的左端点。

（2）操作说明　可采用"下拉菜单法"（【修改】⇨【拉伸】）、"面板法"（"常用"选项卡⇨（修改⇨拉伸）和"命令法"（Stretch 或 S）执行拉伸命令。

如图 5-30 所示，将墙体上的门，从左端拉伸到右端，操作如下。

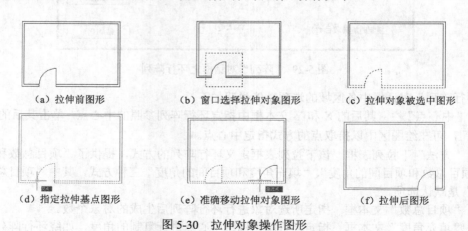

| （a）拉伸前图形 | （b）窗口选择拉伸对象图形 | （c）拉伸对象被选中图形 |
| （d）指定拉伸基点图形 | （e）准确移动拉伸对象图形 | （f）拉伸后图形 |

图 5-30　拉伸对象操作图形

命令: S ↵　　　　　　　　　　　　　　　　　　　　（执行拉伸的快捷命令 S）
STRETCH　　　　　　　　　　　　　　　　　　　　（显示拉伸命令的全名）
以交叉窗口或交叉多边形选择要拉伸的对象...　　　　（提示用交叉方法选择拉伸对象）

选择对象: 指定对角点: 找到 3 个	[选择要拉伸的对象，即从右下方墙线向左上方构造交叉窗口，该窗口包含门和压住下方墙体，故门下方墙体被选中，如图5-30（b）和（c）所示]
选择对象: ↵	（回车结束选取，或继续选择体）
指定基点或 [位移(D)] <位移>:	[指定拉伸基点，用对象捕捉方法选中门与墙体的交点处，并将正交打开，以保证水平移动门，如图5-30（d）和（e）所示]
指定第二个点或 <使用第一个点作为位移>:	[指定拉伸终点，选中门移动的终止位置，执行结果如图5-30（f）所示]

在上述操作过程中，由于门被包含在窗口内，故执行了移动功能；左侧下墙体被窗口选中，执行了拉长功能；右侧下墙体被窗口选中，执行了压缩功能。

说明:

拉伸命令执行时的注意事项如下。

① Stretch命令只能用交叉窗口方式选取对象。若使用W窗口或点取形式选择对象，则不能拉伸。

② 在选择对象时，若某些图形（直线、圆弧）的整体都在选择窗口内，则该图形是平移而不是拉伸；只有一端在窗口内，一端在窗口外，才能被拉伸。

③ 对于圆、椭圆、块、文本等没有端点的图形元素将不能被拉伸，根据其特征点是否在选取框内而决定是否进行移动。

④ 拉伸圆弧时，弦高保持不变，只改变圆心和半径。

⑤ 拉伸宽度渐变的多义线时，多义线的端点宽度保持不变。

5.3.5.2 拉长

（1）命令功能　改变对象的长度，改变圆弧的角度，改变非闭合的圆弧、多段线、椭圆弧和样条曲线的长度。拉长对象的结果与延伸或修剪操作有些类似。其实拉长对象既可以使对象的长度变长，也可以使对象的长度变短。

（2）操作说明　可采用"下拉菜单法"（【修改】⇨【拉长】）、"面板法"（"常用"选项卡⇨ (修改 ⇨ 拉长)）和"命令法"（LENgthen或LEN）执行拉长命令。也可以采用夹点编辑的方法，选择对象后，直接拖动对象端点。

拉长命令一般有按增量、按百分数、按总长度值和动态四种方法来改变对象的长度。

1）按增量拉长对象　按增量拉长对象可以直接增加线段的长度，也能以增大角度的方式来拉长圆弧的长度。

命令:	（因命令名较长，使用下拉菜单【修改】⇨【拉长】）
LENGTHEN	
选择对象或	
[增量(DE)/百分数(P)/全部(T)/动态(DY)]: de ↵	（选择增量方式拉长或缩短对象）
输入长度增量或 [角度(A)] <10.0000>:400　↵	（指定对象拉长的长度为400，如果输入正值，所选对象被增长；如果输入负值，则所选对象被缩短）
选择要修改的对象或 [放弃(U)]:	（选择对象被拉长或缩短的一端，系统将对象从选择点最近的端点拉长到指定值。如在直线的右端选取直线，执行结果如图5-31所示，原直线被向右拉长400个单位）
选择要修改的对象或 [放弃(U)]: ↵	（回车结束）

如果在"输入长度增量或 [角度(A)] <0.0000>"的提示下，输入"A"，则表示角度增量值修改选定圆弧的圆心角。如图5-32所示，输入45按回车或空格键。选择圆弧右上端，则圆弧在该侧圆心角增加45°，即圆弧在此处被拉长。

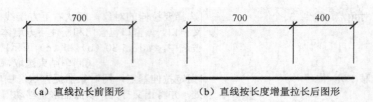

图 5-31　按增量拉长直线

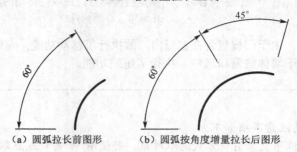

图 5-32　按增量拉长圆弧

2）按百分数拉长对象

命令:　　　　　　　　　　　　　　　　　　　　　　（直接回车，重复执行命令）
LENGTHEN
选择对象或 [增量(DE)/百分数(P)/全部(T)/动态(DY)]: P ↵　　（指定总长度或总角度的百分比来改变
　　　　　　　　　　　　　　　　　　　　　　　　　　　　对象的长度）
输入长度百分数 <100.0000>: 50 ↵　　（如果指定的百分比大于 100，则对象从距离选择点最近的端
　　　　　　　　　　　　　　　　　点开始拉长，拉长后的长度（角度）为原长度（角度）乘以指
　　　　　　　　　　　　　　　　　定的百分比；如果指定的百分比小于 100，则对象从距离选择
　　　　　　　　　　　　　　　　　点最近的端点开始修剪，修剪后的长度（角度）为原长度（角
　　　　　　　　　　　　　　　　　度）乘以指定的百分比）
选择要修改的对象或 [放弃(U)]:　　　　　　　　　　　　　　　　（选择圆弧的右上部分）
选择要修改的对象或 [放弃(U)]: ↵　　　（回车结束，执行结果如图 5-33 所示，即圆弧被剪切一倍）

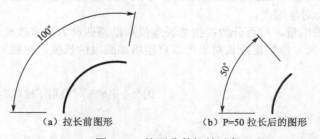

图 5-33　按百分数拉长对象

3）按总长度拉长对象

命令:　　　　　　　　　　　　　　　　　　　　　　（直接回车，重复执行命令）
LENGTHEN
选择对象或 [增量(DE)/百分数(P)/全部(T)/动态(DY)]: T ↵　　（按所给定的总长度值来改变线段的长度）
指定总长度或 [角度(A)] <1.0000>: 500　　↵
选择要修改的对象或 [放弃(U)]:　　　　　　　　　　　　　　　　（选取直线的下端点）
选择要修改的对象或 [放弃(U)]: ↵　　　（结束命令，执行结果如图 5-34 所示，即直线被剪切一半）

（a）拉长前图形

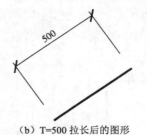

（b）T=500 拉长后的图形

图 5-34　按总长度拉长对象

4）按动态方法

命令:<u>LEN</u> ↵	
LENGTHEN	
选择对象或 [增量(DE)/百分数(P)/全部(T)/动态(DY)]: <u>dy</u> ↵	（表示打开动态拖动模式,用户可通过光标动态拖动距离选择点最近的端点,然后根据被拖动的端点的位置改变选定对象的长度）
选择要修改的对象或 [放弃(U)]:	（选择要拉长的对象）
指定新端点:	（指定被拖动端点的新位置）
选择要修改的对象或 [放弃(U)]:	（回车或空格键结束命令,或继续选择要拉长的对象）
指定新端点:	

5.3.6　打断与合并

5.3.6.1　打断

（1）命令功能　打断对象或删除对象的一部分。打断的对象可以是直线线段、多段线、圆弧、圆、椭圆、样条曲线、射线或构造线等,标注的尺寸线不能被打断。

（2）操作说明　可采用"下拉菜单法"（【修改】⇒【打断】）、"面板法"（"常用"选项卡⇒（修改⇒打断）和"命令法"（BReak 或 BR）执行打断命令。

当执行打断对象命令后,提示如下。

命令: _break 选择对象:	（单击修改工具栏⇒打断按钮,点取要断开的对象）
指定第二个打断点 或 [第一点(F)]:	

在这个操作过程中,根据应用情况,可以有 3 种情形。

1）模糊打断　直接点取所选对象上另一点,则 AutoCAD 自动将选择对象的位置作为第一点,该输入点作为第二点,在这两点间打断所选对象,由于选择对象的位置的点（即第一点）具有不准确性,故称此种方法为模糊打断。

命令: <u>BR</u>	（输入 BREAK 的快捷命令 BR）
选择对象:	（拾取要断开的对象,此时光标的拾取点则为第一个打断点）
指定第二个打断点 或 [第一点(F)]:	（在对象上选取的点为第二打断点）

2）精确打断　在"指定第二个打断点 或 [第一点(F)]:"提示下输入"F",以重新定义第一点。如图 5-35 所示为精确打断操作过程。

命令:<u>BR</u> ↵	
选择对象:	（拾取要断开的对象）
指定第二个打断点 或 [第一点(F)]:<u>F</u> ↵	（重新定义第一点）
指定第一个打断点:	（用对象捕捉方法点取打断的第一点）

指定第二个打断点：　　　　　　　　　　　　　　　（用对象捕捉方法点取打断的第二点，则在第一点和第二点间准确断开对象）

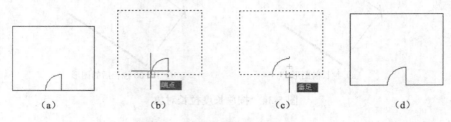

图 5-35　精确打断操作过程

3）以点打断　在"指定第二个打断点 或 [第一点(F)]："提示下输入"F"，指定第二个打断点则输入"@"。

命令: BR ↵
选择对象：　　　　　　　　　　　　　　　　　　　（拾取要断开的对象）
指定第二个打断点 或 [第一点(F)]:F ↵　　　　　　　　（重新定义第一点）
指定第一个打断点：　　　　　　　　　　　　　　（用对象捕捉方法点取打断的第一点）
指定第二个打断点: @ ↵　　　　　　　（指定第二个打断点时输入"@"，则 AutoCAD 将在选取对象的第一个打断点处断开，此法也称为原对象"一分为二"法。如图 5-36 所示为以夹点的方式显示直线以点方式打断前后的变化）

（a）打断前　　　　　　　　　　　　　　　（b）打断后

图 5-36　直线以点方式打断前后的变化

此外，单击 修改 工具栏的 打断于点 按钮，也能实现以点打断的功能。

命令: _break 选择对象：　　　　　　（单击 修改 工具栏⇨ 打断于点 按钮，点取要断开的对象）
指定第二个打断点 或 [第一点(F)]: _f　　　　　　　　（自动选取 F 选项）
指定第一个打断点：　　　　　　　　　　　（用对象捕捉方法指定第一个打断点）
指定第二个打断点: @　　　　　　　　　　　（自动执行@语句并结束命令）

说明：
① 若断开对象为圆，则 AutoCAD 删除第一点与第二点之间沿逆时针方向的圆弧。
② 若输入第二点不在直线上，则 AutoCAD 由该点向直线作垂线，删除第一点和垂足之间的线段；若输入第二点不在圆弧上，则 AutoCAD 连接该点与圆心，与圆弧有一个交点，删除第一点和交点之间的线圆弧。
③ 在命令行提示"选择对象"时，不管用何种方式选择打断对象每次只能选择一个对象。

5.3.6.2　合并

（1）命令功能　将相似的对象如直线、圆弧、椭圆弧、多段线、样条曲线等合并为一个对象。在合并两条或多条圆弧（或椭圆弧）时，将从源对象开始沿逆时针方向合并圆弧（或椭圆弧）。

（2）操作说明　可采用"下拉菜单法"（【修改】⇨【合并】）、"面板法"（"常用"选项卡⇨

（修改⇨合并）和"命令法"（ Join 或 J）执行合并命令。

对于图 5-37 中的合并，其操作如下。

命令:J ↵ （输入 JOIN 的快捷命令 J）
JOIN 选择源对象: [选择图 5-37（a）中两条直线的任一直线]
选择要合并到源的直线: 找到 1 个 [选择图 5-37（a）中两条直线的另一条直线]
选择要合并到源的直线: ↵ （回车结束，或继续选择合并直线）
已将 1 条直线合并到源 （提示信息）

圆弧是按逆时针方向进行合并的，因选择的顺序不同，得到的结果也不同。图 5-37（b）中的源对象为左边圆弧得到的合并结果，图 5-37（c）中的源对象为右边圆弧得到的合并结果。

（a）合并前 （b）合并后 1 （c）合并后 2

图 5-37 合并前后效果

5.3.7 缩放

5.3.7.1 命令功能

按照指定的基点将所选对象真实地放大或缩小。

5.3.7.2 操作说明

可采用"下拉菜单法"（【修改】⇨【缩放】）、"面板法"（"常用"选项卡⇨ 修改⇨比例）和"命令法"（ SCale 或 SC）执行缩放命令。

1）按指定的比例因子缩放

命令: _scale （单击修改工具栏⇨比例按钮）
选择对象: 找到 1 个 [选择所缩放的对象块，如图 5-38（a）所示]
选择对象: ↵ （回车或空格键，结束选择对象）
指定基点: （选择 A 点）
指定比例因子或 [复制(C)/参照(R)] <1.0000>:0.5 ↵ [输入比例因子 0.5，系统将按照该值相对于指定的基点缩放对象，执行结果如图 5-38（b）所示。当"比例因子"在 0～1 之间时，将缩小对象；当"比例因子"大于 1 时，则放大对象]

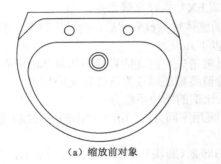

（a）缩放前对象 （b）缩放后对象

图 5-38 按指定的比例因子缩放对象

2）按指定参照缩放　如果在命令行"指定比例因子或 [复制(C)/参照(R)]:"提示下输入 R，则按照参照缩放对象，即按照现有对象的尺寸作为新尺寸的参照。如图 5-39（a）所示矩形的原来尺寸未知，但要求缩放后的尺寸为 150，该情况下，用指定参照缩放操作更为方便，具体操作步骤如下。

```
命令：SC ↵                                              （输入快捷命令 SC）
选择对象：                                          [选择图 5-39（a）整个图形]
选择对象：↵                                              （结束选择对象）
指定基点：                                                  （选择 A 点）
指定比例因子或 [复制(C)/参照(R)]:R ↵
指定参照长度：                                              （选择 A 点）
指定第二点：                                                （选择 B 点）
指定新的长度或 [点(P)]: 150 ↵      （输入 150 为 AB 两点的新长度，执行结果如图 5-39（b）所示）
```

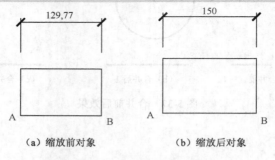

（a）缩放前对象　　　　　　　（b）缩放后对象

图 5-39　按指定参照缩放对象

说明：
　在命令行"指定比例因子或 [复制(C)/参照(R)]:"提示下输入 c，表示可复制一个缩放后的图形，而原图形不变。但缩放后的图形容易与源图形重叠，会使图形混乱。

5.3.8　分解与对齐

5.3.8.1　分解

（1）命令功能　把单个的整体对象转换为它们的组成部分。

当进行图案填充、标注尺寸、画多义线以及进行块插入时，这些图形都是作为一个整体而存在的。有时为了编辑这些整体图形，必须将其进行分解。

（2）操作说明　可采用"下拉菜单法"（【修改】⇒【分解】）、"面板法"（"常用"选项卡⇒ 修改 ⇒ 分解）和"命令法"（EXplode 或 EX）执行分解命令。

并不是所有的整体对象都能分解，而整体对象被分解后，会发生质变，丢失一些信息。分解过程是不可逆的，在操作过程中需注意以下几点。

1）多义线分解后，相关的宽度信息将消失，所有的直线和弧线都沿中心放置。

2）带有属性的图块分解后，其属性值将被还原成为属性定义的标志。

3）阵列插入的带有不同 X、Y 插入比例的图块不能分解。

4）在对封闭多义线进行倒圆角时，采用不同方法画出的封闭的多义线，倒圆角的结果不同，具体情况与倒角相似。

5）在分解对象后，原来配置成 By Block（随块）的颜色和线型的显示，将有可能发生改变。

6）如果分解面域，则面域转换成单独的线、圆等对象。

7）某些对象如文字、外部参照及用 MINSERT 命令插入的块不能分解。

5.3.8.2 对齐

（1）命令功能　通过移动、旋转或操作来使一个对象与另一个对象对齐，可以只做一个或两个操作，也可以三个操作都做。

（2）操作说明　可采用"下拉菜单法"（【修改】⇨【三维操作】⇨【对齐】）和"命令法"（ALign 或 AL）执行对齐命令。

```
命令: AL↵                                          （输入快捷命令 AL）
ALIGN
选择对象: 找到 1 个                         [选择如图 5-40（a）所示中的长方形]
选择对象: ↵                                         （回车结束）
指定第一个源点:                             （选择长方形的左上角 C 点）
指定第一个目标点:                              （指定三角形的 D 点）
指定第二个源点:                             （选择长方形的左下角 B 点）
指定第二个目标点:                              （指定三角形的 A 点）
指定第三个源点或 <继续>: ↵
是否基于对齐点缩放对象? [是(Y)/否(N)] <否>: ↵   [执行结果将长方形移动到三角形的斜
                                                 边上，如图 5-40（b）所示]
是否基于对齐点缩放对象? [是(Y)/否(N)] <否>: Y↵   [执行结果将长方形放大并移动到三角
                                                 形上，如图 5-40（c）所示]
```

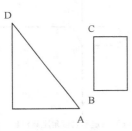
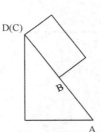
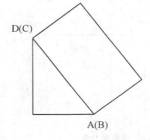

（a）对齐前对象　　　　（b）对齐而不缩放对象　　　　（c）对齐并缩放对象

图 5-40　对齐对象

5.3.9　倒角与倒圆角

5.3.9.1　倒角

（1）命令功能　连接两个非平行的对象，通过延伸或修剪使它们相交或利用斜线连接。

（2）操作说明　可采用"下拉菜单法"（【修改】⇨【倒角】）、"面板法"（"常用"选项卡⇨（修改⇨倒角）和"命令法"（CHAmfer 或 CHA）执行倒角命令。

```
命令: _chamfer
（"修剪"模式）当前倒角距离 1 = 0.0000，距离 2 = 0.0000
选择第一条直线或 [放弃(U)/多段线(P)/距离(D)/角度(A)/修剪(T)/方式(E)/多个(M)]:
```

各选项的含义如下。

"修剪"模式　当前倒角距离 1 = 0.0000，距离 2 = 0.0000：显示系统当前的"修剪"模式。

放弃（U）　放弃最近由 Chamfer 所作的修改。

多段线（P）　在二维多段线的所有顶点处产生倒角。

距离（D）　设置倒角距离。

角度（A） 以指定一个角度和一段距离的方法来设置倒角距离。

修剪（T） 设置是否在倒角对象后，仍然保留被倒角对象原有的形状。

方式（E） 在"距离"和"角度"两个选项之间选择验证方法。

多个（M） 给多个对象集倒角。命令行将重复显示主提示和"选择第二个对象"提示，直到用户按回车或空格键结束命令。

1）按指定距离倒角 按指定距离倒角就是按已确定的一条边的倒角距离进行倒角。如图 5-41（a）所示，对直线执行倒角，生成如图 5-41（b）、（c）所示图形，执行过程如下。

命令：CHA ↵ （执行快捷命令 CHA）
（"修剪"模式) 当前倒角距离 1 = 0.0000，距离 2 = 0.0000
选择第一条直线或 [放弃(U)/多段线(P)/距离(D)/角度(A)/修剪(T)/方式(E)/多个(M)]: （选择水平直线）
选择第二条直线，或按住[Shift]键选择要应用角点的直线: [选择垂直直线，执行结果如图 5-41（b）所示]
若在选择第一条直线或 [放弃(U)/多段线(P)/距离(D)/角度
(A)/修剪(T)/方式(E)/多个(M)]: D ↵
指定第一个倒角距离 <0.0000>: 40 ↵
指定第二个倒角距离 <0.0000>:80 ↵
选择第一条直线或 [放弃(U)/多段线(P)/距离(D)/角度(A)/
修剪(T)/方式(E)/多个(M)]: 选择图 5-41（b）中的水平直线
选择第二条直线，或按住[Shift]键选择要应用角点的直线: [选择图 5-41（b）中的垂直直线，执行
结果如图 5-41（c）所示图形]

（a）倒角前对象　　　（b）倒角距离=0 时对象　　　（c）指定不同倒角距离对象

图 5-41 直线倒角对象

如图 5-42 所示，对多段线执行倒角，执行过程如下。

命令：CHA ↵ （执行快捷命令 CHA）
（"修剪"模式) 当前倒角距离 1 = 40.0000，距离 2 = 80.0000
选择第一条直线或 [放弃(U)/多段线(P)/距离(D)/角度(A)/修剪(T)/方式(E)/多个(M)]:P ↵
选择二维多段线: ↵ [选择图 5-42（a）中的二维多段线]
4 条直线已被倒角 [提示 4 条直线已被倒角，执行结果如图 5-42（b）所示]

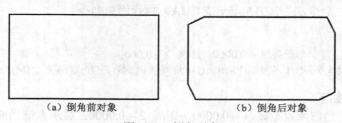

（a）倒角前对象　　　　　　（b）倒角后对象

图 5-42 倒角对象

2）按指定距离和角度倒角 按指定距离和角度倒角就是按已确定的一条边的倒角距离以及倒角与这条边的角度进行倒角，以图 5-43 加以说明。

命令：<u>CHA</u> ↵ （执行快捷命令 CHA）
（"修剪"模式) 当前倒角距离 1 = 0.0000，距离 2 = 0.0000
选择第一条直线或 [放弃(U)/多段线(P)/距离(D)/角度(A)/修剪
(T)/方式(E)/多个(M)]: <u>A</u> ↵ （选择按指定距离和角度方式倒角）
指定第一条直线的倒角长度 <0.0000>:<u>100</u> ↵
指定第一条直线的倒角角度 <0>: <u>60</u> ↵
选择第一条直线或 [放弃(U)/多段线(P)/距离(D)/角度(A)/修剪
(T)/方式(E)/多个(M)]: [选择如图 5-43（a）所示的右上角水平线]
选择第二条直线，或按住[Shift]键选择要应用角
点的直线： [选择如图 5-43（a）所示的右上角垂直线，
执行结果如图 5-43（b）所示]

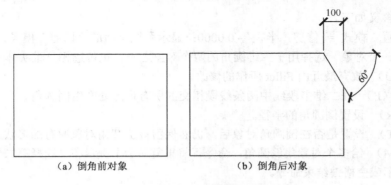

（a）倒角前对象　　　　　　（b）倒角后对象

图 5-43　指定距离和角度倒角对象

　　设置是否在倒角时，对相应的倒角边进行修剪，即是否保留被倒角对象原有的形状，在"选择第一条直线或 [放弃(U)/多段线(P)/距离(D)/角度(A)/修剪(T)/方式(E)/多个(M)]:"提示下输入 T，则提示："输入修剪模式选项[修剪（T）/不修剪（N）] < 缺省值 >:"，"修剪（T）"选项表示倒角时修剪倒角边。"不修剪（N）"选项表示倒角时不对倒角边进行修剪。执行倒角命令的对比如图 5-44 所示。

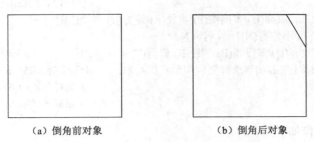

（a）倒角前对象　　　　　　（b）倒角后对象

图 5-44　修剪与不修剪对比

几点说明如下。
① 当设置的倒角距离太大或倒角角度无效时，AutoCAD 会提示："距离太大"。
② 当选择的两倒角边评选等不能做出倒角时，AutoCAD 会提示："直线平行"。
③ 倒角命令不但能对相交的两条边进行倒角，还可对不相交的两条边进行倒角。如果把倒角距离设置为 0 后对两条不相交的边进行倒角，则相当于将两条边延长至一点；利用倒角命令的这个功能，可以使两条并不相连的线段连接起来。
④ 在对封闭多义线进行倒角时，采用不同方法画出的封闭的多义线，倒角的结果不同。若

画多义线时用"Close"封闭，AutoCAD 在每一个顶点处倒角；若使用点的目标捕捉功能画封闭多义线时，AutoCAD 则认为该处多义线为断点，不进行倒角操作。

5.3.9.2 倒圆角

（1）命令功能　用一个指定半径的圆角来光滑地连接两个对象。可以进行圆角处理的对象有直线段、多线段的直线段（非圆弧）、样条曲线、构造线、圆、圆弧和椭圆。

（2）操作说明　可采用"下拉菜单法"（【修改】⇨【圆角】）、"面板法"（"常用"选项卡⇨(修改⇨圆角)）和"命令法"（Fillet 或 F）执行倒圆角命令。

```
命令: Fillet ↵
当前设置: 模式 = 不修剪，半径 = 0.0000
选择第一个对象或 [放弃(U)/多段线(P)/半径(R)/修剪(T)/多个(M)]:
```

各选项的含义如下。

- 当前设置　模式 = 修剪，半径 = 0.0000：显示系统当前的"修剪"模式。
- 选择第一个对象　选择用于二维圆角的两个对象之一，也可选择三维实体的边。
- 放弃（U）　放弃最近由 Fillet 所作的修改。
- 多段线（P）　在二维多段线中两条线段相交的所有顶点处产生倒圆角。
- 距离（R）　设置倒圆角的半径。
- 修剪（T）　设置是否在倒圆角对象后，仍然保留被倒圆角对象原有的形状。
- 多个（M）　给多个对象集倒圆角。命令行将重复显示主提示和"选择第二个对象"提示，直到用户按回车或空格键结束命令。

1）为两条不平行直线倒圆角　执行倒圆角命令的操作过程如下。

```
命令: F ↵                            （输入快捷命令 F，执行 FILLET 倒圆角命令）
当前设置: 模式 = 修剪，半径 = 0.0000
选择第一个对象或 [放弃(U)/多段线(P)/半径(R)/修剪(T)/多个(M)]:       [选择图 5-45（a）水平直线]
选择第二个对象，或按住[Shift]键选择要应用角点的对象:        [选择图 5-45（a）垂直直线，执行结果如
                                                      图 5-45（b）所示，即将不相交的两条直
                                                      线以直角方式相连接]
若在选择第一个对象或 [放弃(U)/多段线(P)/半径(R)/修剪(T)/多个(M)]: T ↵
修剪模式选项 [修剪(T)/不修剪(N)] <修剪>: N ↵
选择第一个对象或 [放弃(U)/多段线(P)/半径(R)/修剪(T)/多个(M)]:       [选择图 5-45（a）中水平直线]
选择第二个对象，或按住[Shift]键选择要应用角点的对象:        [选择图 5-45（a）中垂直直线，执行结
                                                      果如图 5-45（c）所示图形，即倒角后
                                                      保留原直线]
```

修改圆角半径操作如下。

```
选择第一个对象或 [放弃(U)/多段线(P)/半径(R)/修剪(T)/多个(M)]: R ↵
指定圆角半径 <0.0000>: 80 ↵
选择第一个对象或 [放弃(U)/多段线(P)/半径(R)/修剪(T)/多个(M)]:       [选择图 5-45（a）中水平直线]
选择第二个对象，或按住[Shift]键选择要应用角点的对象:        [选择图 5-45（a）中垂直直线，执行结果
                                                      如图 5-45（d）所示，即将不相交的两条
                                                      直线以半径为 80 的圆弧相连接]
```

2）为两条平行直线倒圆角　可以为平行直线和构造线倒圆角，但第一个选定对象必须是直线或单向构造线，第二个对象可以是直线、双向构造线或单向构造线。圆角弧的连接如图 5-46所示。

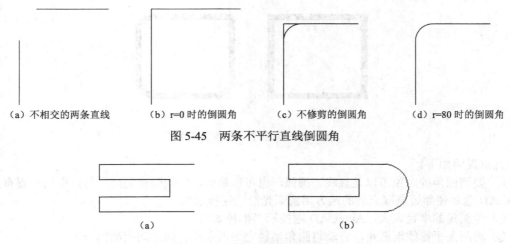

（a）不相交的两条直线　　　（b）r=0 时的倒圆角　　　（c）不修剪的倒圆角　　　（d）r=80 时的倒圆角

图 5-45　两条不平行直线倒圆角

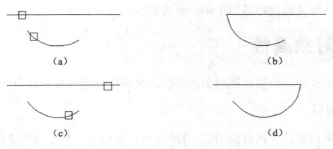

（a）　　　　　　　　　　　　　（b）

图 5-46　两条平行直线倒圆角

3）为圆和圆弧倒圆角　执行倒圆角命令且 r=0 时，执行结果如图 5-47 所示。

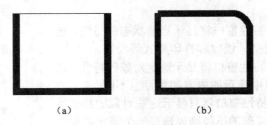

图 5-47　r=0 圆和圆弧倒圆角

4）为直线和多段线的组合倒圆角　如图 5-48 所示是由直线与多段线相交组成的图形，直线倒圆角命令后，倒圆角和圆角弧线合并形成单独的新多段线。

（a）　　　　　　　　　　　　（b）

图 5-48　直线和多段线的组合倒圆角

5）为整个多段线倒圆角

命令：**F**↵
当前设置: 模式 = 修剪，半径 = 0.0000
选择第一个对象或 [放弃(U)/多段线(P)/半径(R)/修剪(T)/多个(M)]:**R**↵
指定圆角半径 <0.0000>:300 ↵
选择第一个对象或 [放弃(U)/多段线(P)/半径(R)/修剪(T)/多个(M)]:**P**↵
选择二维多段线:　　　　　　　　　　　　　　　　　　　　　　[选择图 5-49（a）的多段线]
选择二维多段线: ↵　　　　　　　　　　　[回车结束，3 条直线已被倒圆角,执行结果如图 5-49（b）所示]

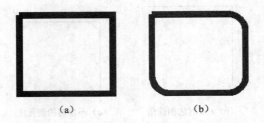

（a）　　　　　　　　　（b）

图 5-49　为整个多段线倒圆角

几点说明如下。

① 要倒圆角的对象可以是直线、圆弧，也可以是圆，但倒圆角的结果与点取的位置有关，AutoCAD 总是使靠近点取点近的地方用圆弧光滑地连接起来。

② 若圆角的半径太大，AutoCAD 则提示"半径太大"。

③ 对两条平行线倒圆角，自动将圆角半径定为两条平行线之间距离的一半。

④ 在对封闭多义线进行倒圆角时，采用不同方法画出的封闭的多义线，倒圆角的结果不同，具体情况与倒角相似。

⑤如果要进行倒圆角的两个对象都位于同一图层，那么圆角线将位于该图层。否则，圆角线将位于当前图层中，此规则同样适用于圆角线的颜色、线型和线宽。

5.4　编辑对象属性

在 AutoCAD 2009 中，可以设置对象的特性，也可以修改和查看对象的特性。

5.4.1　使用特性窗口

使用特性窗口可以修改任何对象的任一特性。特性窗口在绘图过程中可以处于打开状态。

可采用"下拉菜单法"（【修改】➾【特性】）、"工具栏"（标准➾对象特性）、"命令法"（ PRoperties 或 CH 或 MO）、双击所编辑的对象和快捷键[Ctrl+1]弹出如图 5-50 所示的特性窗口。

当没有选择对象时，特性窗口将显示当前状态的特性，包括当前的图层、颜色、线型、线宽和打印样式等设置。

当选择一个对象时，特性窗口将显示选定对象的特性。选择的对象不同，特性窗口中显示的内容和项目也不同。

当选择多个对象时，特性窗口将只显示这些对象的共有特性，此时可以在特性窗口顶部的下拉列表选择一个特定类型的对象，在这个列表中还显示出当前所选择的每一种类型的对象的数量。

在特性窗口中，修改某个特性的方法取决于所要修改的特性的类型，归纳起来，可以使用以下几种方法之一修改特性。

（1）直接输入新值　对于带有数值的特性，如厚度、坐标值、半径、面积等，可以通过输入一个新的值来修改对象的相应特性。

（2）从下拉列表中选择一个新值　对于可以从列表中选择的特性，如图层、线型、打印样式等，可从该特性对应的下拉

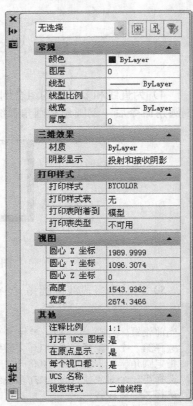

图 5-50　特性窗口

列表中选择一个新值来修改对象的特性。

（3）用对话框修改特性值 对于通常需要用对话框设置和编辑的特性，如超级链接、填充图案的名称或文本字符串的内容，可选择该特性并单击后部出现的省略号按钮，在显示出来的对象编辑对话框中修改对象的特性。

（4）使用拾取点按钮修改坐标值 对于表示位置的特性（如起点坐标），可选择该特性并单击后部所出现的拾使用"特性"窗口中的键盘快捷键。

说明：

"特性"窗口中使用的快捷键如下。

箭头键和[PGUP]或[PGDN]键：可以在窗口中垂直移动。

[Ctrl+Z]：放弃操作。

[Ctrl+X]、[Ctrl+C]和[Ctrl+V]：用于剪切、复制和粘贴。

[Ctrl+1]：显示或关闭"特性"窗口。

[Home]：移动到列表的第一个特性。

[End]：移动到列表的最后一个特性。

[Ctrl]+[Shift]+［字母字符］：移动到以该字母开始的下一个特性。

[Esc]：取消特性的修改。

[Alt+下箭头键]：打开设置列表。

[Alt+上箭头键]：关闭设置列表。

5.4.2 使用 CHANGE 和 CHPROP 命令修改对象的特性

在命令行输入 CHANGE 和 CHPROP 命令也可以修改对象的特性。用 CHPROP 命令可修改一个或多个对象的颜色、图层、线型、线型比例、线宽或厚度，而用 CHANGE 命令还可以修改对象的标高、文字和属性定义（包括文字样式、高度、旋转角度和文本字符串）以及块的插入点和旋转角度、直线的端点和圆的半径等。

5.4.3 使用特性匹配对象

匹配对象特性就是将图形中某对象的特性和另外的对象相匹配，即将一个对象的某些或所有特性复制到一个或多个对象上，使它们在特性上保持一致。

可采用"下拉菜单法"（【修改】⇨【特性匹配】）、"面板法"（"特性"选项卡⇨ 对象匹配 ）、"命令法"（MAtchrop 或 MA）启动特性匹配命令。

命令: '_matchprop	（单击"特性"选项卡的 对象匹配 ，又称格式刷）
选择源对象:	[选择图 5-51（a）中圆]
当前活动设置: 颜色 图层 线型 线型比例 线宽 厚度 打印样式 文字 标注 填充图案	
多段线 视口 表格	（显示当前活动设置）
选择目标对象或 [设置(S)]:	[选择如图 5-51（a）所示的直线，则直线所属图层改变为圆所属图层，直线与圆成为同一图层，直线的线宽、线型、颜色等都与发生变化]
选择目标对象或 [设置(S)]: ↵	[回车结束，则生成如图 5-51（b）所示的图形]

若在"选择目标对象或 [设置(S)]:"提示下输入 S，则弹出如图 5-52 所示"特性设置"对话框，可选择想要匹配的特性并消除不想修改的特性，单击 确定 按钮。

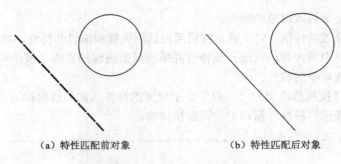

　（a）特性匹配前对象　　　　　　　　（b）特性匹配后对象

图 5-51　特性匹配对象

图 5-52　"特性设置"对话框

练 习 题

1. 用复制、镜像、拉长、偏移等命令把原图编辑成目标图（注：不必进行尺寸标注），如图 5-53 所示。

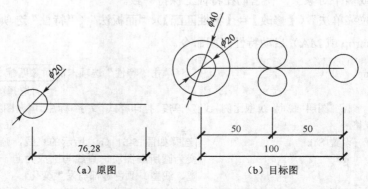

　　（a）原图　　　　　　　　　　　（b）目标图

图 5-53　用复制、偏移和镜像命令编辑图形

2. 绘制一个基础平面图（注：不必进行尺寸标注），如图 5-54 所示。

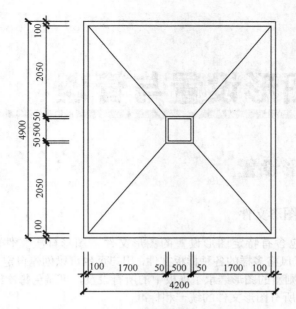

图 5-54 基础平面图绘制

3. 绘制一个工型柱截面图（注：不必进行尺寸标注），如图 5-55 所示。

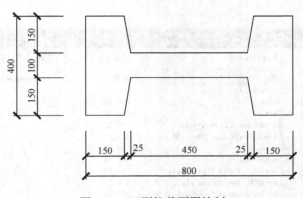

图 5-55 工型柱截面图绘制

6 图形设置与管理

6.1 基本图形设置

6.1.1 使用样板创建图形文件

样板文件是一种包含有特定图形设置的图形文件，图形样板文件的扩展名为".dwt"。AutoCAD 为用户提供了风格多样的各种样板文件，用户页也可以创建自定义样板文件。如果使用样板来创建的新图形，则新的图形继承了样板中的所有设置，可避免每次绘图做大量的重复设置工作，保证同一项目中所有图形文件的统一和标准。

使用样板创建图形文件的方法，可采用"下拉菜单法"（【文件】 ⇨【新建】)、"命令行法"（NEW）或"快速访问工具栏"（新建按钮）执行命令，弹出"选择样板"对话框，如图 6-1 所示。用户可以从提供的文件中选择合适的样板文件来创建图形，并可在对话框的预览区中看到所选的样板的图样缩略图。

图 6-1 "选择样板"对话框

6.1.2 设置绘图样板

绘图可以在 AutoCAD 2009 的默认配置下进行，但为了使图形具有统一的格式、标注样式、文字样式、图层、布局等，必须建立符合自己行业和单位规范的样板图。设置完成的绘图环境可以保存为样板图形文件，样板文件的设置内容包括：设置图形（单位和精度），图形界限，捕捉、栅格和正交设置，图层组织，标题栏、边框和图标，标注和文字样式，线型和线宽等。

保存样板文件的操作可采用"下拉菜单法"（【文件】⇨【另存为】）执行命令，弹出"图形另存为"对话框，如图 6-2 所示。在"文件类型"下拉列表框中选择"AutoCAD 图形样板图"*.dwt"，在"文件名"中输入样板文件名，单击保存按钮后，弹出"样板说明"对话框，可以对这个样板图做些说明。

图 6-2 "选择样板"对话框

6.2 创建图层

6.2.1 图层的概念

图层相当于透明纸，用户可在每一张透明纸上分别绘制不同的图形对象，最后将这一张张透明的图纸叠放在一起，即可形成一幅完整的图形。

对于大型的复杂图形，利用图层功能，可以很方便地进行绘制和管理。用户可将不同的图形对象放置于不同的图层，可给同一图层上的图形对象设置统一的线型、颜色和线宽等。用户在绘制图形时，可以在某图层上绘制某些图形对象，且这些对象具有一定的线型、线宽和颜色等特性，这就是所谓的 ByLayer（随层）特性。

图层有以下特点：

① 在一幅图中可以创建任意数量的图层，且在每一图层上的对象数量没有任何限制；

② 每个图层都有一个名称。当开始绘制新图时，系统自动创建层名为"0"的图层，这是系统的默认图层，不可重命名，其余图层可由用户自己定义；

③ 所有图层中必须有且只能有一个当前图层，用户只能在当前图层上绘图；

④ 各图层具有相同的坐标系、绘图界限及显示缩放比例；

⑤ 可以对各图层进行不同的设置，以便对各图层上的对象同时进行编辑操作。

对于每一个图层，可以设置其对应的线型、颜色等特性，可以对各图层进行打开、关闭、冻结、解冻、锁定与解锁等操作，以决定各图层的可见性与可操作性。可以把图层指定成为打印或不打印图层。

6.2.2 创建新图层

创建一个新的图形时，AutoCAD 将自动创建一个名为 0 的默认图层。默认情况下，图层 0 将被指定编号为 7 的颜色、Continuous 线型、"默认"线宽以及"普通"打印样式。图层 0 不能被删除和重命名，是一个特殊的图层，也具有其他图层所没有的功能。可以根据需要创建新的图层，并为该图层指定所需特性。

（1）命令操作　创建新图层可采用"下拉菜单法"（【格式】⇨【图层】）、"面板法"（"常用"选项卡⇨图层⇨图层特性按钮）和"命令行法"（LAyer 或 LA）。

（2）操作格式　执行命令后弹出"图层特性管理器"对话框，如图 6-3 所示。创建过程如下。

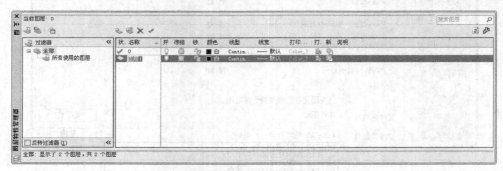

图 6-3 　"图层特性管理器"对话框

1）单击新建图层 按钮，新图层将以临时名称"图层 1"显示在列表中，并采用默认设置特性，与图层 0 的默认特性完全一样。

2）输入新的图层名称

3）单击相应图层颜色、线型、线宽和打印样式等特性，修改该层上对象的基本特性。

4）如要创建多个图层，再次单击新建图层按钮，并输入新的图层名，并修改各层上对象的基本特性。

图层创建完毕，在"图层"面板的下拉列表中可以看到新建的图层，如图 6-4 所示。

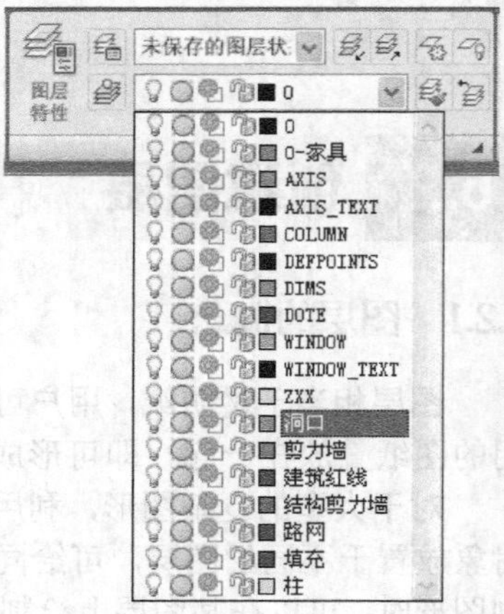

6.2.3 设置图层特性

（1）状态　"图层特性管理器"对话框的图层列表中的"状态"列，显示图层和过滤器的状态。其中，◆ 为图层标识，◆ 为被删除的图层标识，✔ 为当前图层标识。

（2）名称　图层的名字是图层的唯一标识。默认情况下，

图 6-4　图层工具栏下拉列表

图层的名称按图层 0、图层 1、图层 2……的编号依次递增，可以根据需要为图层定义能够表达用途的名称。

在实际应用中，建议采用以某种对象的名称命名图层，如墙体、柱、门、窗、标注、中心线、轮廓线、尺寸标注、文字等。例如可以创建一个中心线层，专门用于绘制中心线，该图层指定中心线应具备的特性，如颜色为红色，线型为点划线，线宽为 "默认"线宽。要绘制中心线时，切换到中心线层开始绘图，无需在每次绘制中心线时去设置线型、线宽和颜色。

（3）开和关 图层的开关状态是对图层打开或关闭的控制。在开的状态下，灯泡的颜色为黄色，图层上的图形可以显示，可以在输出设备上打印。在关的状态下，灯泡的颜色为灰色，图层上的图形不能显示，也不能打印输出。在工程设计时经常将一些与本专业无关的图层关闭，使得相关的图层更加清晰。

（4）冻结和解冻 在"图层特性管理器"对话框中，单击"冻结"列对应的 ◯ 或 ❋ 图标，可以解冻或冻结图层。

如果图层被冻结，此时图层上的图形对象不能被显示出来，也不能打印输出，而且也不能编辑或修改图层上的图形对象；被解冻的图层上的图形对象能够显示，也能够打印输出，并且可以在图层上编辑图形对象。

不能冻结当前层，也不能将冻结层改为当前层，否则将会显示警告信息对话框。

（5）锁定和解锁 在"图层特性管理器"对话框中，单击"锁定"列对应的 🔓 或 🔒 小锁图标可以锁定或解锁图层。

图层锁定状态并不影响该图层图形对象的显示，但不能编辑锁定图层上的对象，可以在锁定的图层上绘制新图形对象。实际设计中通常将不想被修改的某些对象所在图层锁定起来。

（6）颜色 在"图层特性管理器"中，单击一个图层上"颜色"列对应的 颜色 按钮，弹出"选择颜色"对话框，如图 6-5 所示。在"选择颜色"对话框中可以根据需要，选择"索引颜色"、"真彩色"和"颜色系统"选项卡中的一种颜色。索引颜色调色板有 255 种颜色，一般能够满足满足工程设计要求，使用也比较方便。

图 6-5 "选择颜色"对话框

（7）线型 线型用来区分各种线条的用途。在"图层特性管理器"中选择一个图层，单击"线型"列对应的 线型 按钮，打开"选择线型"对话框。从列表中选择一个线型，或者选择加载，从一个线型文件中加载线型（默认的线型文件为 acad.lin），如图 6-6 所示。

（8）线宽 除了 TrueType 字体、光栅图像、点和实体填充以外，所有对象都能以线宽显示和打印。为图层指定线宽后，可在屏幕和图纸上表现图层中对象的宽度。系统提供了一系列的可用线宽，包括"默认"线宽的值是 0.25 毫米。"默认"值可由系统变量 LWDEFAULT 设置，或在"线宽"对话框中设置。

（9）打印样式和打印 在"图层特性管理器"对话框中，可以通过"打印样式"列确定各图层的打印样式，如果使用的是彩色绘图仪，则不能改变这些打印样式。单击"打印"列对应的打印机图标，可以设置图层是否被打印，可以在保持图形现实可见性不变的前提下控制图形的打印的特性。

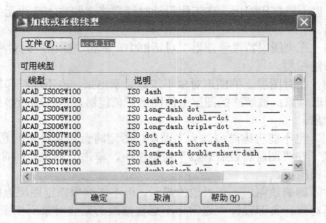

图 6-6 "加载或重载线型"对话框

打印功能只对可见的图层起作用，即只对没有冻结和没有关闭的图层起作用。

6.3 管理图层

使用"图层特性管理器"对话框不仅可以创建图层，设置图层的颜色、线型和线宽，还可以对图层进行更多的设置与管理，如图层的切换、重命名、删除及图层的显示控制等。AutoCAD 2009 新增添了图层工具，具体内容和功能可以参照菜单项，当熟悉了图标含义后也可使用"图层"面板的按钮，如图 6-7 和图 6-8 所示。

6.3.1 切换当前层

在"图层特性管理器"对话框的图层列表中，选择某一图层后，单击 当前图层 按钮 ✓，即可将该层设置为当前层，就可以在该层上绘制或编辑图形。

在实际绘图时，为了便于操作主要通过"图层"面板的图层控制下拉列表框实现图层切换，只需选择要将其设置为当前层的图层名称即可。

6.3.2 转换图层

使用"图层转换器"可以转换图层，实现图形的标准化和规范化。"图层转换器"能够转换当前图形中的图层，使之与其他图形的图层结构或 CAD 标准文件相匹配。例如，如果打开一个与本公司图层结构不一致的图形时，可以使用"图层转换器"转换图层名称和属性，以符合本公司的图形标准。

选择【工具】⇨【CAD 标准】⇨【图层转换器命令】，打开"图层转换器"对话框，如图 6-9 所示，其选项功能如下。

图 6-7 "格式"菜单的图层工具

图 6-8 "图层"面板的图层工具

图 6-9 "图层转换器"对话框

（1）"转换自"选项组　显示当前图形中即将被转换的图层结构，可以在列表框中选择，也可以通过"选择过滤器"来选择。

（2）"转换为"选项组　显示可以将当前图形的图层转换成图层名称。单击加载按钮打开"选择图形文件"对话框，可从中选择作为图层标准的图形文件，并将该图层结构显示在"转换为"列表框中。单击新建按钮打开"新图层"对话框，可以从中创建新的图层，作为转换匹配图层，新建的图层也会显示在"转换为"列表框中。

（3）映射按钮　单击该按钮，可以将在"转换自"列表框中选中的图层映射到列表框中，并且当前层被映射后，将从"转换自"列表框中删除（只有在"转换自"选项组和"转换为"选项组中都选择了对应的转换图层后，映射按钮才可以使用）。

（4）"映射相同"按钮　将"转换自"列表框中和"转换为"列表框中的名称相同的图层进行转换映射。

（5）"图层转换映射（Y）"选项组　显示已经映射的图层名称和相关的特征值。当选中一个图层后，单击编辑按钮，将打开"编辑图层"对话框，可以从中修改转换后的图层特性。单击删除按钮，可以取消该图层的转换映射，该图层将重新显示在"转换自"选项组中。单击保存按钮，将打开"保存图层映射"对话框，可以将图层转换关系保存到一个标准配置文件*.DWS 中。

（6）设置按钮　单击该按钮，打开"设置"对话框，可以设置图层的转换规则。

（7）转换按钮　单击该按钮将开始转换图层，并关闭"图层转换"对话框。

6.3.3　改变对象所在图层

在实际绘图中，如果绘制完某一图形元素后，发现该元素并没有绘制在预先设置的图层上，可选中该图形元素，并在"图层"面板的图层控制下拉列表框中选择预设层名。

6.4　设置线型比例

非连续线是由短横线、空格等重复构成的，如点划线、虚线等。这种非连续线的外观可以由比例因子控制。当用户绘制的点划线、虚线等非连续线看上去与连续线一样时，即可调节其线型的比例因子。

6.4.1　改变全局线型比例因子

改变全局线型的比例因子用于更改图形中所有对象的线型比例因子，AutoCAD 将重生成图形，图形文件中的所有非连续线型的外观将受影响。改变全局线型比例因子的方法：

（1）设置系统变量 LTSCALE 设置全局线型比例因子的命令为：LTS 或 LTScale ，当系统变量 LTSCALE 的值增加时，非连续线的短横线及空格加长；反之缩短。

```
命令: LTSCALE ↵
输入新线型比例因子 <0.5000>: 0.1
正在重生成模型。———————————————————————
命令: LTSCALE ↵
输入新线型比例因子 <0.1000>: 0.3
正在重生成模型。— — — — — — — — — — —
```

（2）利用"线型管理器"对话框设置全局线型比例因子 选择【格式】⇨【线型】菜单项，激活"线型管理器"对话框，单击 显示/隐藏细节 按钮，在对话框的底部会出现"详细信息"选项组，如图 6-10 所示。在"全局比例因子"数值框内输入新的比例因子。

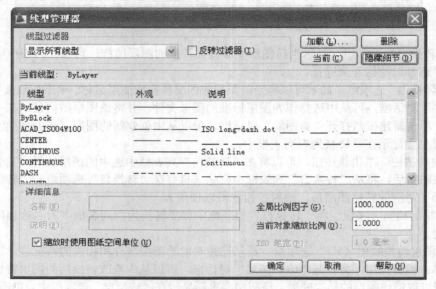

图 6-10 "线型管理器"对话框

6.4.2 改变特定对象线型比例因子

改变特定对象的线型比例因子，将改变选中对象中所有非连续线型的外观。改变特定对象线型比例因子有两种方法。

（1）利用"线型管理器"对话框 单击 显示/隐藏细节 按钮，在对话框的底部会出现"详细信息"选项组，在"当前对象缩放比例"数值框内输入新的比例因子。

（2）利用"对象特性管理器" 采用"下拉菜单法"（【工具】⇨【特性】）或选中对象按右键打开下拉菜单，点击【特性】菜单项，打开"对象特性管理器"对话框，如图 6-11 所示。

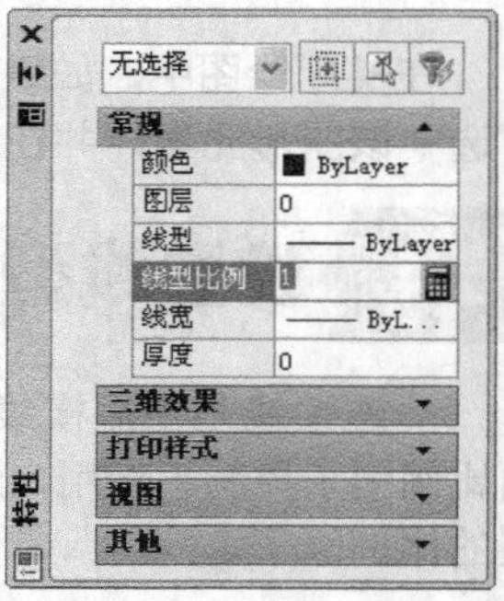

选择需要改变线型比例对象，在"常规"选项组中单击"线型比例"选项，将其激活，输入新的比例因子，按[Enter]键确认，即可改变外观图形，此时其他非连续线型的外观将不会改变。

另外，也可以通过命令 CELTSCALE 设置局部线型比例因子，局部线型比例因子设置后，会影响以后绘制的对象。

图 6-11 对象特性管理器

6.5 使用设计中心

对于一个比较复杂的设计工程来说，图形数量大、类型复杂，往往由多个设计人员共同完成，对图形的管理就显得十分重要，这时就可以使用 AutoCAD 设计中心来管理图形设计资源。

AutoCAD 设计中心（AutoCad DesignCenter，简称 ADC）提供了一个直观且高效的工具，与 Windows 资源管理器类似。使用设计中心，不仅可以浏览、查找、预览和管理 AutoCAD 图形、块、外部参照及光栅图像等不同的资源文件，而且还可以通过简单的拖放操作，将位于本地计算机、局域网或 Interner 上的块、图层和外部参照等内容插入到当前图形。另外，在 AutoCAD 中，使用"图纸集管理器"可以管理多个图形文件。

6.5.1 打开设计中心

可采用"下拉菜单法"（【工具】⇨【设计中心】）和"命令行法"（ACENTER 或 ADC）执行"设计中心"命令，弹出"设计中心"对话框，如图 6-12 所示，在"设计中心"对话框中，包含"文件夹"、"打开的图形"、"历史纪录"和"联机设计中心"四个选项卡。

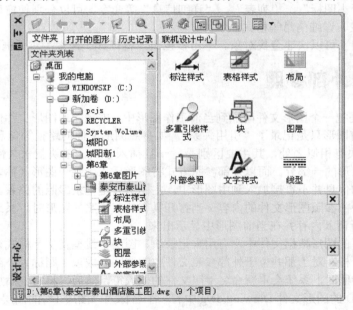

图 6-12 "设计中心"对话框

（1）"文件夹"选项卡　显示本地磁盘和网上邻居的信息资源。

（2）"打开的图形"选项卡　显示当前 AutoCAD 所有打开的图形文件。双击文件名或者单击文件名前面的⊞图标，则列出该图形文件所包含的块、图层、文字样式等项目。

（3）"历史纪录"选项卡　以完整的路径显示最近打开过的图形文件。

（4）"联机设计中心"选项卡　访问联机设计中心网页内容，其中包括图块、符号库、制造商、联机目录等信息。

6.5.2 观察图形信息

在"设计中心"窗口中，可以使用"工具栏"和"选项卡"来选择和观察设计中心的图形，工具栏按钮的功能说明如下。

（1）加载按钮　可以打开"加载"对话框。利用该对话框可以从 Windows 的桌面、收藏夹或通过 Internet 加载图形文件。

（2）收藏夹按钮　可以打开"文件夹列表"中显示 Favorites/Autodesk 文件夹（在此称为收藏夹）中的内容，同时在树状视图中反白显示该文件夹。可以通过收藏夹来标记存放在本地硬盘、网络驱动器或 Internet 网页上常用的文件。

（3）主页按钮　可以快速定位到 DsignCenter 文件夹中。该文件夹位于 AutoCAD 2009/Sample 目录上。

（4）树状图切换按钮　可以显示或隐藏树状视图。

（5）预览按钮　可以打开或关闭预览窗格，以确定是否显示预览图像。打开预览窗格后单击控制板中的图形文件，如果该图形文件中包含预览图像，则在预览窗格中显示该图像；如果选择的图形中不包含预览图像，则预览窗格为空。可由通过拖动鼠标的方式改变预览格的大小。

（6）说明按钮　可以打开或关闭说明窗格，确定是否显示说明内容。打开说明窗格后单击控制板中的图形文件，如果该图形文件包含有文字信息，则说明窗格中显示出图形文件文字描述信息。如果图形文件没有文字描述信息，则说明窗格为空。可以通过拖动鼠标的方式来改变说明窗格的大小。

（7）视图按钮　确定控制板中所显示内容的显示格式。单击该按钮将弹出一个快捷菜单，使用"大图标"、"小图标"、"列表"、"详细信息"等命令，可以分别使窗口中的内容以大图标、小图标、列表、详细信息等格式显示。

（8）搜索按钮　可以快速查找对象。单击该按钮，将打开"搜索"对话框。

6.6　使用外部参照

外部参照就是把一个图形文件附加到当前工作图形中，被插入的图形文件信息并不直接加到当前图形中，当前图形只是记录了"引用关系"，如参照图形文件的路径等信息。

外部参照与块有相似之处，其主要区别是：一旦插入了块，该块就永久性地插入到当前图形中，成为当前图形的一部分。而以外部参照方式将图形插入到某一图形（称之为主图形）后，被插入图形文件的信息并不直接加入到主图形中，主图形只是记录参照的关系。另外，对主图形的操作不会改变外部参照图形文件的内容。当打开具有外部参照的图形时，系统会自动把各外部参照图形文件重新调入内存并在当前图形中显示出来。

在 AutoCAD 的图形数据文件中，有用来记录块、图层、线型及文字样式等内容的表，表中的项目称为命名目标。对于那些位于外部参照文件中的这些组成项，则称为外部参照文件的依赖符。在插入外部参照时，系统会重新命名参照文件的依赖符，然后再将它们添加到主图形中。例如，假设 AutoCAD 的图形文件 Drawing.dwg 中有一个名称为"图层 1"的图层，而 Drawing.dwg

图 6-13　"参照"面板

被当作外部参照文件，那么在主图形文件中"图层 1"的图层被命名为"Drawing | 图层 1"层，同时系统将这个新图层名字自动加入到主图形中的依赖符列表中。

AutoCAD 的自动更新外部参照依赖符名字的功能可以使用户非常方便地看出每一个命名目标来自于哪一个外部参照文件，而且主图形文件与外部参照文件中具有相同名字的依赖符不会混淆。

在 AutoCAD 中，可以使用"块和参照"选项卡的"参照"面板编辑和管理外部参照，如图 6-13 所示。

6.6.1　附着外部参照

可采用"下拉菜单法"（【插入】⇨【外部参照】）、"面板法"（参照面板⇨附着外部参照）和"命令行法"（XATTACH）执行命令，弹出"选择参照文件"对话框，如图 6-14 所示，利用该对话框可以将图形文件以外部参照的形式插入到当前的图形中。按下打开按钮后，还会弹出"外部参照"对话框，如图 6-15 所示。从图中可看出，在图形中插入外部参照的方法与插入块的方法相同，只是在"外部参照"对话框中多了几个特殊选项。

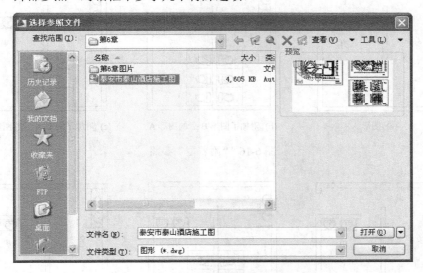

图 6-14 "选择参照文件"对话框

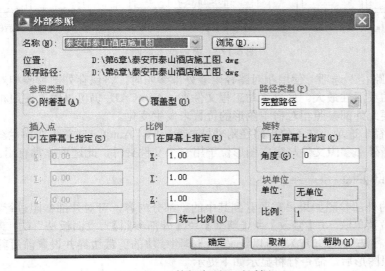

图 6-15 "外部参照"对话框

（1）在"参照类型"选项组中，可以确定外部参照的类型，有"附着型"和"覆盖型"两种类型。选择 附着型 单选按钮，外部参照是可以嵌套的；选择 覆盖型 单选按钮，则外部参照不会嵌套。如图 6-16 和图 6-17 所示，假设图形 B 附加于图形 A，图形 A 又附加或覆盖于图形 C。如果选择了"附着型"，则 B 图左中也会嵌套到 C 图中去；而选择了"覆盖型"，B 图就不会嵌套进C 图。

（2）在"参照类型"选项组中，AutoCAD 可以使用相对路径附着外部参照，包括"完整路径"、"相对路径"和"无路径"三种类型。

1）"完整路径"选项　当使用完整路径附着外部参照时，外部参照的精确位置将保存到宿主图形中。此选项的精确度要高，但灵活性最小。如果移动工程文件夹，AutoCAD 将无法融入任何使用完整路径附着的外部参照。

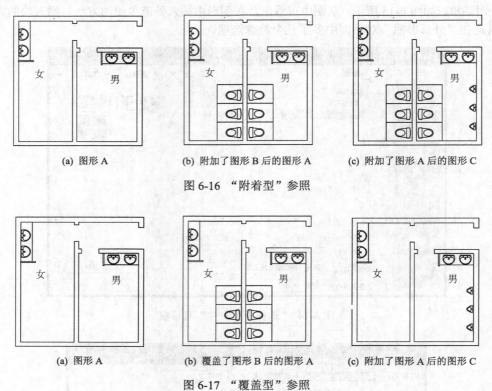

(a) 图形 A 　　(b) 附加了图形 B 后的图形 A 　　(c) 附加了图形 A 后的图形 C

图 6-16 "附着型"参照

(a) 图形 A 　　(b) 覆盖了图形 B 后的图形 A 　　(c) 附加了图形 A 后的图形 C

图 6-17 "覆盖型"参照

2）"相对路径"选项　使用相对路径附着外部参照时，将保存外部参照相对于宿主图形的位置。此选项的灵活性最大。如果移动工程文件夹，AutoCAD 仍可以融入使用相对路径附着的外部参照，只要此外部参照相对宿主图形的位置未发生变化。

3）"无路径"选项　在不使用路径附着外部参照时，AutoCAD 首先在宿主图形文件夹中查找外部参照。当外部参照文件与宿主图形位于用一个文件夹时，此选项非常有用。

6.6.2　剪裁外部参照

插入进来的外部参照如果只需要看到其中的一部分内容，可对外部参照进行剪裁。

采用"下拉菜单法"（【修改】⇨【剪裁】⇨【外部参照】）、"面板法"（ 参照 面板⇨ 剪裁外部 参照 ）和"命令行法"（XCLIP），可以定义外部参照或块的剪裁边界并设置前后剪裁面。执行该命令，选择参照图形后，命令行将显示如下提示。

输入剪裁选项
[开(ON)/关(OFF)/剪裁深度(C)/删除(D)/生成多段线(P)/新建边界(N)]<新建边界>：

各选项说明如下。

（1）"开(ON)"选项　打开外部参照剪裁功能。为参照图形定义了剪裁边界及前后剪裁面后，在主图形中仅显示位于剪裁边界、前后剪裁面内的参照图形部分。

（2）"关(OFF)"选项　关闭外部参照剪裁功能，选择该选项可显示全部参照图形，不受边界的限制。

（3）"剪裁深度(C)"选项　为参照的图形设置前后剪裁面。

（4）"删除(D)"选项　用于删除指定外部参照的剪裁边界。

（5）"生成多段线(P)"选项　自动生成一条与剪裁边界相一致的多段线。

（6）"新建边界(N)"选项　设置新的剪裁边界。选择该选项后命令行将显示如下提示信息。

指定剪裁边界：
[选择多段线(S)/多边形(P)/矩形(R)]<矩形>：

其中，选择"选择多段线(S)"选项可以选择已有的多段线作为剪裁边界；选择"多边形(P)"选项可以定义一条封闭的多段线作为剪裁边界；选择"矩形(R)"选项可以以矩形作为剪裁边界。

裁剪后，外部参照在剪裁边界内的部分仍然可见，而剩余部分则变为不可见，外部参照附着和块插入的几何图形并未改变，只是改变了显示可见性，并且裁剪边界只对选择的外部参照起作用，对其他图形没有影响，如图 6-18 所示。

注意：

设置剪裁边界后，利用系统变量 xclipframe 可控制是否显示该剪裁边界。当 xclipframe 为 0 时不显示，为 1 时显示。

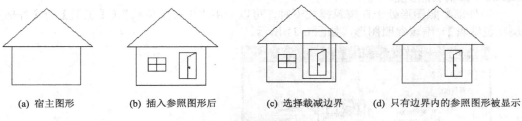

|(a) 宿主图形|(b) 插入参照图形后|(c) 选择裁减边界|(d) 只有边界内的参照图形被显示|

图 6-18　裁剪参照边界

6.6.3　绑定外部参照

设计过程结束后，将外部参照直接绑定过来，割裂与源文件的联系，使它成为主文件的一部分。

采用"下拉菜单法"（【修改】⇨【对象】⇨【外部参照】⇨【绑定】）和"命令行法"（XBIND），可以打开"外部参照绑定"对话框。在该对话框中可以把从外部参照文件中选出的一组依赖符永久地加入到主图形中，成为主图形中不可缺少的一部分，如图 6-19 所示。

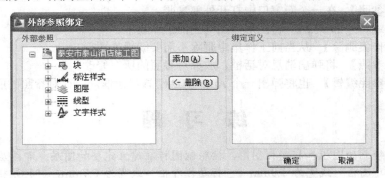

图 6-19　"外部参照绑定"对话框

在该对话框中，用户可以将块、尺寸样式、图层、线型，以及文字样式中的依赖符添加到主图形中。当绑定依赖符后，它们将永久地加入到主图形中且原依赖符中的"｜"符号换成"0"符号。

6.6.4 编辑外部参照

在当前文件中的直接编辑插入进来的外部参照，保存修改后，参照的源文件也会更新。

6.6.4.1 打开参照"参照编辑"对话框

采用"下拉菜单法"（【工具】⇨【外部参照和块编辑】⇨【在位编辑参照】）、"快捷键法"（选择参照进来的图形⇨右键快捷菜单⇨【在位编辑参照】）和"命令行法"（REFEDIT），执行命令后选择外部参照，将打开"参照编辑"对话框，如图6-20所示。

在"标识参照"选项卡中，为标识要编辑的参照提供形象化辅助工具并控制选择参照的方式。用户可在该对话框中指定要编辑的参照，如果选择的对象是一个或多个嵌套参照的一部分，则此参照将显示在对话框中。

①"自动选择所有嵌套的对象"单选按钮，用于控制嵌套对象是否自动包含在参照编辑任务中。

②"提示选择嵌套的对象"单选按钮，用于控制是否逐个选择包含在参照编辑任务中的嵌套对象。如果选择该选项，则在关闭"参照编辑"对话框并进入参照编辑状态后，AutoCAD将显示"选择嵌套的对象"提示信息，要求在要编辑的参照中选择特定的对象。

6.6.4.2 编辑参照图形

当外部参照图形处于在编辑模式下时，可以采用"下拉菜单法"（【工具】⇨【外部参照和块在位编辑】）编辑参照图形，如图6-21所示。

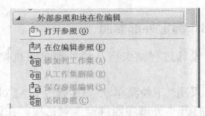

图6-20 "参照编辑"对话框　　　　图6-21 "在位编辑外部参照"子菜单

（1）【打开参照】 在一个新窗口中打开外部参照。

（2）【在位编辑外部参照】 将图形添加到当前工作集中。

（3）【从工作集删除】 从当前工作集中删除不需要编辑的图形。

（4）【关闭参照】 将弹出消息对话框，放弃对参照的所有修改。

（5）【保存参照编辑】 也将弹出一个AutoCAD消息对话框，保存对参照的所有修改。

练 习 题

1. 把前面绘制的图框和标题栏图形，按照制图标准建立完整的图层。即图层"纸边"的线宽为0.18mm，"图框"线宽为1.0mm，"标题栏外框"线宽为0.7mm，"标题栏内框"线宽为0.35mm，"标题栏文字"线宽为0.20mm，线型全为实线，颜色自定。

2. 建立建筑平面图应具有的图层信息，图层名包括"轴线"、"墙体"、"柱"、"门窗"、"辅助线"、"文字"、"标注"、"标高"、"楼梯"等。

3. 使用"设计中心"工具，把某一图形文件的图层信息、文字样式、标注样式"拖"到当前新图形文件中。

7 创建复杂图形对象

7.1 绘制复杂二维图形

构成 AutoCAD 基本二维图形的是点、直线、圆、圆弧、矩形和多边形等，而多线、多段线和样条曲线等则属于高级图形对象。利用高级图形对象绘图命令可以创建复杂的图形对象，绘图效率更高。

7.1.1 绘制与编辑多线

7.1.1.1 绘制多线

多线是一种复合型的对象，它由 1~16 条平行线构成，这些平行线称为元素，故多线也叫多重平行线。平行线之间的距离、平行线的线型、平行线的颜色和平行线的数目等均随多线的设置而变化。

可采用"下拉菜单法"（【绘图】⇨【多线】）和"命令行法"（MLine 或 ML）执行绘多线命令，面板上无此命令图标。

绘制如图 7-1 所示的墙体，其操作步骤如下。

命令: <u>ML</u>↵	（"ML"为快捷命令）
MLINE	（提示命令全名 MLINE）
当前设置: 对正 = 上，比例 = 20.00，样式 = STANDARD	（提示当前的设置参数）
指定起点或 [对正(J)/比例(S)/样式(ST)]:<u>s</u>↵	（修改多线比例）
输入多线比例 <20.00>：<u>240</u>↵	（设置墙体的厚度为 240）
当前设置: 对正 = 上，比例 = 240.00，样式 = STANDARD	（提示比例因子被修改）
指定起点或 [对正(J)/比例(S)/样式(ST)]:	（指定起点为 A 点）
指定下一点: <正交 开>	（打开正交模式，指定下一点为 B 点）
指定下一点或 [放弃(U)]:	（指定下一点为 C 点）
指定下一点或 [闭合(C)/放弃(U)]: ↵	（回车结束命令）

提示语句"当前设置: 对正 = 上，比例 = 20.00，样式 = STANDARD"显示了当前多线绘图格式的对正方式、比例及多线样式，其选项的功能如下。

（1）"指定起点"选项 为默认执行功能。可任意选定一点以指定起点，与绘制直线相似。

（2）"对正(J)"选项 指定多线的对正方式。此时命令行显示"输入对正类型[上(T)/无(Z)/下(B)]<上>:"提示信息。"上(T)"选项表示当前从左到右绘制多线时，多线上最顶端的线将随着光标点移动；"无(Z)"选项表示绘制多线时，多线的中心线将随着光标点移动；"下(B)"选项表示当前从左到右绘制多线时，多线上最底端的线将随着光标点移动。

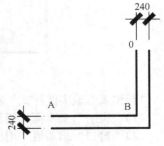

图 7-1 用多线命令绘制墙线

（3）"比例(S)"选项 指定所绘制多线的宽度相对于多线定义宽度的比例因子，该比例不影响多线的线型比例。

（4）"样式(ST)"选项 指定绘图的多线样式，默认为标准(STANDARD)型。当命令行显示

"输入多线样式名或[?]:"提示信息时,可以直接输入已有的多线样式名,也可以输入"?"显示 AutoCAD 已定义的所有多线样式名。

7.1.1.2 设置多线

可采用"下拉菜单法"(【格式】⇨【多线样式】)和"命令行法"(MLSTYLE)打开"多线样式"对话框,如图 7-2 所示,可以根据需要创建多线样式,设置其线条数目和拐角方式。

图 7-2 "多线样式"对话框

- "样式"列表框 显示已经加载的多线样式,默认设置是标准(STANDARD)型。
- 置为当前按钮 在"样式"列表中选择需要使用的多线样式,将其设置为当前样式。
- 新建按钮 打开"创建新的多线样式"对话框,创建多线样式,如图 7-3 所示。
- 修改按钮 打开"修改多线样式"对话框,如图 7-4 所示,可以新建或修改创建的多线样式。

图 7-3 "创建新的多线样式"对话框

"新建或修改多线样式"对话框中各项内容功能如下。

(1)"说明"文本框 用于输入多线样式的说明信息。

(2)"封口"选项组 用于控制多线起点和端点处的样式。可为多线的每个端点选择一条直线或弧线,并输入角度。其中,"直线"穿过整个多线的端点,"外弧"连接最外层元素的端点,"内弧"连接成对元素,如果有奇数个元素,则中心线不相连,如图 7-5 所示。

(3)"填充"选项组 用于设置是否填充多线的背景。可从"填充颜色"下拉列表框中选择所需的颜色作为多线的背景。如果不使用填充色，则在"填充颜色"下拉列表框中选择"无"即可，如图7-6所示。

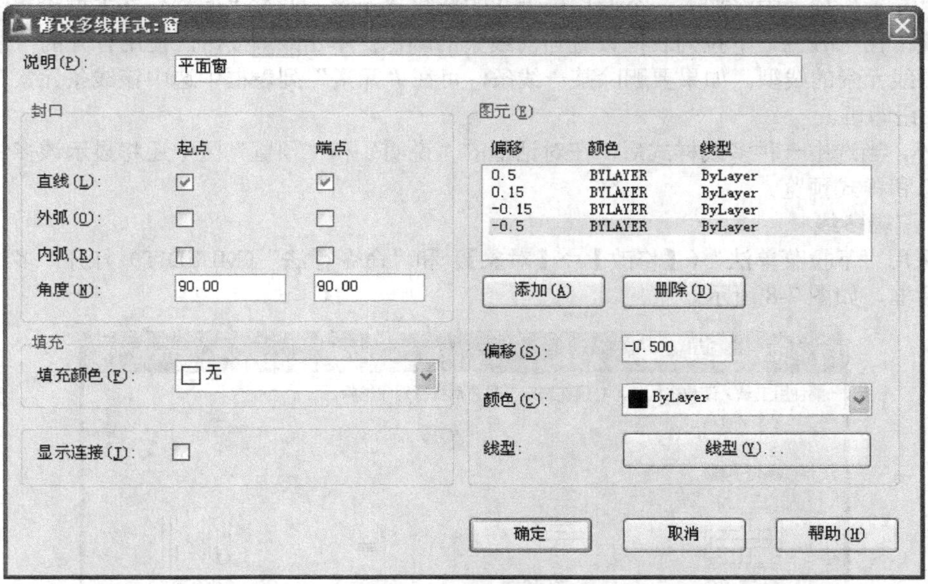

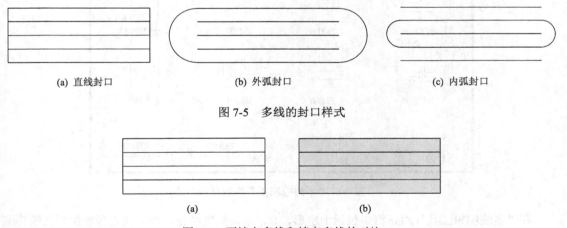

图7-4 "新建/修改多线样式"对话框

图7-5 多线的封口样式

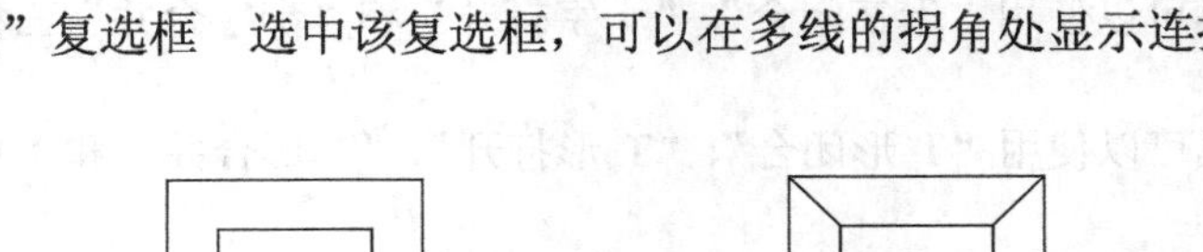

（a）直线封口　　　　　　　（b）外弧封口　　　　　　　（c）内弧封口

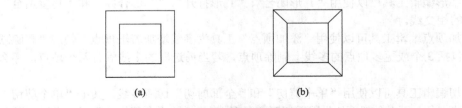

（a）　　　　　　　　　　（b）

图7-6 不填充多线和填充多线的对比

（4）"显示连接"复选框　选中该复选框，可以在多线的拐角处显示连接线，否则不显示，如图7-7所示。

（a）　　　　　　　　　　（b）

图7-7 不显示连接与显示连接的对比

（5）"元素"选项组　可以设置多线样式的元素特性，包括多线的线条数目、每条线的颜色和线型等特性。其中，"元素"列表框中列举了当前多线样式中各线条元素及其特性，包括线条元素相对于多线中心线的偏移量、线条颜色和线型。如果要增加多线中线条的数目，可单击 添加 按钮，在"元素"列表中将加入一个偏移量为0的新线条元素；通过"偏移"文本框设置线条元素的偏移量；在"颜色"下拉列表框设置当前线条的颜色；单击 线条 按钮，使用打开的"线型"对话框设置线元素的线型。如果要删除某一线条，可在"元素"列表框中选中该线条元素，然后单击 删除 按钮即可。

此外，当选中一种多线样式后，在对话框的"说明"和"预览"区中还将显示该多线样式的说明信息和样式预览。

7.1.1.3 编辑多线

可采用"下拉菜单法"（【修改】⇨【对象】）和"命令行法"（MLEDIT）打开"多线编辑工具"对话框，如图7-8所示。

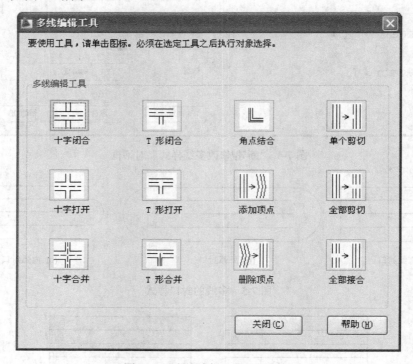

图7-8 "多线编辑工具"对话框

在"多线编辑工具"对话框中包括十字形、T字形、角度结合、添加顶点和添加断点的等编辑工具。

十字形编辑工具可以使用"十字闭合"、"十字打开"和"十字合并"三种方式消除多线之间的相交线。

T字形编辑工具可以使用"T形闭合"、"T形打开"、"T形合并"和"角度结合"工具消除多段间的相交线。

添加顶点编辑工具可以使用"添加顶点"工具为多线增加若干顶点，使用"删除顶点"工具可以从包括3个或更多顶点的多线上删除顶点，若当前选取的多线只有两个顶点，那么该工具将无效。

剪切编辑工具可以使用"单个剪切"和"全部剪切"切断多线。其中"单个剪切"用于切断多线中的一条，而"全部剪切"用于切断整条多线。此外，"全部接合"工具可以将断开的多线连接起来。

7.1.2　绘制点与等分点

用户可以创建单独的点对象作为绘图的参考点，点具有不同的样式，可以设置点的样式与大小。一般在创建点之前，为了便于观察，需要设置点的样式。

7.1.2.1　绘制点

可采用"下拉菜单法"（【绘图】⇨【点】）、"面板法"（绘图⇨点）和"命令行法"（POint 或 PO）执行绘点命令。

但用户在绘制点时，需要知道绘制什么样的点以及点的大小，因此需要设置点的样式。

可采用"下拉菜单法"（【格式】⇨【点样式】）和"命令行法"（DDPTYPE 命令），弹出"点样式"对话框，如图 7-9 所示。

"点样式"对话框中提供了 20 种点的样式，用户可以根据需要进行选择，即单击需要的点样式图标即可。注意，"点样式"对话框中的点的默认样式，在直线上无法显示出来。此外，用户还可以通过在"点大小"选项数值框内输入数值，设置点的大小。

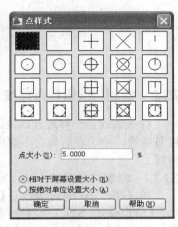

图 7-9　"点样式"对话框

7.1.2.2　等分点

等分点分为定数等分点和定距等分点两种。定数等分点是在指定的对象上绘制等分点或在等分点处插入块。定距等分点是在指定的对象上按指定的长度绘制点或插入块。如道路上的路灯和检查井，边界上的界限符号等。

AutoCAD 中可被等分的对象有直线、圆弧、样条曲线、圆、椭圆和多段线等图形对象，但不能是块、尺寸标注、文本及剖面线等图形对象。等分并不是真的将对象分成独立的对象，仅是通过点或块来标识等分的位置或作为绘图的辅助点。

（1）绘制定数等分点　可采用"下拉菜单法"（【绘图】⇨【点】⇨【定数等分】）和"命令行法"（DIVide 或 DIV）执行绘定数等分点命令。

绘制如图 7-10（a）所示直线用点 3 等分的方法如下。

选择【格式】⇨【点样式】，在弹出的"点样式"对话框中选择点的样式为 ⊕ 。

命令: <u>DIV</u> ↵	（"<u>DIV</u>"为快捷命令）
DIVIDE	（提示命令全名）
选择要定数等分的对象:	（选择直线）
输入线段数目或 [块(B)]: <u>3</u>↵	[执行结果如图 7-10（a）所示，把直线 3 等分]

绘制如图 7-10（b）所示直线用块 3 等分的方法如下。

命令: <u>DIV</u> ↵	
DIVIDE	
选择要定数等分的对象:	
输入线段数目或 [块(B)]: B↵	（选择 B 选项则插入块）
输入要插入的块名:<u>柱子</u>↵	（输入"柱子"块名）
是否对齐块和对象？[是(Y)/否(N)] <Y>: ↵	[若输入 Y 表示指定插入块的 X 轴方向与定数等分对象在等分点相切或对齐，若输入 N，表示插入的块将按其法线方向对齐。默认选项为 Y。执行结果如图 7-10（b）所示]

(a) 输入点　　　　　　　　　　　　　　(b) 输入块

图 7-10　直线等分

（2）绘制定距等分点　可采用"下拉菜单法"（【绘图】⇨【点】⇨【定距等分】）和"命令行法"（MEasure 或 ME）执行绘定数等分点命令。

绘制如图 7-11 所示直线定距等分距离为 50 的点的方法如下。

```
命令：ME ↵
选择要定距等分的对象:
指定线段长度或 [块(B)]: 50 ↵
```

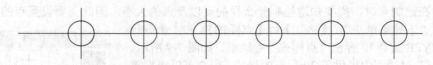

图 7-11　定距等分

7.1.3　绘制与编辑样条曲线

样条曲线是一种通过或接近指定点的拟合曲线。在 AutoCAD 中，其类型是非均匀关系基本样条曲线，始于表达具有不规则变化曲率半径的曲线。例如，机械制图的断切面及地形外貌轮廓线等。

7.1.3.1　绘制样条曲线

可采用"下拉菜单法"（【绘图】⇨【样条曲线】）、"面板法"（ 绘图⇨样条曲线 ）和"命令行法"（SPLine 或 SPL）执行绘样条曲线命令。此时，命令行将显示"指定第一个点或 [对象(O)：]"。若执行"对象(O)"时，可以将多段线编辑得到的二次或者三次拟合样条曲线转换成等价的样条曲线。默认情况下，可以指定样条曲线的起点，然后再指定样条曲线上的另一个点后，系统将显示如下提示信息。

指定下一点或 [闭合(C)/拟合公差(F)] <起点切向>:

可以通过继续定义样条曲线的控制点来创建样条曲线，也可以使用其他选项，其功能如下。

（1）"起点切向"选项　在完成控制点的指定后按回车键，要求确定样条曲线在起始点处的方向，同时在起点与当前光标点之间出现一根橡皮筋线来表示样条曲线在起始点处的方向。

（2）"闭合(C)"选项　封闭样条曲线，并显示"指定切向："提示信息，要求制定样条曲线在起始点同时也是终点处的切线方向（因为样条曲线起点和终点重合）。当确定了切线方向后，即可绘出一条封闭的样条曲线。

（3）"拟合公差(F)"选项　设置样条曲线的拟合公差。拟合公差是指实际样条曲线与输入的控制点之间所允许偏移距离的最大值。当给定拟合公差时，绘出的样条曲线不会全部通过各个控制点，但总是通过起点与终点。这种方法特别适用于拟合点比较多的情况。

7.1.3.2　编辑样条曲线

可采用"下拉菜单法"（【修改】⇨【对象】⇨【样条曲线】）和"命令行法"（SPLINEDIT），即可编辑选中的样条曲线。样条曲线编辑命令是一个单对象编辑命令，一次只编辑一个样条曲线对象。执行命令并选择需要编辑的样条曲线后，在曲线周围将显示控制点，同时命令行显示如下提示信息。

输入选项 [拟合数据(F)/闭合(C)/移动顶点(M)/精度(R)/反转(E)/放弃(U)]:

可以选择某一编辑选项来编辑样条曲线，其功能如下。

（1）"拟合数据(F)"选项　编辑样条曲线所通过的某些控制点。选择该选项后，样条曲线上各控制点的位置均会出现一个小方格，并显示如下信息。

[添加(A)/闭合(C)/删除(D)/移动(M)/清理(P)/相切(T)/公差(L)/退出(X)] <退出>:

此时可以通过选择一下拟合数据选项来编辑样条曲线。

1）"添加(A)"选项　为样条曲线添加新的控制点。可在命令提示下选择以小方格形式出现的控制点集中的某个点，以确定新加入的点在点集中的位置。当选择了已有的控制点以后，所选择的点会亮显。

2）"删除(D)"选项　删除样条曲线控制点集中的一些控制点。

3）"移动(M)"选项　移动控制点集中点的位置。此命令行显示"指定新位置或 [下一个(N)/上一个(P)/选择点(S)/退出(X)] <下一个>:"提示信息。其中，"下一个(N)"和"上一个(P)"选项用于选择当前控制点的下一个或者前一个控制点作为新的起点；"选择点(S)"选项允许选择任意一个控制点作为当前点。如果指定一个新点位置，系统把当前点移到该点，并仍保持该点为当前点，而且根据此新点与其他控制点生成新的样条曲线；"退出(X)"选项用于退出此操作，返回到上一级提示。

4）"清理(P)"选项　从图形数据库中清楚样条曲线的拟合数据。

5）"相切(T)"选项　修改样条曲线在起点和端点的切线方向。该命令行显示"指定起点切向或 [系统默认值(S)]:"提示信息，如果选择"系统默认值(S)"选项，可以使当前样条曲线起点处的切线方向采用系统提供的默认方向。此外，也可以通过输入角度值或者拖动鼠标的方式来修改样条曲线在起点处的切线方向。

6）"公差(L)"选项　重新设置拟合公差。

7）"退出(X)"选项　退出当前的拟合公差值，返回上一级提示。

（2）"移动顶点(M)"选项　移动样条曲线上的当前控制点。与"拟合数据"选项中的"移动"子选项的含义相同。

（3）"精度(R)"选项　对样条曲线的控制点进行细化操作，此时命令行显示如下提示信息。

> 输入精度选项 [添加控制点(A)/提高阶数(E)/权值(W)/退出(X)] <退出>:

1）"添加控制点(A)"选项　增加样条曲线的控制点。在命令提示下选取样条曲线上的某个控制点，用两个控制点代替，且新点与样条曲线更加逼近。

2）"提高阶数(E)"选项　控制样条曲线的阶数，阶数越高控制点越多，样条曲线越光滑，AutoCAD 2006 允许的最大阶数值是 26。

3）"权值(W)"选项　改变控制点的权值。

4）"退出(X)"选项　退出当前的 Refine 操作，返回到上一级提示。

（4）"反转(E)"选项　使样条曲线的方向相反。

（5）"放弃(U)"选项　取消上一次的修改操作。

7.1.4　插入表格

在 AutoCAD 中，可以使用创建表格命令创建表格，还可以从 Microsoft Excel 中直接复制表格，并将其作为 AutoCAD 表格对象粘贴到图形中。此外，还可以输出来自 AutoCAD 的表格数据，以供在 Microsoft Excel 或其他应用程序中使用。

7.1.4.1　新建表格样式

表格样式控制一个表格的外观。使用表格样式，可以保证标准的字体、颜色、文本、高度和行距。可以使用默认的表格样式、标准的或者来自自定义的样式来满足需要，并在必要时重用它们。

可采用"下拉菜单法"（【格式】⇨【表格样式】）和"命令行法"（TABLESTYLE）打开"表格样式"对话框，如图 7-12 所示。在"表样式"对话框中，可以单击 新建 按钮，使用打开的"创建新的表样式"对话框创建新表样式，如图 7-13 所示。

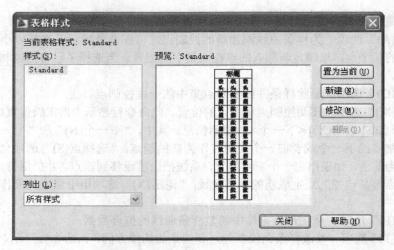

图 7-12 "表格样式"对话框

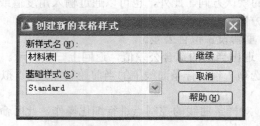

图 7-13 "创建新的表样式"对话框

在"新样式名"文本框中输入新的表样式名，在"基础样式"下拉列表选择默认的表格样式、标准的或者任何已经创建的样式，新样将在该样的基础上进行修改，然后单击继续按钮，将打开"新建表格样式"对话框，可以通过它制定表格的行格式、表格方向、边框特性和文本样式等内容，如图 7-14 所示。

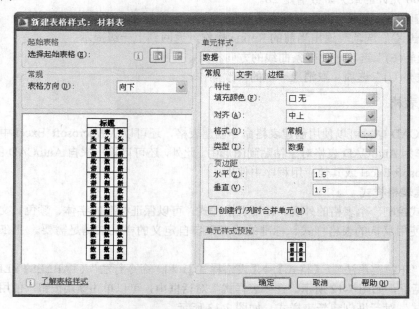

图 7-14 "新建/修改表格样式"对话框

7.1.4.2 设置表格的数据、列标题和标题样式

在"新建表格样式"对话框中，可以使用"数据"、"列标题"和"标题"选项卡分别设置表的数据、列标题和标题样式对应的样式。"新建表格样式"对话框中 3 个选项卡的内容基本相似，可以分别指定单元格特性、边框特性、表格方向和单元格边距。

（1）设置单元特性　在"单元特性"选项组中，可以设置文字样式、高度、颜色特性，各选项的功能如下。

1）"文字样式"下拉列表框　选择可以使用的文字样式。也可以单击其后的按钮，打开"文字样式"对话框，设置文字样式。

2）"文字高度"文本框　设置表单元中的文字高度，默认情况下数据和列标题的文字高度为4.5，标题文字的高度为6.0。

3）"文字颜色"下拉列表框　设置文字的颜色。

4）"填充颜色"下拉列表框　设置表的背景填充颜色。

5）"对齐"下拉列表框　设置表单元中的文字对齐方式，如左上、中上等。

（2）设置边框特性　在"边框特性"选项组中，单击 5 个边框设置按钮，可以设置表的边框是否存在。当表具有边框时，还可以在"栅格线宽"下拉列表框中选择表的边框线宽度，在"栅格颜色"下拉列表框中设置边框颜色。

在"列标题"和"标题"选项卡中，只有选中"有标题行"或"包含标题行"复选框时，才可以设置单元特性和边框特性。

（3）设置表格方向和单元格边距　在"基本"选项组的"表格方向"下拉列表框中，可以选择表的方向是向上或向下；在"单元边距"选项组的"水平"和"垂直"文本框中，可以设置表单元内容距边线的水平和垂直距离。

7.1.4.3　管理表格样式

在 AutoCAD 中，还可以使用"表格样式"对话框来管理图形中的表格样式，如图 7-12 所示。在该对话框的"当前表格样式"后面，显示当前使用的表样式（默认为 Standard:）；在"样式"列表中显示了当前图形所包含的表格样式；在"预览"窗口中显示了选中表格的样式；在"列出"下拉列表中，可以选择"样式"列表是显示图形中的所有样式，还是正在使用的样式。

此外，在"表格样式"对话框中，还可单击 置为当前 按钮，将选中的表格样式设置为当前；单击 修改 按钮，在打开的"修改表格样式"对话框中修改选中的表格样式，如图 7-14 所示；单击 删除 按钮，删除选中的表格样式。

7.1.4.4　创建表格

采用"下拉菜单法"（【绘图】⇨【表格】）和"面板法"（注释⇨插入表格）打开"插入表格"对话框。

在"表格样式设置"选项组中，可以从"表格样式名称"下拉列表框中选择表格样式，或单击其后的 … 按钮，打开"表格样式"对话框，创建新的表格样式。在该选项组中，还可以在"文字高度"下面显示当前表格样式的文字高度，在预览窗口中显示表格的预览效果。

在"插入方式"选项组中，选择 指定插入点 单选按钮，可以在绘图窗口中的某点插入固定大小的表格；选择 指定窗口 单选按钮，可以在绘图窗口中通过拖动表格边框来创建任意大小的表格。

在"列和行设置"选项组中，可以通过改变"列"、"列宽"、"数据行"和"行高"文本框中的数值来调整表格的外观大小。

7.1.4.5　编辑表格和表格单元

在 AutoCAD 中，还可以使用表格的快捷菜单来编辑表格。当选中整个表格时，其快捷菜单如图 7-15 所示，当选中表格单元时，其快捷菜单如图 7-16 所示。

可以对表格进行剪切、复制、删除、移动、缩放和旋转等简单操作，也还可以均匀调整表格的行、列大小，删除所有特性替代。选择"输出"命令还可以打开"输出数据"对话框，以.csv格式输出表格中的数据。

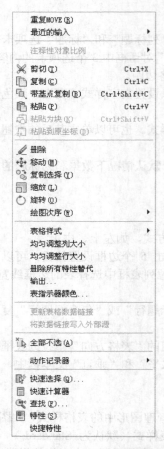

图 7-15　选中整个表格时的快捷菜单

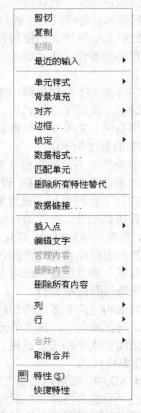

图 7-16　选中单元格时的快捷菜单

　　选中表格后，在表格的四周、标题行上将显示许多夹点，也可以通过拖动这些夹点来编辑表格。

　　使用表格单元快捷菜单可以编辑表格单元，其主要命令选项的功能说明如下。

　　（1）"单元对齐"命令　在该命令子菜单中可以选择表格单元的对齐方式，如左上、左中、左下等。

　　（2）"单元边距"命令　选择该命令将打开"单元边框特性"对话框，可以设置单元格边框的线宽、颜色等特性。

　　（3）"匹配单元"命令　用当前选中的表格单元格式（源对象）匹配其他表格单元（目标对象），此时鼠标指针变为刷子形状，单击目标对象即可进行匹配。

　　（4）"插入块"命令　选择该命令将打开"在表格单元中插入块"对话框。可以从中选择插入到表格中的块，并设置块在表格单元中的对齐方式、比例和旋转角度等特性。

　　（5）"合并单元"命令　当选中多个连续的表格单元格后，使用该子菜单中的命令，可以全部、按列或按行合并表格单元。

7.2　使用面域与图案填充

　　面域指的是具有边界的平面区域，内部可以包含孔。从外观来看，面域和一般的封闭线框没有区别，但实际上面域就像是一张没有厚度的纸，除了包括边界外，还包括边界内的平面。

　　图案填充是一种使用指定线条图案、颜色来充满指定区域的操作，常常用于表达剖切面和不同类型物体对象的外观纹理等，被广泛应用在绘制机械图、建筑图及地质构造图等各类图形中。

7.2.1 创建面域

用户可以将某些对象围成的封闭区域转换为面域，这些封闭区域可以是圆、椭圆、封闭的二维多段线或封闭的样条曲线等对象，也可以是由圆弧、直线、二维多段线、椭圆弧、样条曲线等对象构成的封闭区域。

采用"下拉菜单法"（【绘图】⇨【面域】）和"命令行法"（REGION）可以将封闭图形转化为面域，执行 REGION 命令后，AutoCAD 提示选择对象，用户在选择要将其转换为面域的对象后，按回车键确认即可将该图形转换为面域。

此外，用户还可以单击【绘图】⇨【边界】命令使用如图 7-17 所示的"边界创建"对话框来定义面域。此时，若在该对话框的"对象类型"下拉列表框中选择"面域"选项，则创建的图形将是一个面域。

创建面域时，应该注意以下几点。

① 面域总是以线框的形式显示，用户可以对面域进行复制、移动等编辑操作；

② 在创建面域时，如果系统变量 DELOBJ 的值为 1，AutoCAD 在定义了面域后将删除原始对象；如果 DELOBJ 的值为 0，则在定义面域后不删除原始对象；

③ 如果要分解面域，可以选择菜单栏中的【修改】⇨【分解】命令，将面域的各个环转换成相应的线、圆等对象。

图 7-17 "边界创建"对话框

7.2.2 面域的布尔运算

在 AutoCAD 中绘图时使用布尔运算，尤其是在绘制比较复杂的图形时可以提高绘图效率。布尔运算的对象只包括实体和共面的面域，对于普通的线条图形对象，则无法使用布尔运算。

用户可以对面域执行"并集"、"差集"及"交集"三种布尔运算，各种运算效果如图 7-18 所示。

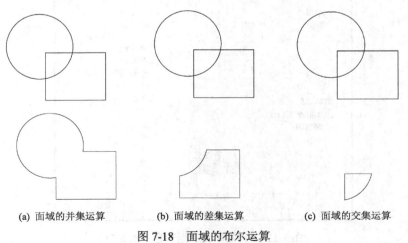

(a) 面域的并集运算 (b) 面域的差集运算 (c) 面域的交集运算

图 7-18 面域的布尔运算

1．并集运算
并集运算很简单，在此不予介绍。

2．差集运算
可采用"下拉菜单法"（【修改】⇨【实体编辑】⇨【差集】）和"命令行法"（SUBTRCT）

执行面域的差集运算。执行 SUBTRCT 命令后，AutoCAD 提示如下。

选择要从中减去的实体或面域…
选择对象：
选择要减去的实体或面域…
选择对象：

选择要减去的实体或面域后按回车键，AutoCAD 将从第一次选择的面域中减去第二次选择的面域。

3．交集运算

可采用"下拉菜单法"（【修改】⇨【实体编辑】⇨【交集】）和"命令行法"（INTERSECT）执行面域的交集运算。只需执行 INTERSECT 命令后，选择要执行交集运算的面域按回车键，可得各个面域的公共部分。

7.2.3 图案填充

图案填充是用某个图案来填充图形中的某个封闭区域，从而表达该区域的特征。图案填充应用非常广泛，既可表示剖面的区域，也可表达不同的零部件或材料等。

7.2.3.1 设置图案填充

可采用"下拉菜单法"（【绘图】⇨【图案填充】）、"面板法"（绘图⇨图案填充）和"命令行法"（BHATCH）执行图案填充命令，打开"图案填充和渐变色"对话框，如图 7-19 所示。用户可以利用"图案填充和渐变色"对话框设置图案填充时的类型和图案、角度和比例、图案填充原点、边界等特性。

图 7-19 "图案填充和渐变色"对话框

（1）类型和图案 在"类型和图案"选项区域中，可以设置图案填充的类型和图案，各选项功能如下。

1）"类型"下拉列表框 用于设置填充的图案类型，包括"预定义"、"用户定义"和"自定义"三个选项。选择"预定义"选项，就可以使用 AutoCAD 提供的图案；选择"用户定义"选项，则需要临时定义图案，该图案由一组平行线或者相互垂直的两组平行线组成；选择"自定义"选项，可以使用用户事先定义好的图案。

2）"图案"下拉列表框　用于设置填充的图案。当在"类型"下拉列表框中选择"预定义"选项时，该下拉列表框才可用。用户可以从该下拉列表框中选择图案名来选择图案，也可以单击其后的□按钮，在打开的"填充图案选项板"对话框中进行选择。该对话框有四个选项卡，即ANSI、ISO、其他预定义、自定义及其对应四种类型的图案，如图 7-20 所示。

3）"样例"预览窗口　用于显示当前选中的图案样例。单击所选的样例图案，也可打开"填充图案样板"对话框，供用户选择图案。

4）"自定义图案"下拉列表框　当填充的图案采用"自定义"类型时，该选项才可用。用户可以在下拉列表框中选择图案，也可以单击其后的□按钮，从"填充图案选项板"对话框的"自定义"选项卡中进行选择。

（2）角度和比例　在"角度和比例"选项区域中，可以设置用户定义类型的图案填充的角度和比例等参数，各选项的功能如下。

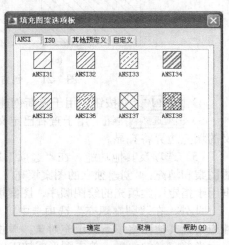

图 7-20　"填充图案选项板"对话框

1）"角度"下拉列表框　用于设置填充图案的旋转角度，每种图案在定义时的旋转角度都为零。

2）"比例"下拉列表框　用于设置图案填充时的比例值。每种图案在定义时的初始比例为 1，用户可以根据需要放大或缩小。如果在"类型"下拉列表框中选择"用户定义"选项，该选项则可不用。

3）"双向"复选框　当在"图案填充"选项卡中的"类型"下拉列表框中选择"用户定义"选项时选中该复选框，可以使用相互垂直的两组平行线填充图形；否则为一组平行线。

4）"相对图纸空间"复选框　用于决定该比例因子是否为相对于图纸空间的比例。

5）"间距"文本框　用于设置填充平行线之间的距离，当在"类型"下拉列表框中选择"用户自定义"选项时，该选项才可用。

6）"ISO 笔宽"下拉列表框　用于设置笔的宽度，当填充图案采用 ISO 图案时，该选项才可用。

（3）图案填充原点　在"图案填充原点"选项区域中，可以设置图案填充原点的位置，因为许多图案填充需要对齐填充边界上的某一个点。该选项区域中各选项的功能如下。

1）使用当前原点单选按钮　选择该单选按钮，可以使用当前 UCS 的原点(0，0)作为图案填充原点。

2）指定的原点单选按钮　选择该单选按钮，可以通过指定点作为图案填充原点。其中，单击单击以设置新原点按钮，可以从绘图窗口中选择某一点作为图案填充原点；选择"默认为边界范围"复选框，可以以填充边界的左下角、右下角、右上角、左上角或圆心作为图案填充原点；选择"存储为默认原点"复选框，可以将指定的点存储为默认的图案填充原点。

（4）边界　在"边界"选项区域中，包括有添加拾取点、选择对象等按钮，它们的功能如下。

1）拾取点按钮　可以以拾取点的形式来指定填充区域的边界。单击该按钮，AutoCAD 将切换到绘图窗口，用户可在需要填充的区域内任意指定一点，系统会自动计算出包围该点的封闭填充边界，同时亮显该边界。如果在拾取点后系统不能形成封闭的填充边界，则会显示错误提示信息。

2）选择对象按钮　将切换到绘图窗口，可以通过选择对象的方式来定义填充区域的边界。

3）删除边界按钮　可以取消系统自动计算或用户指定的孤岛，如图 7-21 所示为包含孤岛和删除孤岛的效果对比图。

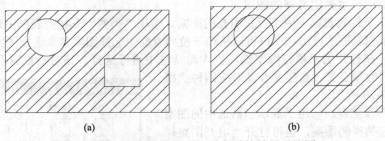

(a)   (b)

图 7-21   包含孤岛和删除孤岛时的效果对比图

4）重新创建边界按钮   用于重新创建图案填充边界。

5）查看选择集按钮   用于查看已定义的填充边界。单击该按钮，切换到绘图窗口，此时已定义的填充边界将亮显。

（5）选项及其他功能   在"选项"选项区域中，"关联"复选框用于创建其边界时随之更新的图案和填充；"创建独立的图案填充"复选框用于创建独立的图案填充；"绘图次序"下拉列表框用于指定图案填充的绘图顺序，图案填充可以放在图案填充边界及所有其他对象之后或之前。

此外，在"图案填充"选项卡中，单击继承特性按钮，可以将现有图案填充或填充对象的特性应用到其他图案填充或填充对象；单击预览按钮，可以关闭对话框，并使用当前图案填充设置显示当前定义的边界，单击图形或按[Esc]键返回对话框，单击右键或按回车键接受该图案填充。

7.2.3.2 编辑图案填充

创建了图案填充后，如果需要修改填充图案或修改图案区域的边界，可选择【修改】⇨【对象】⇨【图案填充】命令，然后在绘图窗口中单击需要编辑的图案填充，这时将打开"图案填充编辑"对话框，如图 7-22 所示。

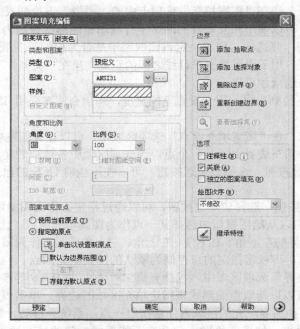

图 7-22 "图案填充编辑"对话框

从对话框可以看出，"图案填充编辑"对话框与"图案填充和渐变色"对话框的内容相同，只是定义填充边界和对孤岛操作的按钮不再可用，即图案填充操作只能修改图案、比例、旋转角度和关联性等，而不能修改它的边界。

在为编辑命令选择图案时，系统变量 PICKSTYLE 起着很重要的作用，其值有四种。

（1）0：禁止编组或关联图案选择。即当用户选择图案时仅选择图案自身，而不会选择与之关联的对象。

（2）1：允许编组选择，即图案可以被加入到对象编组中，这是 PICKSTYLE 的默认设置。

（3）2：允许关联的图案选择。

（4）允许编组和关联图案的选择。

当将 PICKSTYLE 设置为 2 或 3 时，如果选择了一个图案，将同时把与之相关联的边界对象选进来，有时候会导致一些意想不到的结果。

7.3　块

块也称图块，是 AutoCAD 图形设计中的一个重要概念。在绘制图形时，如果图形中有大量相同或相似的内容，或者所绘制的图形与已有的图形文件相同，则可以把要重复绘制的图形创建成块，在需要时直接插入它们；也可以将已有的图形文件直接插入到当前图形中，从而提高绘图效率。此外，用户还可以根据需要为块创建属性，用来指定块的名称、用途及设计者信息等。

7.3.1　块的创建和使用

7.3.1.1　块的创建

可采用"下拉菜单法"（【绘图】 ⇨ 【块】 ⇨ 【创建】）、"面板法"（绘图⇨创建块）和"命令行法"（Block 或 B）执行创建块命令，打开"块定义"对话框，可以将已绘制的对象创建为块，如图 7-23 所示。

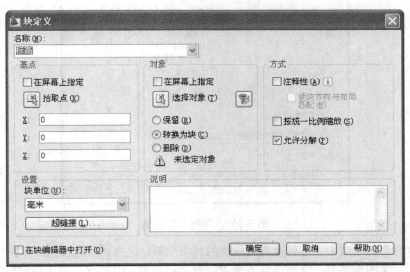

图 7-23　"块定义"对话框

"块定义"对话框中主要选项的功能如下。

（1）"名称"文本框　输入块的名称，最多可使用 255 个字符。当行中包含多个块时，还可以在下拉列表中选择已存的块。

（2）"基点"选项组　设置块的插入基点位置。用户可以直接在 X、Y、Z 文本框中输入，也可以单击拾取点按钮，切换到绘图窗口并选择基点。用户可以选择块上的任意一点作为插入的基点，为了作图方便应根据图形的结构选择基点。一般基点选在块的对称中心、左下角或其他有特征的位置。

（3）"对象"选项组　设置组成块的对象，包括以下按钮或选项。

1）在屏幕上指定复选框　关闭对话框时，将提示用户指定对象。

2）选择对象按钮　可以切换到绘图窗口选择组成块的各对象。

3）快速选择按钮　可以使用弹出的"快速选择"对话框设置所选择对象的过滤条件。

4）保留单选按钮　确定创建块后仍在绘图窗口上是否保留组成块的各对象。

5）转换为块单选按钮　确定创建块后是否将组成块的各对象保留并把它们转换成块。

6）删除单选按钮　确定创建块后是否删除绘图窗口上组成块的原对象。

（4）"设置"选项组　设置块的单位，单击超链接按钮可打开"输入超链接"对话框，插入超链接文档。

（5）"方式"选项组　指定块为注释性、块是否按统一比例缩放及块参照是否可以被分解。

（6）"说明"文本框　输入当前块的说明部分。

（7）"在块编辑器中打开"复选框　若选中，用户单击确定按钮后，可以在块编辑器中打开当前的块定义。

7.3.1.2　块的存储

使用 WBLOCK 命令可以将块以文件的形式写入磁盘。执行 WBLOCK 命令将打开"写块"对话框，如图 7-24 所示。

图 7-24　"写块"对话框

（1）在"源"选项组中，可以设置组成块的对象来源。选择块单选按钮，可在其后的下拉列表框中选择已定义的块名称，并将其写入磁盘。若当前没有定义的块，可选择对象单选按钮，用于指定需要写入磁盘的块对象。使用"基点"选项组设置块的插入基点位置，使用"对象"选项组设置组成块的对象。或选择整个图形单选按钮，将全部图形写入磁盘。

（2）"目标"选项组中可以设置块的保存名称和位置。"文件名和路径"文本框：用于输入块文件的名称和保存位置，用户也可以单击其后的…，使用打开的"浏览文件夹"对话框设置文件的保存位置。"插入单位"下拉列表框，设置块使用的单位。

7.3.1.3　插入块

可采用"下拉菜单法"（【插入】⇨【块】）、"面板法"（块⇨插入块）和"命令行法"（Insert

或 I）执行插入块命令，打开"插入"对话框，如图 7-25 所示。用户可以利用它在图形中插入块或其他图形，并且在插入块的同时还可以改变所插入块或图形的比例与旋转角度。

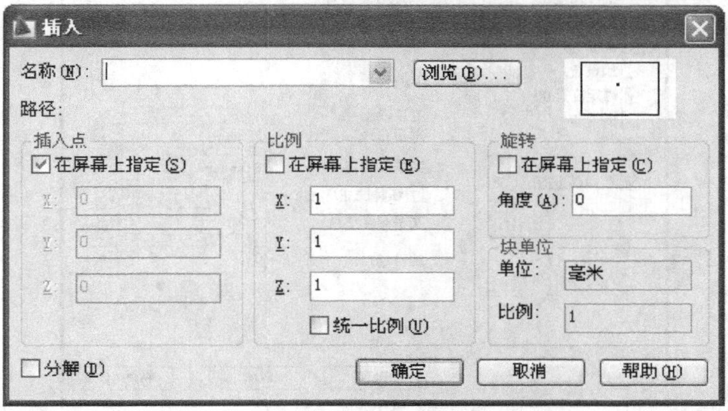

图 7-25 "插入"对话框

块"插入"对话框中各主要选项的功能说明如下。

（1）"名称"下拉列表框 选择块或图形的名称。也可以单击[浏览]按钮，打开"选择图形文件"对话框，从中选择保存的块和外部图形。

（2）"插入点"选项组 设置块的插入点位置。可直接在 X、Y、Z 文本框中输入点的坐标，也可以通过选中"在屏幕上指定"复选框，在屏幕上指定输入点位置。

（3）"缩放"选项组 设置块的插入比例。可直接在 X、Y、Z 文本框中输入块在 3 个方向的比例，也可以通过选中"在屏幕上指定"复选框，在屏幕上指定输入点位置。此外，该选项组中的"统一比例"复选框用于确定所插入块在 X、Y、Z 各方向的插入比例是否相同。选中时表示比例将相同，用户只需在 X 文本框中输入比例值即可。

（4）"旋转"选项组 设置块插入时的旋转角度。可直接在"角度"文本框中输入角度值，也可以通过选中"在屏幕上指定"复选框，在屏幕上指定旋转角度。

（5）"分解"复选框 选中该复选框，可以将插入的块分解成组成块的各基本对象。

7.3.1.4 设置块插入基点

采用"下拉菜单法"（【绘图】⇨【块】⇨【基点】）和"命令行法"（BASE），可以设置当前图形中块的插入点。当把某一图形文件作为块插入时，系统默认将该图的坐标原点作为插入点，这样往往会给绘图带来不便。这时，就可以使用 BASE 命令为图形文件指定新的插入点。

7.3.2 编辑块的属性

7.3.2.1 定义块属性

采用"下拉菜单法"（【绘图】⇨【块】⇨【定义属性】）和"命令行法"（ATTDEF），打开"属性定义"对话框，如图 7-26 所示，利用该对话框可以创建块属性。

在"模式"选项组中，可以设置属性的模式，包括如下选项。

（1）"不可见"复选框 设置插入块后是否显示其属性。选中该复选框，则属性不可见，否则将在块中显示相应的属性值。

（2）"固定"复选框 用于设置属性是否为固定值。选中该复选框，则属性为固定值，由属性定义时通过"属性定义"对话框的"值"文本框设置，插入块时该属性值不再变化。否则，可将属性不设为固定值，插入块时可以输入任意值。

（3）"验证"复选框 用于设置是否对属性值进行验证。选中该复选框，输入块时系统将显示一次提示，让用户验证所输入的属性值是否正确，否则不要求用户验证。

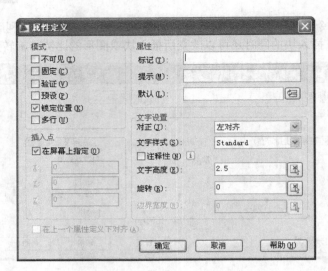

图 7-26 "属性定义"对话框

（4）"预置"复选框　用于确定是否将属性值直接预置成为默认值。选中该复选框，插入块时，系统将把"属性定义"对话框中"值"文本框中输入的默认值自动设置成实际属性值，不在要求输入新值，反之可以输入新属性值。

（5）"属性"选项组　可以定义块的属性。可以在"标记"文本框中输入属性的标记，在"提示"文本框中输入插入块时系统显示的提示信息，在"值"文本框中输入属性的默认值。

（6）"插入点"选项组　可以设置属性值的插入点，即属性文字排列的参照点。用户可直接在 X、Y、Z 文本框中输入点的坐标，也可以单击 拾取点 按钮，在绘图窗口上拾取一点作为插入点。

在确定该插入点后系统将以该点为参照点，按照在"文字选项"选项组的"对正"下拉列表中确定文字排列方式放置的属性值。

（7）"文字选项"选项组　可以设置属性文字的格式。

此外，在该对话框中选中"在上一个属性文字下对齐"复选框，可以为当前属性采用上一个属性的文字样式、文字高度及旋转角度，且另起一行按上一行属性的对齐方式排列；选择"锁定块中的位置"复选框，可以锁定属性定义在块中的位置。

单击对话框中的 确定 按钮，系统将完成一次属性定义，用户可以用上述方法为块定义多个属性。

7.3.2.2　编辑块的属性

采用"下拉菜单法"（【修改】⇨【对象】⇨【属性】⇨【单个】）、"面板法"（ 块 ⇨ 编辑单个属性 ）和"命令行法"（EATTEDIT），都可以编辑块对象的属性。在绘图窗口中选择需要编辑的块对象后，系统将打开"增强属性编辑器"对话框，如图 7-27 所示。

（1）"属性"选项卡　该列表框显示了块中每个属性的标识、提示和值。在列表框中选择某一属性后，在"值"文本框将显示该属性对应的属性值，用户可以通过它来修改属性值。

（2）"文字选项"选项卡　用于修改属性文字的格式，该选项卡如图 7-28 所示。可以在"文件样式"下拉列表框中设置文字的样式；在"对正"下拉列表框中设置文字的"对齐"样式；在"高度"文本框中设置文字高度；在"旋转"文

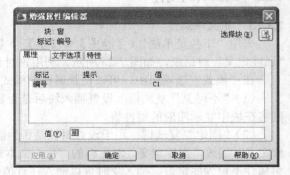

图 7-27　"增强属性编辑器"对话框

本框设置文字的旋转角度；使用"反向"复选框来确定在文字行是否反向显示；使用"颠倒"复选框确定是否颠倒显示，在"宽度比例"文本框中设置文字的宽度系数，以及在"倾斜角度"文本框中设置文字的倾斜角度等。

（3）"特性"选项卡　用于修改属性文字的图层以及其线宽、线型、颜色及打印样式等，该选项卡如图 7-29 所示。

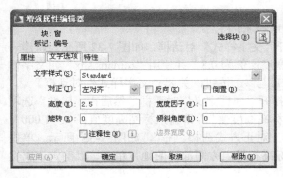

图 7-28　"文字选项"对话框　　　　　　图 7-29　"特性"选项卡

另外，在"增强属性编辑器"对话框中，单击 选择块 按钮，可以切换到绘图窗口并选择要编辑的块对象。单击 应用 按钮，可以确认已进行的修改。

7.3.3　块属性的使用

采用"下拉菜单法"（【修改】⇨【对象】⇨【属性】⇨【块属性管理器】）、"面板法"（块 ⇨ 块属性编辑器）和"命令行法"（BATTMAN），都可以打开"块属性编辑器"对话框，如图 7-30 所示，可以进行块属性的使用。

在"块属性管理器"对话框中，各主要选项的功能说明如下。

（1） 选择块 按钮　可切换到绘图窗口，在绘图窗口中可以选择需要操作的块。

（2）"块"下拉列表框　列出了当前图形中含有属性的所有块的名称，也可以通过该下拉列表框确定要操作的块。

（3）属性列表框　显示了当前所选择块的所有属性。包括属性的标识、提示、默认值和模式等。

（4） 同步 按钮　可以更新已修改的属性特性实例。

（5） 上移 按钮　可以在属性列表框中将选中的属性行向上移动一行。但对属性值为定值的行不起作用。

（6） 下移 按钮　可以在属性列表框中将选中的属性行向下移一行。

（7） 编辑 按钮　将打开"编辑属性"对话框，如图 7-31 所示，在该对话框中可以重新设置属性定义的构成、文字特性和图形特性等。

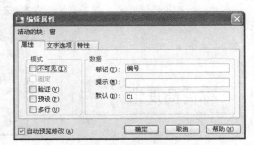

图 7-30　"块属性管理器"对话框　　　　　图 7-31　"编辑属性"对话框

（8）删除按钮　可以从块定义中删除在属性列表框中选中的属性定义，且块中对应的属性值也被删除。

（9）设置按钮　将打开"设置"对话框，可以设置在"块属性管理器"对话框中的属性列表框中能够显示的内容。

7.3.4　制作标高块的实例

首先绘制一个标高符号，绘制过程参见第 3 章的 3.1.1。

（1）选择【格式】⇨【文字样式】命令，打开"文字样式"对话框，如图 7-32 所示。新建一个名为"HZ"的文字样式，设置字体高度为 3，宽度比例为 0.8，并使用"romans.shx"西文字体和"gbcbig.shx"中文大字体，然后后依次单击应用与关闭按钮，关闭"文字样式"对话框。

（2）选择【绘图】⇨【块】⇨【定义属性】，打开"属性定义"对话框，然后在"属性"选项组中的"标记"、"提示"、"值"文本框中分别输入"标高高度值"、"请输入标高高度值："及"1.000"；在"文字选项"选项组中设定文字样式为"标高"对正方式选择"右"，如图 7-33 所示。单击确定按钮，关闭"属性定义"对话框，在绘图区标高符号上方需放置的地方单击，以确定该属性的放置位置，结果如图 7-34 所示。

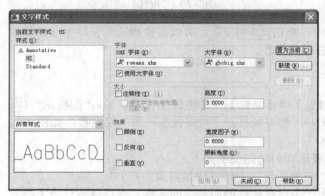

图 7-32　"文字样式"对话框

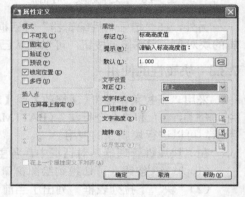

图 7-33　定义属性标记、提示及默认值

（3）选择【绘图】⇨【块】⇨【创建】，打开"块定义"对话框。

（4）在"名称"下拉列表框输入块名"标高高度"，单击选择对象按钮，选中窗口中的所有对象，单击拾取点按钮，在标高符号底部的角点位置单击确定块的基点。"块定义"对话框如图 7-35 所示。

图 7-34　向块中添加属性　　　　　　　　图 7-35　创建标高为块"块定义"对话框

（5）若在"请输入标高高度值："文本框中输入"7.000"，然后单击 确定 按钮，此时，画面如图 7-36 所示。由图中可以看出，图中的"标高高度值"属性标记已被此处输入的具体属性值所取代。如果保留"请输入标高高度值："文本框中的默认数值，直接单击 确定 按钮的话，将按先前设定默认值代替图中"标高高度值"属性标记，如图 7-37 所示。

图 7-36　输入的新数值代替了属性标记　　　图 7-37　设定的默认值代替属性标记

（6）执行"WBLOCK"命令，打开"写块"对话框，在"源"选项区中选择 选择对象 单选按钮，然后在"对象"选项区中单击对象，选中已定义完属性的标高块，在"目标"选项区中的"文件名和路径"文本框中，输入文件名和要保存的路径，如 C:\Documents and Settings\aska\My Documents\标高块.dwg，并在"插入单位"下拉列表框中选择"毫米"选项，如图 7-38 所示。

图 7-38　"写块"对话框

（7）执行"命令：I"，打开"插入"对话框，单击"名称"下拉列表框，选择"标高块"选项。在"插入点"选项组中"在屏幕中指定"复选框，以通过单击指定插入点。取消"缩放比例"和"旋转"复选框中的"在屏幕上指定"。单击 确定 按钮，在绘图区单击设置插入点位置。当命令行提示："请输入标高高度值："时，则输入一个标高数值。

练 习 题

1．用多线命令在图 3-56 上绘制 360 外墙和 240 内墙体，布置成不同大小的房间。

2．建立一个长 1000 宽 100 的单位窗块和宽 1000 的单位门块，并附加窗名和门名作为块的属性，然后居中插入到习题 1 中房间的相应墙体中，其中窗宽为 2100，门宽为 1100（注：不必进行尺寸标注），如图 7-39 所示。

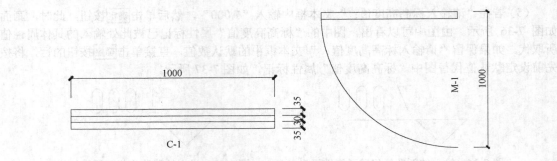

图 7-39 建立门窗块

3. 绘制砖基础剖面图，出图比例为 1：10，并填充图案（注：不必进行尺寸标注），如图 7-40 所示。

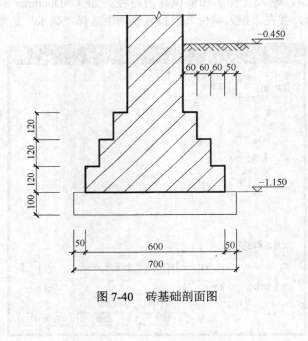

图 7-40 砖基础剖面图

8 布局与打印

AutoCAD 有两个工作空间，即模型空间和图纸空间，分别用"模型"和"布局"选项卡切换。这些选项卡位于状态行的中部，也可以通过【工具】⇨【选项】中的"显示"选项卡，选中"显示布局和模型选项卡"，则"模型"和"布局"选项卡会出现在绘图区域的底部。可以在模型空间中进行打印出图，还可以使用图纸空间即布局的方法进行打印出图。

8.1 布局的创建与管理

布局是一种图纸空间环境，它模拟图纸页面进行排版，提供直观的打印设置。一个布局就是一张图纸，并提供预置的打印页面设置。在布局中可以创建并放置多个视口对象，将不同比例的视图安排在一张图纸上并进行标注，还可以添加标题栏或其他几何图形。布局显示的图形与图纸页面上打印出来的图形完全一样。

8.1.1 模型空间与图纸空间

模型空间是一个三维坐标空间，主要用于几何模型的构建。模型空间中的"模型"是指用绘制与编辑命令生成的代表现实世界物体的对象，当启动 AutoCAD 后，默认处于模型空间，人们使用 AutoCAD 首先是在模型空间工作，并按 1∶1 进行设计绘图。对已建好的几何模型进行打印输出，通常是在图纸空间中完成的。

图纸空间是设置、管理视图的 AutoCAD 环境。图纸空间就像一张图纸，打印之前可在上面摆放图形。图纸空间是以布局的形式来使用的，在一个图形文件中模型空间只有一个，而布局可以设置多个，每个布局代表一张单独的打印输出图纸，这样就可以用多张图纸多方位地反映一个实体或图形对象。模型空间中的三维对象在图纸空间中是用二维平面上的投影来表示的，因此图纸空间是一个二维环境。

在状态行中部选择【布局1】选项卡，就可以进入相应的图纸空间环境，能查看相应的布局，如图 8-1 所示。在图纸空间中，可随时从状态行中部选择【模型】选项卡（或命令行命令"MODEL"）来返回模型空间，在模型空间中的所有修改都将反映到所有图纸空间视口中。也可以在当前布局中创建浮动视口来访问模型空间。

8.1.2 使用向导创建新布局

8.1.2.1 功能

布局向导用于引导用户来创建一个新的布局，并提示为创建的新布局指定不同的版面和打印设置。

8.1.2.2 操作说明

激活布局向导的方法有："下拉菜单法"（【插入】⇨【布局】⇨【创建布局向导】和【工具】⇨【向导】⇨【创建布局】）及"命令行法"（LAYOUTWIZARD）等。

下面结合一个实例来介绍使用向导创建新布局的操作步骤。

（1）激活布局向导命令，弹出"创建布局-开始"对话框，如图 8-2 所示。在对话框的左边列出了创建布局的步骤，在"输入新布局的名称"编辑框中键入"3—3 剖面图"。

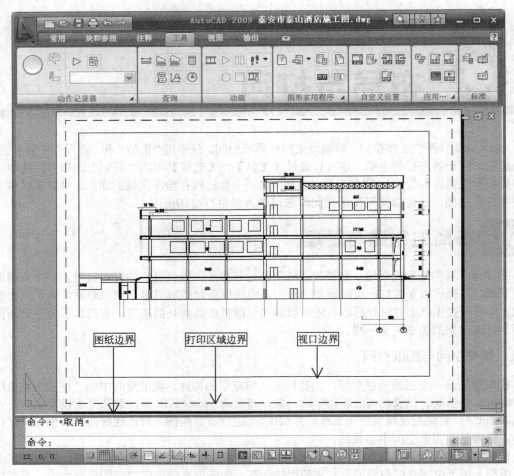

图 8-1　图纸空间

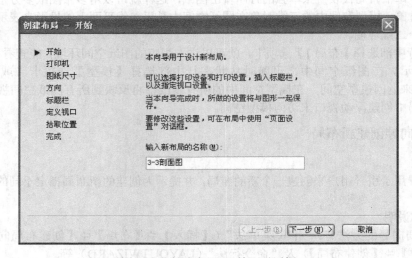

图 8-2　"创建布局-开始"对话框

（2）单击下一步按钮，弹出"创建布局-打印机"对话框，为新布局选择一种已配置好的打印设备，例如选择"DWF6 ePlot.pc3"为电子打印机，如图 8-3 所示。

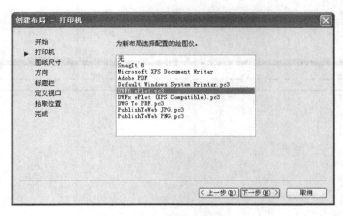

图 8-3 "创建布局-打印机"对话框

（3）单击下一步按钮，弹出"创建布局-图纸尺寸"对话框，选择图形单位为"毫米"，打印使用的图纸为"ISO A2（549.00×420.00 毫米）"。

（4）单击下一步按钮，弹出"创建布局-图纸方向"对话框，有"纵向"和"横向"两个单选框，选择图形在图纸上的方向为"横向"。

（5）单击下一步按钮，弹出"创建布局-标题栏"对话框，列表中显示了 AutoCAD 所提供的样板文件中的标准标题栏，包括多种 ANSI（美国国家标准化协会）和 ISO（国际标准化组织）标题栏。这些标题栏都不能直接借用，所以选择"无"。

说明：
　　用户可以通过创建带属性块的方法，创建满足个性要求的标题栏文件，并通过写块命令 wblock 写到存储样本图文件的路径下，样本图文件位置可以通过点击下拉菜单【工具（T）】➾【选项（N）】➾【样板设置】➾【样板图形文件位置】查到。

（6）单击下一步按钮，弹出"创建布局-定义视口"对话框，如图 8-4 所示。可供选择的视口形式有四种："无"，不创建视口；"单个"，创建单一视口，该项为系统默认选项；"标准三维工程视图"，创建 4 个视口，一个为等轴测视图视口，另外三个为工程图中常用的标准三向视口俯视图、主视图和侧视图，并以 2×2 阵列；"阵列"，创建指定数目的视口阵列形式。在此，选择单个视口，视口比例为"1：50"，即模型空间的图形按 1：50 显示在视口中。

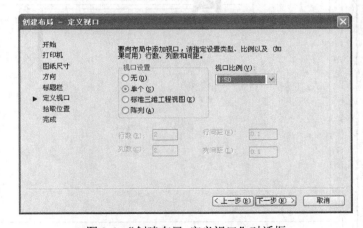

图 8-4 "创建布局-定义视口"对话框

（7）单击下一步按钮，弹出"创建布局-拾出位置"对话框，单击选择位置，通过指定两个对角点，在图纸空间中确定视口的大小和位置。之后进入"创建布局-完成"对话框，单击完成按钮即完成新布局及视口的创建，如图 8-5 所示。

图 8-5　创建完成新布局

用向导完成布局设置之后，用户也可随时调用"页面设置管理器"对话框来修改新布局的任何设置。

说明：

　　在布局中执行"Pan"和"Zoom"命令，移动、放大或缩小的是整个图纸，用鼠标左键单击视口边界，可以选中视口，但无法选取图形；在浮动视口上双击鼠标左键，视口边界变为粗线，坐标系图轴发生改变，表示已经进入模型空间视口，此时执行"Pan"和"Zoom"命令，移动、放大或缩小的是视口内的图形，并且可以选取图形；在浮动视口外的布局区域双击鼠标左键，视口边界变为细线，坐标系图轴发生改变，表示返回到图纸空间。

8.1.3 管理布局

8.1.3.1 功能

对布局进行创建、删除、复制、移动、保存、重命名、页面管理等各种操作。

8.1.3.2 操作说明

在状态栏的 布局1 点击鼠标右键，弹出【显示布局和模型选项卡】快捷菜单，执行快捷菜单在绘图区域底部显示布局和模型选项卡，可以在"布局"选项卡中"布局 n"标签⇨鼠标右键弹出【布局管理】快捷菜单，对布局进行管理。现举例（以"布局 2"为例）说明基本操作流程。

　　（1）在"布局 2"选项卡上点击右键，弹出【布局管理】快捷菜单，如图 8-6 所示。

　　（2）单击【新建布局】，使用默认设置来创建一个新的布局，默认名称为"布局 3"。

　　（3）单击【来自样板】，弹出"从文件选择样板"对话框，插入样板文件中的布局。选择该项后，系统将弹出"从文件选择样板"对话框，用户可在 AutoCAD 系统主目录中的"Template"子目录选择 AutoCAD 所提供的样板文件，也可以使用其他图形文件（包括 DWG 文件和 DXF 文件）。当选择某一文件后，将弹出"插入布局"对话框，该对话框中显示了该文件中的全部布局，用户可选择其中一种或几种布局插入到当前图形文件中。

　　（4）单击【删除】，删除指定的布局，即本例中"布局 2"。

　　（5）单击【重命名】，系统将弹出"重命名布局"对话框，提示输入新的布局名称，即给指定的"布局 2"重新命名。布局名最多可以包含 255 个字符，不区分大小写。布局选项卡中只显示最前面的 32 个字符。

　　（6）单击【移动或复制】，系统将弹出"移动或复制"对话框，如图 8-7 所示。提示移动或复制的位置，若点击"布局 1"，即将"布局 2"移动到"布局 1"之前。若同时选创建副本复选按钮，则在"布局 1"之前创建"布局 2（2）"。

　　（7）单击【选择所有布局】，选择图形中定义的所有布局。

图 8-6　布局管理快捷菜单

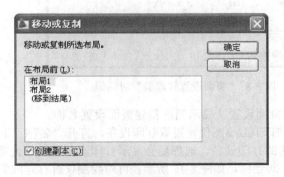

图 8-7　"移动或复制"对话框

（8）单击【激活前一个布局】，激活相对于目前布局来讲，前一次操作的布局。

（9）单击【激活模型选项卡】，激活模型空间，由图纸空间进入模型。

（10）单击【页面设置管理器】，系统将弹出"页面设置管理器"对话框，如图8-8所示。对准备要打印的图形或布局（当前"布局2"），进行图形输出的设置。可以将某个页面设置应用到当前布局，也可以新建页面设置和修改页面设置，还可从其他图形中输入命名的页面设置。如果不希望每次新建图形布局时都出现"页面设置"对话框，可取消对话框中的"创建新布局时显示"选项。

8.1.4 页面设置

8.1.4.1 功能

页面设置就是为准备打印或发布的图形指定许多定义图形输出的设置和选项，这些设置保存在命名的页面设置中。可以使用页面设置管理器将一个命名的页面设置应用应用到多个布局中，也可以从其他图形中输入命名页面设置并将其应用到当前图形布局中。

8.1.4.2 操作说明

激活"页面设置管理器"的方法也可采用"下拉菜单法"（【文件】⇨【页面设置管理器…】）执行命令。

在"页面设置管理器"对话框中，如图8-8所示。在页面设置区域显示已有的布局和页面设置名，下侧显示对应选定页面设置的详细信息。【置为当前】是将在列表中选中的命名页面设置激活并置为当前页面设置；【新建】是新建命名页面设置；【修改】是修改在列表中选中的命名页面设置；【输入】是从文件中输入页面设置。

（1）新建页面设置　点击新建按钮，系统弹出"新建页面设置"对话框，如图8-9所示。输入新建页面设置名称，系统默认名字"设置 n"；"基础样式"列表中显示可选择的页面设置的基础样式。点击确定按钮，系统弹出"页面设置"对话框，如图8-10所示，对话框中各项设置如下。

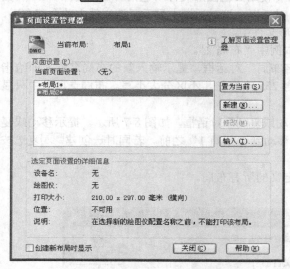

图8-8　"页面设置管理器"对话框

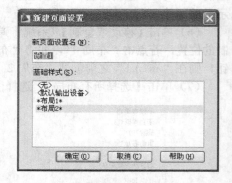

图8-9　"新建页面设置"对话框

1）页面设置　显示当前新建页面设置名称。

2）打印机/绘图仪　设置打印设备，打开"名称"下拉框中列表，列出已设置的打印设备，选择使用的打印设备，选择后会显示打印设备和相应说明。点击特性按钮可以进入"绘图仪配置编辑器"对话框，如图8-11所示，可对绘图仪进行详细配置，比如自定义图纸尺寸和修改标准图纸可打印区域。

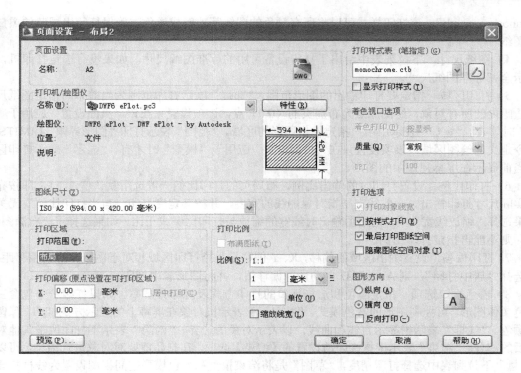

图 8-10 "页面设置"对话框

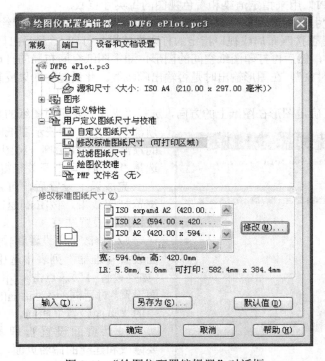

图 8-11 "绘图仪配置编辑器"对话框

3）打印样式表 选择或创建打印样式设置。打印样式表是通过确定打印特性（例如线宽、颜色和填充样式等）来控制对象或布局的打印方式。一般工程图纸应选择下拉框中

"monochrome.ctb"，该打印样式可以将所有颜色的图线都映射成黑色，确保打印出规范的黑白工程图纸。

4）图纸尺寸　下拉列表中给出了打印设备可用的标准图纸尺寸。如果没有选定打印机，则显示全部标准图纸尺寸。

5）打印区域　指定要打印输出的图形范围。"布局"表示打印范围为当前布局指定图纸尺寸页边距内的所有对象，绘图原点为布局页的（0,0）点，该项设置只在该"页面设置"应用于"布局"时才有。"窗口"表示由用户指定输出图形的区域。"范围"表示打印"图形界限（LIMITS）"命令定义的绘图区域，该项设置只在"页面设置"应用于"模型"时才有。"显示"表示打印区域为当前显示在屏幕视口中的图形。

6）打印比例　设置打印时的输出比例。布局页的打印比例一般选用默认值1:1，即按布局的实际尺寸打印输出。一般线宽是指对象图线的宽度，并按其宽度打印，与"打印比例"无关。如果选择"缩放线宽"项，则绘图输出时线宽的缩放与打印比例成正比。如果选择了"布满图纸"项，则不能再指定打印比例。

7）打印偏移　设置输出区域的偏移，X、Y偏移量是指打印区域相对于图纸原点的偏移距离。如选择"居中打印"，则AutoCAD自动计算偏移值，并将图形居中打印。

8）着色视口选项　指定着色和渲染视口的打印方式及打印分辨率。如果打印一个包含三维着色实体图形，可控制图形的着色模式，"按显示"表示按对象在屏幕上的显示方式打印，保留所有颜色。"线框"表示指显示直线和曲线，以表示对象的边界。"消隐"表示不打印位于其他对象之后的部分。"渲染"表示根据打印前设置的【渲染】选项，在打印前要对对象进行渲染。可以从"质量"下拉列表中选择打印精度，"草图"是将渲染模型和着色模型空间视图设置为线框打印。"常规"是将渲染模型和着色模型空间视图中的打印分辨率设置为当前设备分辨率的二分之一，最大值为300DPI。"DPI"用来指定渲染和着色视图的每英寸点数。

9）打印选项　"打印对象线宽"复选框，控制是否按对象的线宽设置绘图输出。"按印样打印式"复选框，控制是否按照布局或视口指定的打印样式进行打印。"最后打印图纸空间"，是先打印模型空间的图形，然后再打印图纸空间的图形，通常图纸空间布局的打印优于模型空间的图形。"隐藏图纸空间对象"，在图形输出时是否输出隐藏线。此设置的效果反映在打印预览中，而不反映在布局中。

10）图形方向　确定图形在图纸上的方向，选择"纵向"表示用图纸的短边作为图形页面的顶部。"横向"则表示图纸的长边作为图形页面的顶部。无论使用哪一种图形方式，都可以通过选择"反向打印"开关来得到相反的打印效果。

完成以上设置后，可直接单击 预览 按钮来浏览打印效果。按[Esc]返回对话框。单击 确定 按钮页面设置结束。

（2）修改页面设置和输入页面设置　在"页面设置管理器"列表中选中要修改的命名页面（如"设置 1"），点击 修改 按钮，系统弹出"页面设置"对话框，该对话框的功能与上述"新建"中的"页面设置"相同。

在"页面设置管理器"列表中，选中要修改和建立的命名页面，点击 输入 按钮，弹出"从文件选择页面设置对话框"，输入指定的文件名，打开后，弹出"输入页面设置"对话框，选择该文件中的某个页面设置即可，如图 8-12所示。

图 8-12　"输入页面设置"对话框

说明:

页面设置可以为当前的布局设置,也可以为模型设置,在页面设置管理器对话框中,如当前布局名显示为"模型"时,即为模型空间的页面设置。

8.2 浮动视口

浮动视口是在图纸空间中创建视口,是从图纸空间观察、修改在模型空间建立的模型的窗口,建立浮动视口是在布局上组织图形输出的重要手段。

① 浮动视口可视为图纸空间的图形对象,可对其进行编辑(删除、移动、调整等)。

② 为了在布局输出时只打印视图,不打印视口边框,浮动视口要单独设置在一个图层上,设置为不可打印,也可在打印前关闭或冻结该图层。

③ 根据需要在布局中创建多个视口,每个视口可以指定显示不同的模型空间图形。并通过视口对图形进行平移和缩放。

④ 多个浮动视口间可以相互重叠或分离。

⑤ 在图纸空间中必须激活浮动视口,进入浮动模型空间,才能编辑模型空间中的对象。激活浮动视口的方法有多种,如双击浮动视口区域中的任意位置,或用"MSPACE"命令。

⑥ 布局中的视口默认为矩形,也可以是任意形状的。

8.2.1 在布局中删除、创建、编辑浮动视口

8.2.1.1 删除浮动视口

在布局中,选择浮动视口边界,执行删除命令或用按[Del]键,即可删除浮动视口。

8.2.1.2 创建浮动视口

创建视口的方式有多种,可采用"下拉菜单法"(【视图(V)】⇨【视口 V)】⇨【新建视口(E)】)和"命令行法"(VPORTS)执行单行文字命令。弹出"视口"对话框,可创建一个或多个矩形浮动视口,如图 8-13 所示。

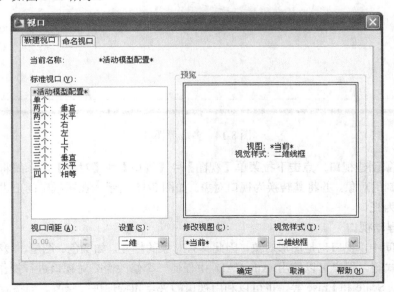

图 8-13 "新建视口"对话框

"新建视口"选项卡用于选择标准配置方案,用户可以从"标准视口"列表框中选择一种标准配置方案,同时能在右侧框中预览。"视口间距"文本框是设置浮动视口之间的间距。"设置"下拉文本框可以设置"二维"或"三维"。若选择"二维",则各个浮动视口显示当前屏幕,若选择"三维",则各个浮动视口显示标准的三视图,此时可以在"修改视图"下拉文本框中选择所显示的视图名称。

"命名视口"选项卡可以导入在模型空间命名保存的视口设置中。

在图纸空间中还可创建各种非矩形视口,通常用如下两种方式进行创建。

(1)创建多边形视口 点击下拉菜单【视图】⇨【视口】⇨【多边形视口】,系统将提示用户指定一系列的点,在图纸空间上定义一个随意多边形的边界,并以此创建一个多边形的浮动视口。如图8-14所示为在图纸空间上随意绘制一个四边形得到的视口。

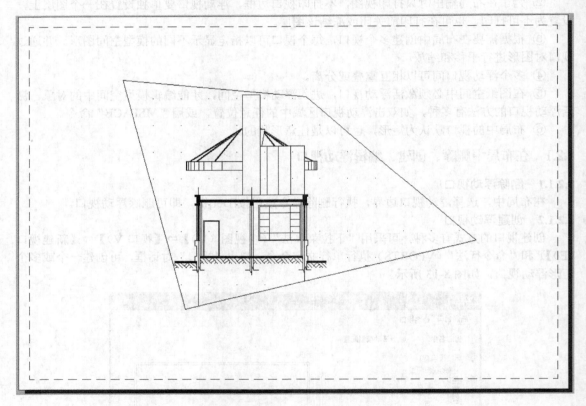

图8-14 多边形视口

(2)从对象创建视口 点击下拉菜单【视图】⇨【视口】⇨【对象】,系统将提示指定一个在图纸空间绘制的对象,并将其转换为视口对象。如图8-15所示为在图纸空间上进行布尔运算后的面域对象作为视口。

8.2.1.3 编辑浮动视口

在图纸空间中,视口也是图形对象,因此具有对象的特性,如颜色、图层、线型、线型比例、线宽和打印样式等。用户可以使用 AutoCAD 中任何一个修改命令对视口进行操作,如 Move、Copy、Stretch、Scale 和 Erase 等,也可以利用视口的夹点和特性进行修改。当擦除浮动视口的边界时,其中的视图消失。当移动浮动视口时,其内视图同时移动。

8.2.2 使用浮动视口

8.2.2.1 通过视口访问模型空间

在布局中工作时，可以在图纸空间中添加注释或其他图形对象，添加内容不会影响模型空间或其他布局。

如果需要在布局中编辑模型，可用如下办法在视口中访问模型空间：双击浮动视口内部，或单击状态栏上的 模型 按钮。从视口中进入模型空间后，可以对模型空间的图形进行操作。在模型空间对图形作的任何修改都会反映到所有图纸空间的视口以及平铺的视口中。

如果需要从视口中返回图纸空间，则可相应使用如下方法：双击布局中浮动视口以外的部分，或单击状态栏上的 图纸 按钮。

8.2.2.2 打开或关闭浮动视口

新视口的缺省设置为打开状态。对于暂不使用或不希望打印的视口，可以将其关闭。控制视口开关状态的方法有用"命令行法"（-vports）和快捷菜单法。

选中要控制的视口，单击鼠标右键，弹出快捷菜单，选择【特性】弹出"视口"特性对话框，如图 8-16 所示。【开】选择 否 ，则将选定的视口关闭，选择 是 则将选定的视口打开。

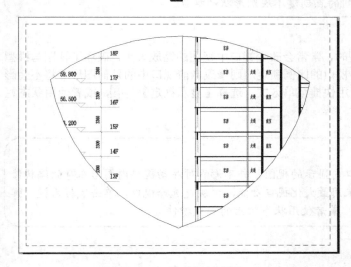

图 8-15　从对象创建视口

图 8-16　视口特性对话框

8.2.2.3 调整视口的显示比例

一般情况下，布局的打印比例设置为 1:1，浮动视口中图形的输出比例就是视口显示比例。新创建的视口默认的显示比例，都是将模型空间中的全部图形最大化地显示在视口中。对于规范的工程图纸，需要使用规范的比例出图，因此必须为浮动视口显示的图形确定一个精确的比例。调整视口的显示比例的方法可用"命令行法"（-vports）、"快捷菜单法"（图 8-16 中的【标准比例】）和状态行等方式。

选定要调整的视口，则在状态行显示视口控件。打开"视口比例"下拉列表框，如图 8-17 所示，可以选择表中已定义的比例，也可以自定义比例数值。甚至可以删除不常用的比例数值，只保留常用的比例数值。

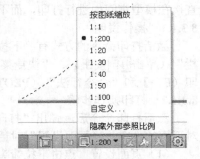

图 8-17　状态栏中视口控件

说明：

　　"-vports"命令提供了更多的功能，调用该命令系统将提示指定视口的角点或 [开(ON)/关(OFF)/布满(F)/着色打印(S)/锁定(L)/对象(O)/多边形(P)/恢复(R)/2/3/4] <布满>。

　　① 指定视口的角点　用户可直接指定两个角点来创建一个矩形视口。

　　② "开（ON）"　打开指定的视口，将其激活并使它的对象可见。

　　③ "关（OFF）"　关闭指定的视口。

　　④ "布满（Fit）"　创建充满整个显示区域的视口。视口的实际大小由图纸空间视图的尺寸决定。

　　⑤ "着色打印（S）"　指定如何打印布局中的视口是否着色打印。

　　⑥ "恢复（R）"　恢复保存的视口配置。

　　⑦ "2"、"3"、"4"　分别是将当前视口拆分为两个视口、三个视口和四个视口。

　　⑧ "锁定（L）"　锁定当前视口。

　　⑨ "对象（O）"　将图纸空间中指定的对象换成视口。

　　⑩ "多边形（P）"　指定一系列的点创建不规则形状的视口。

8.2.2.4　锁定视口的比例

　　当激活视口并编辑修改空间模型时，常常会改变视口中视图的缩放大小，破坏了视图与模型空间图形间建立的比例关系。如果将视口的比例锁定，则修改当前视口中的几何图形时将不会影响视口比例。锁定视口比例的方法可用快捷菜单方式，选择【显示锁定】为圐，或者使用状态栏上的视口控件。

 说明：

　　锁定视口比例，只是锁定了视口内显示的视图，并不影响对浮动视口内图形本身的编辑修改。为了防止视图比例的改变也可采用最大化视口功能，方法是选择视口，单击鼠标右键，弹出快捷菜单，选择【最大化视口】。或者使用状态栏上的视口控件。

8.3　图形打印

8.3.1　使用模型空间打印

　　如果创建的是具有一个视图的二维图形，则可在模型空间内创建图形，并对图形进行标注，直接在模型空间中进行打印，而不使用布局选项卡。这是 AutoCAD 创建图形的传统方法。

8.3.1.1　操作说明

　　激活打印命令的方式有"下拉菜单法"（【文件（F）】 ⇨ 【打印（P）】、"快速访问工具栏"（单击打印按钮）、"快捷菜单法"（在模型选项卡上单击右键弹出快捷菜单，并选择【打印（P）】和"命令行法"（PLOT）等。

8.3.1.2　打印操作步骤

　　激活打印命令后，弹出"打印-模型"对话框，单击右下角后翻按钮可以浏览更多内容。该对话框的内容与"页面设置"对话框类似，如图8-18所示。

　　（1）页面设置　点击下拉箭头，可以列出图形中已命名或已保存的页面设置。点击【添加】可基于当前设置创建一个新命名页面设置。

　　（2）打印机/绘图仪　从下拉列表中选择打印设备。

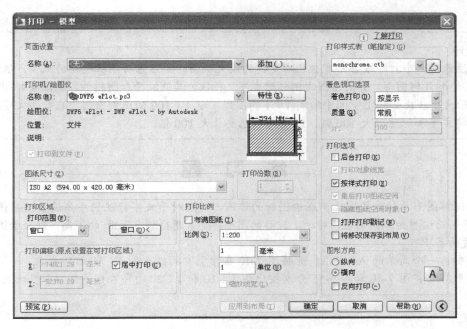

图 8-18 "打印-模型"对话框

（3）图纸尺寸　从下拉列表中选择打印图纸规格。

（4）打印区域　从"打印范围"下拉列表中选择"窗口"，此项选择将会切换到绘图窗口，由用户选择图幅的对角点为窗口范围。

（5）打印比例　去掉"布满图纸"复选框的选择，在"比例"下拉列表中选择要输出图纸的比例。

（6）打印偏移　可选择"居中打印"，保证将图形居中图纸打印。

（7）打印样式表　从下拉列表中选择"monochrome.ctb"，输出黑色线条图纸。

（8）打印选项　指定线宽、打印样式、着色打印和对象的打印次序等选项。其中后台打印是指定在后台处理打印，打印对象线宽是指定是否打印为对象或图层指定的线宽，打开打印戳记是在每个图形的指定角点处放置打印戳记，并将戳记记录到文件中。打印戳记的信息一般包括图形名称、日期和时间、打印比例等。

（9）图形方向　选择"纵向"或"横向"。

完成设置后，可单击预览按钮来浏览打印效果，此时光标变为实时缩放光标，对显示不清的部分可使用该功能进行局部放大。单击鼠标右键，从弹出的快捷菜单中单击退出按钮返回原对话框。选择应用到布局按钮可将当前"打印"对话框设置保存到当前布局内。若满意打印效果，单击确定按钮开始打印。

选择虚拟的电子打印机，此时会弹出"浏览文件"对话框，提示将电子打印文件保存的位置，选择合适的目录后单击保存按钮打印开始进行，打印完成后，屏幕右下角状态栏托盘中会出现"完成打印和作业发布"气泡通知。

8.3.2　使用布局打印

使用布局打印时有很多打印设置（如打印设备、图纸尺寸、打印方向、出图比例等）在布局中已预先设置，打印时不需要再进行设置。在布局中激活打印命令的方法同模型空间，在弹出的"打印"对话框中，单击预览按钮来浏览打印效果，如果满意打印效果，单击鼠标右键，从弹出的快捷菜单中按打印按钮开始打印。不过要注意的是，布局打印使用的打印比例是 1：1，因为它的打印对象是图纸空间里的图纸，这与模型空间打印是有区别的。

说明:

要注意每一个打印设备都有自己所支持的最大幅面,要注意打印机硬件的限制,通常以比例 1:1 绘制几何图形,并用出图比例创建文字、标注、其他注释和图框等,保证在打印图形时正确显示大小。比如模型空间中绘制 1:1 的图形,以 1:100 的比例出图,在标写文字和标注时必须将文字和标注放大 100 倍,线型比例也要放大 100 倍。

练 习 题

1. 理解图形单位和绘图比例在绘图时的作用,特别对于文字标注的字高设置值应根据绘图比例的不同而设置为不同的值。对于 1:50 的图形,如果想得到 3.5mm 的字高,则大绘图时应设文字高度为多少?

2. 制作一个简单的 A4 图框,并将图 7-40 在模型空间按比例 1:10 打印出来。

3. 用布局将图 7-40 和图 5-55 分别按比例 1:10 和 1:20 打印在同一张 A4 图纸上。

9 尺寸标注

本章主要介绍 AutoCAD 标注样式的概念和作用，并对标注样式管理器和尺寸标注类型进行了详尽的说明。

9.1 尺寸标注样式

尺寸标注是与标注样式相关联的，而标注样式用于控制标注的格式和外观。通过标注样式，用户可进行定义如下内容：

① 尺寸线、尺寸界线、箭头和圆心标记的格式和位置；
② 标注文字的外观、位置和对齐方式；
③ 标注文字、箭头与尺寸界线相对位置的调整；
④ 全局标注比例；
⑤ 主单位、换算单位和公差值的格式和精度。

AutoCAD 新建图形文件时，系统将根据样板文件来创建一个缺省的标注样式。"acadiso.dwg"样板文件的缺省样式为"ISO-25"，采用公制单位。"acad.dwt"样板文件的缺省样式为"STANDARD"，采用的是英制单位。用户可通过"标注样式管理器"来创建新的标注样式或对标注样式进行修改和管理。

9.1.1 尺寸标注组成

尺寸标注是一种图形的测量注释，用以测量和显示对象的长度、角度等测量值，通常由以下几种基本元素所构成，如图 9-1 所示。

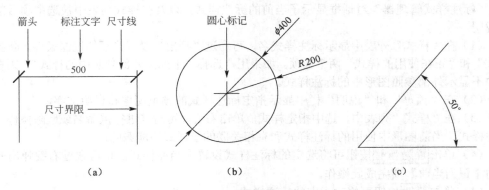

图 9-1　尺寸标注基本元素

（1）尺寸线　指示标注的方向和范围。通常使用箭头来指出尺寸线的起点和端点。对于角度标注和圆弧的长度标注，尺寸线是一段圆弧。

（2）尺寸界线　也称为投影线，从被标注的对象延伸到尺寸线。尺寸界线一般与尺寸线垂直，但在特殊情况下也可以将尺寸界线倾斜。

（3）箭头　也称为终止符号，显示在尺寸线的两端，表明测量的开始和结束位置。土木工程的绘图标准中通常采用建筑箭头，AutoCAD 提供了多种符号可供选择，用户也可以创建自定义符号。

（4）标注文字　指示测量值的字符串。可以使用由 AutoCAD 自动计算出的测量值，并可附加公差、前缀和后缀等。用户也可以手动输入编辑文字或取消文字。

（5）圆心标记　标记圆或圆弧中心的小十字。

（6）中心线　标记圆或圆弧中心的虚线。

9.1.2　使用标注样式管理器

可采用"下拉菜单法"（【标注】⇨【标注样式】和【格式】⇨【标注样式】）、"面板法"（"注释"选项卡⇨ 标注 ⇨ 标注样式 ）和"命令行法"（DIMSTYLE 或 DL 或 DST 或 DIMSTY）等几种方式启动"标注样式管理器"对话框，如图 9-2 所示。

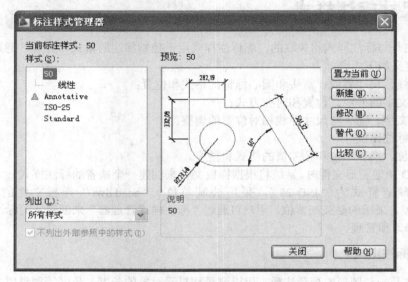

图 9-2　"标注样式管理器"对话框

"标注样式管理器"对话框显示了当前的标注样式，以及在样式列表中被选中项目的预览图和说明。

（1）在"样式"列表中显示标注样式名，可通过"列出"设置显示的过滤条件，包括"所有样式"和"正在使用的样式"两个选项。如果用户选择"不列出外部参照中的样式"，则在样式列表中不显示外部参照图形中的标注样式。

（2）在"预览"和"说明"栏中显示指定标注样式的预览图像和说明文字。

（3）在"样式"列表中，选中指定样式，单击右键，可对其进行重命名或删除操作。但当前标注样式、当前图形中使用的标注样式和有相关联的子样式不能删除。

（4）单击 置为当前 按钮可将选定的标注样式设置为当前样式，也可通过右键弹出快捷菜单中的【置为当前】项完成此操作。

（5）单击 修改 按钮可修改指定的标注样式。

（6）单击 替代 按钮可为当前的样式创建样式替代。样式替代可以在不改变原样式设置的情况下，暂时采用新的设置来控制标注样式。如果删除了样式替代，则可继续使用原样式设置。

（7）单击 比较 按钮弹出"比较标注样式"对话框，如图 9-3 所示。在该对话框中可分别指定两种样式进行比较，AutoCAD 将以列表的形式显示这两种样式在特性上的差异。如果选择同一种标注样式，则 AutoCAD 显示这种标注样式的所有特性。完成比较后，用户可单击 复制 按钮将比较结果复制到 Windows 剪贴板上。图中标注样式"50"和"ISO-25"有两个区别，即全局比例和文字样式。

若新建一个标注样式，可单击 新建 按钮弹出"创建新标注样式"对话框，如图 9-4 所示。

在"创建新标注样式"对话框中，各项意义如下。

（1）"新样式名" 指定新样式的名称，可用出图比例作为样式名，如若按 1：100 出图，则新样式名可指定为"100"。

（2）"基础样式" 即新样式在指定样式的基础上创建，拷贝指定样式已定义的系统变量到新建标注样式，但两者并不相互关联。

（3）"注释性" 指定标注样式为注释性。

（4）"用于" 如果选择"所有标注"项，则创建一个与起点样式相对独立的新样式。而选择其他各项时，则创建起点样式相应的子样式。用户可对该子样式进行单独设置而不影响其他标注类型。

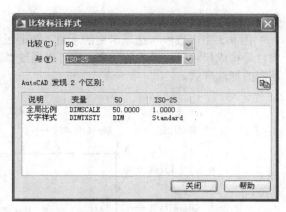

图 9-3 "比较标注样式"对话框

9.1.3 标注样式详解

在"标注样式管理器"对话框单击 新建 或 修改 按钮，会弹出一个"新建标注样式"或"修改标注样式"对话框，这两个对话框只是标题栏不同，内容完全相同。如图 9-5 所示显示的是"新建标注样式"对话框。

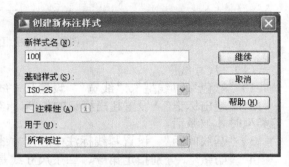

图 9-4 "创建新标注样式"对话框

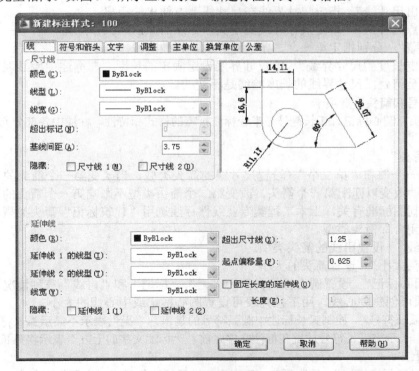

图 9-5 "新建/修改标注样式"对话框

9.1.3.1 "直线"选项卡

图 9-5 中"直线"选项卡中的项目，可通过与图 9-6 所标出的注释对应，了解其含义。这些项目是构成尺寸标注样式的元素，都可以通过"新建/修改标注样式"对话框的元素特征值设置出不同的标注样式。

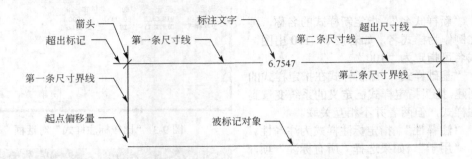

图 9-6　标注组成元素示意图

（1）"尺寸线"

1）"颜色"、"线型"、"线宽"　设置尺寸线的颜色、线型和线宽，默认为"ByBlock"。

2）"超出标记"　设置超出标记的长度。该项在箭头被设置为"建筑"、"倾斜"和"无"等类型时才被激活。

3）"基线间距"　设置基线标注中各尺寸线之间的距离。

4）"隐藏"　分别指定第一、二条尺寸线是否被隐藏。

（2）"延伸线"

1）"颜色"、"线型"、"线宽"　设置延伸线的颜色、线型和线宽，默认为"ByBlock"。

2）"超出尺寸线"　指定尺寸界线在尺寸线上方伸出的距离。

3）"起点偏移量"　指定尺寸界线到定义该标注的原点的偏移距离。

4）"隐藏"　分别指定第一、二条尺寸界线是否被隐藏。

5）"固定长度的尺寸界线"　给尺寸界线设定固定的长度，在标注中所显现的就是不论尺寸线设定至何处，尺寸界线的长度始终是不变的。

9.1.3.2 "符号和箭头"选项卡

设置箭头、圆心标记、弧长符号与半径标注折弯的格式和特性。标注中各部分元素的含义如图 9-7 所示。

（1）"箭头"

1）"第一个"和"第二个"　设置尺寸线的箭头类型。当改变第一个箭头的类型时，第二个箭头自动改变以匹配第一个箭头。改变第二个箭头类型不影响第一个箭头的类型。箭头类型与专业制图标准有关，土木工程类专业线性标注选用"建筑标记"箭头类型，其他标注选用"实心闭合"箭头类型。

2）"引线"　设置引线的箭头类型。

3）"箭头大小"　设置箭头的大小。

（2）"圆心标记"　设置圆心标记类型为"无"、"标记"和"直线"三种情况之一。其中"直线"选项可创建中心线。用下拉列表可设置圆心标记或中心线的大小。

（3）"弧长符号"　控制弧长标注中圆弧符号的显示。"无"表示不显示弧长符号。"标注文字的前缀"表示将弧长符号放置在标注文字之前。"标注文字的上方"表示将弧长符号放置在标注文字的上方。

（4）"半径折弯标注"　控制折弯（Z 字形）半径标注的显示，设置折弯角度。

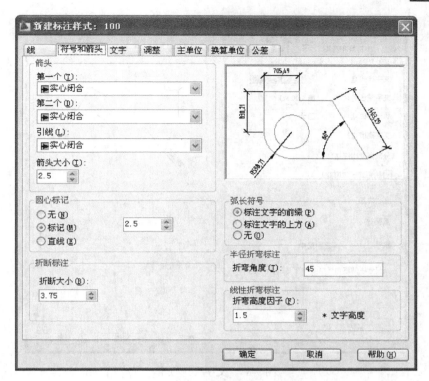

图 9-7 "符号和箭头"选项卡

注意：

在"箭头"栏的第一条尺寸线、第二条尺寸线和引线，都要选择箭头类型，AutoCAD 默认为"实心闭合"箭头类型，不同的专业因制图标准不同，其箭头类型也有不同的规定，对于土木工程类专业，尺寸线一般都要选择"建筑标记"箭头类型。当标注比较密集时，可选用"点"箭头类型。而引线、半径、直径、角度标注时，一般选择"实心闭合"箭头。

9.1.3.3 "文字"选项卡

设置标注文字的格式、放置和对齐，如图 9-8 所示。

（1）"文字外观"

1）"文字样式"　设置当前标注文字样式，默认为 Standard。建议定义专用的文字样式，并设文字高度为 0。

2）"文字颜色"和"填充颜色"　设置标注文字样式的颜色和背景颜色，建议采用默认值。

3）"文字高度"　设置当前标注文字样式的高度。只有在标注文字所使用的文字样式中的文字高度设为 0 时，该项设置才有效，否则标注的文字高度为文字样式中的文字高度。建议文字高度设为 3.0 或 3.5，最小设为 2.5。

4）"分数高度比例"　设置与标注文字相关部分的比例。仅当在"主单位"选项卡上选择"分数"作为"单位格式"时，此选项才可用。

5）"绘制文字边框"　在标注文字的周围绘制一个边框，默认不选。

（2）"文字位置"

1）"垂直"　设置文字相对尺寸线的垂直位置，包括置中、上方、外部以及 JIS（按照日本工业标准放置）。

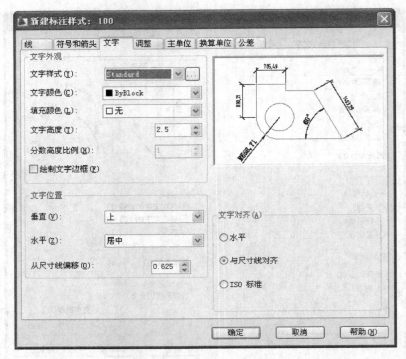

图 9-8　"文字"选项卡

2）"水平"　设置文字相对于尺寸线和尺寸界线的水平位置，包括置中、第一条尺寸界线、第二条尺寸界线、第一条尺寸界线上方和第二条界线上方。

3）"从尺寸线偏移"　设置文字与尺寸线之间的距离。

（3）"文字对齐"

1）"水平"　水平放置文字，文字角度与尺寸线角度无关。

2）"与尺寸线对齐"　文字角度与尺寸线角度保持一致。

3）"ISO 标准"　当文字在尺寸界线内时，文字与尺寸线对齐。当文字在尺寸界线外时，文字水平排列。

9.1.3.4　"调整"选项卡

设置文字、箭头、引线和尺寸线的位置，如图 9-9 所示。

（1）"调整选项"　根据两条尺寸界线间的距离确定文字和箭头的位置。如果两条尺寸界线间的距离够大时，AutoCAD 总是把文字和箭头放在尺寸界线之间。否则，按如下规则进行放置。

1）"文字或箭头，取最佳效果"　尽可能地将文字和箭头都放在尺寸界线中，容纳不下的元素将用引线方式放在尺寸界线外。

2）"箭头"　尺寸界线间距离仅够放下箭头时，箭头放在尺寸界线内而文字放在尺寸界线外。否则文字和箭头都放在尺寸界线外。

3）"文字"　尺寸界线间距离仅够放下文字时，文字放在尺寸界线内而箭头放在尺寸界线外。否则文字和箭头都放在尺寸界线外。

4）"文字和箭头"　当尺寸界线间距离不足以放下文字和箭头时，文字和箭头都放在尺寸界线外。

5）"文字始终保持在尺寸界线之间"　强制文字放在尺寸界线之间。

6）"若不能放在尺寸界线内，则消除箭头"　如果尺寸界线内没有足够的空间，则消除箭头。

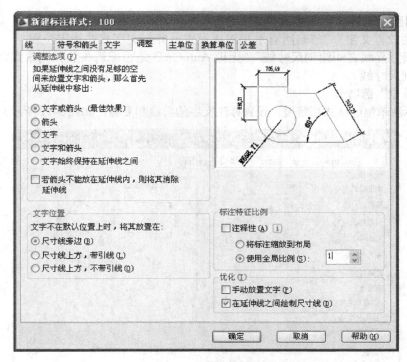

图 9-9 "调整"选项卡

（2）"文字位置" 设置标注文字非缺省的位置。

1）"尺寸线旁边" 把文字放在尺寸线旁边。

2）"尺寸线上方，带引线" 如果文字移动到距尺寸线较远的地方，则创建文字到尺寸线的引线，建议不选用该项。

3）"尺寸线上方，不带引线" 移动文字时不改变尺寸线的位置，也不创建引线，建议选用该项。

（3）"标注特征比例" 设置全局标注比例或图纸空间比例。

1）"将标注缩放到布局" 如果在布局进行尺寸标注，则选用该项。根据当前模型空间视口和图纸空间的比例确定比例因子。

2）"使用全局比例" 如果在模型空间进行尺寸标注，则选用该项。设置指定大小、距离或包含文字的间距和箭头大小的所有标注样式的比例，如图 9-10 所示。

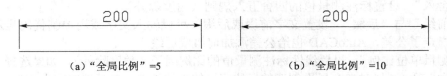

(a)"全局比例"=5   (b)"全局比例"=10

图 9-10 全局比例对标注的影响

说明：

CAD 的标注可以在模型空间和布局中进行，模型空间标注时采用"全局比例"，其值为出图比例的倒数，若出图比例为 1：100，则其值为 100。如果采用布局标注，则使用"将标注缩放到布局"选项，通过视口进行标注。"特征标注比例"的设置不影响标注文字的值，只影响标注的样式和外观。

（4）"优化" 设置其他调整选项。

1）"手动放置文字" 忽略所有水平对正设置，并把文字放在指定位置。

2）"在尺寸界线之间绘制尺寸线" 无论 AutoCAD 是否把箭头放在测量点之外，都在测量点之间绘制尺寸线。

9.1.3.5 "主单位"选项卡

设置主标注单位的格式和精度，设置标注文字的前缀和后缀，如图 9-11 所示。

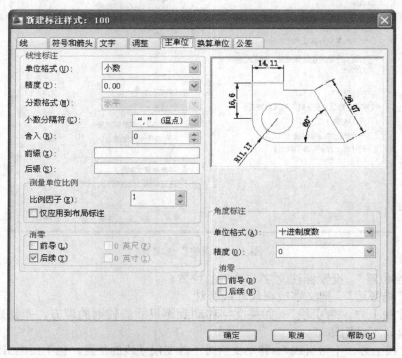

图 9-11 "主单位"选项卡

（1）"线性标注" 用于设置线性标注的格式和精度。

1）"单位格式" 设置标注类型的当前单位格式（角度除外），默认为"小数"。

2）"精度" 设置标注的小数位数，一般设置为无小数，即整数类型。

3）"分数格式" 设置分数的格式。

4）"小数分隔符" 设置十进制格式的分隔符。

5）"舍入" 设置标注测量值的四舍五入规则（角度除外）。

6）"前缀"与"后缀" 设置文字前缀或后缀，可以输入文字或用控制代码显示特殊符号。如果指定了公差，AutoCAD 也给公差添加前缀或后缀。

7）"测量单位比例" 设置线性标注测量值的比例因子（角度除外）。如果选择"仅应用到布局标注"项，则仅对在布局里创建的标注应用线性比例值。在模型空间中改变比例因子，会影响长度型标注的测量值,此功能可用于详图的尺寸标注,比例因子对标注的影响如图 9-12 所示。

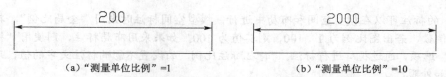

（a）"测量单位比例"=1　　　　　　（b）"测量单位比例"=10

图 9-12 测量单位比例对标注的影响

（2）"角度标注" 用于显示和设置角度标注的格式和精度。

1）"单位格式" 设置角度单位格式。

2）"精度" 设置角度标注的小数位数。

3）"消零" 设置前导和后续零是否输出。

9.1.3.6 "换算单位"选项卡

指定标注测量值中换算单位的显示并设置其格式和精度，如图 9-13 所示。

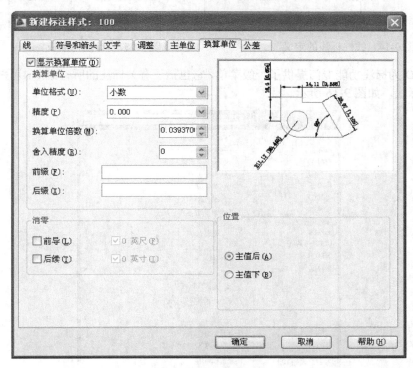

图 9-13 "换算单位"选项卡

（1）"线性标注" 设置换算单位的格式和精度，与"主单位"选项卡中基本相同，对于"换算单位乘数"是指设置主单位和换算单位之间的换算系数。

（2）"消零" 设置前导和后续零是否输出。

（3）"位置" 设置换算单位的位置。"主单位后"是把放在主单位之后。"主单位下"是把放在主单位下面。

9.1.3.7 "公差"选项卡

控制标注文字中公差的格式，不作详细叙述。

9.2 尺寸标注类型详解

9.2.1 长度型尺寸标注

9.2.1.1 线性标注

用于测量并标记两点之间连线在指定方向上的投影距离，如图 9-14 所示的尺寸 X 和 Y 就是两个线性尺寸，其中 X 是水平尺寸，Y 是垂直尺寸。

线性标注常采用"标注"面板和【标注】下拉菜单进行标注。"标注"面板位于"注释"选项卡，由一个系统工具按钮所组成，几乎包括了所有的标注功能，如图 9-15 所示。

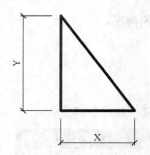

图 9-14　线性标注的定义

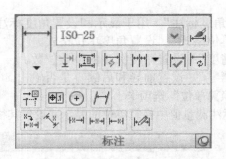

图 9-15　"标注"面板

　　AutoCAD 为标注功能专门提供了一级菜单，它包括了有关标注的所有命令，可采用下拉菜单的方法进行标注，如图 9-16 所示。

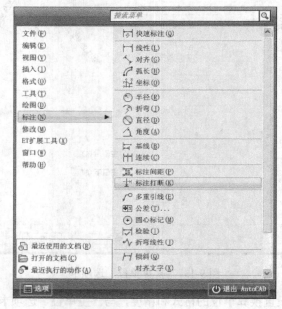

图 9-16　"标注"菜单

　　下面采用指点两点和选择对象两种方法，对图 9-17 中的矩形进行线性标注。

```
命令: _dimlinear                                                （调用【标注】菜单的【线性标注】）
指定第一条尺寸界线原点或 <选择对象>:                     （启用对象捕捉方式，拾取矩形的 A 点）
指定第二条尺寸界线原点:                                            （拾取矩形的 C 点）
创建了无关联的标注。
指定尺寸线位置或
[多行文字(M)/文字(T)/角度(A)/水平(H)/垂直(V)/旋转(R)]:
        （移动鼠标使尺寸标注位于矩形的左边合适位置后单击左键，则该点将成为尺寸线所在的位置）
标注文字 = 200                                        （按自动测量 AC 线的长度 200 标注之）
可以用选择对象的方法对一条直线快捷标注。
命令: _dimlinear
指定第一条尺寸界线原点或 <选择对象>: ↵                    （回车，采用选择对象的方法）
选择标注对象:                                                （选取矩形的 CD 水平线）
指定尺寸线位置或   （移动鼠标至矩形的下方合适位置后单击左键，则该点将成为尺寸线所在的位置）
 [多行文字(M)/文字(T)/角度(A)/水平(H)/垂直(V)/旋转(R)]:
标注文字 = 400
```

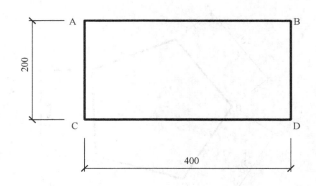

图 9-17　矩形的线性标注

下面对"[多行文字(M)/文字(T)/角度(A)/水平(H)/垂直(V)/旋转(R)]:"的提示项加以说明。

（1）"多行文字"　利用多行文本编辑器来改变尺寸标注文字的字体、高度等。缺省文字为"◇"码，表示度量的关联尺寸标注文字。

（2）"文字"　直接在命令行中指定标注文字。

（3）"角度"　改变尺寸标注文字的角度。

（4）"水平"　创建水平尺寸标注。

（5）"垂直"　创建垂直尺寸标注。

（6）"旋转"　建立指定角度方向上的尺寸标注。

说明：

如果尺寸标注值进行人工输入，不自动测量进行标注，尺寸标注文字的尺寸关联性将不存在，且当对象缩放时系统不再重新计算尺寸。

9.2.1.2　对齐标注

用于测量和标记两点之间的实际距离，两点之间连线可以为任意方向，对于非水平和垂直线的标注，线性标注只能对其水平投影和垂直投影方向的距离进行标注，不能标注出其实际长度。而对齐标注就可以标注出其实际长度，尺寸线与斜线是平行的。

对齐标注也用指点两点和选择对象两种方法，其操作过程与线性标注相似，但少了"水平(H)"、"垂直(V)"和"旋转(R)"三个选项，具体操作以标注正五边形为例加以说明，如图 9-18 所示。

```
命令: _dimaligned
指定第一条尺寸界线原点或 <选择对象>:                          （选取 A 点）
指定第二条尺寸界线原点:                                       （选取 B 点）
指定尺寸线位置或
[多行文字(M)/文字(T)/角度(A)]:（向外移动光标在合适位置单击左键，单击的点即为尺寸线所在位置）
标注文字 = 100                           （自动测量正五边形的 AB 边长，标注为 100）
命令: _dimaligned
指定第一条尺寸界线原点或 <选择对象>:↵              （回车，采用选择对象的方法）
选择标注对象:                                  （选取正五边形的 BC 边）
指定尺寸线位置或                               （向外移动光标，确定尺寸线位置）
[多行文字(M)/文字(T)/角度(A)]:
标注文字 = 100
```

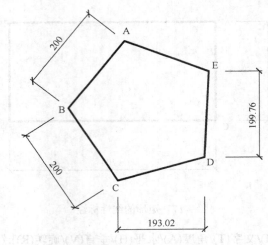

图 9-18　对齐标注

说明：

　　绘制的正五边形的边长为 200，用"对齐标注"的方式标注的 AB 和 BC 边长也为 200，但用"线性标注"只能对正五边形的投影进行标注，即只能标注出边长的水平和垂直距离，并不能标注出其实际长度，所以标注的 CD 的水平投影为 193.02，DE 边的垂直投影为 199.76。

9.2.1.3　基线标注

　　基线标注是自同一基线处测量的多个标注，它是以已存在标注的第一条界线为基准线进行的标注。进行基线标注，必须有基准标注存在，然后提示用户指定第二条界线。线性标注和角度标注都可以作为基准标注，如图 9-19 所示。

```
命令:                                    （用"线性标注"方式标注 AB 两点）
DIMLINEAR
指定第一条尺寸界线原点或 <选择对象>:
指定第二条尺寸界线原点:
指定尺寸线位置或
[多行文字(M)/文字(T)/角度(A)/水平(H)/垂直(V)/旋转(R)]:
标注文字 = 180


命令: _dimbaseline                                （执行基线标注命令）
指定第二条尺寸界线原点或 [放弃(U)/选择(S)] <选择>:   （捕捉 C 点为指定的第二条尺寸界线原点，
                                            而 A 点自动定的第一条尺寸界线原点）
标注文字 = 300                                   （AC 两点的距离为 300）
指定第二条尺寸界线原点或 [放弃(U)/选择(S)] <选择>:      （继续捕捉 D 点）
标注文字 = 480                                   （AD 两点的距离为 480）
指定第二条尺寸界线原点或 [放弃(U)/选择(S)] <选择>:      （继续捕捉 E 点）
标注文字 = 600                                   （AE 两点的距离为 600）
指定第二条尺寸界线原点或 [放弃(U)/选择(S)] <选择>: ↵      （回车结束本次基线标注）
选择基准标注: ↵                    （回车结束基线标注，或者选择另一基准标注）


命令: _dimangular                           （用角度标注方式标注<ECF 的角度）
选择圆弧、圆、直线或 <指定顶点>:                       （选择 CE 线）
选择第二条直线:                                   （选择 CF 线）
指定标注弧线位置或 [多行文字(M)/文字(T)/角度(A)]:          （指定尺寸线位置）
```

标注文字 ＝35	（标注角度为35°）
命令：_dimbaseline	（执行基线标注命令）
指定第二条尺寸界线原点或 [放弃(U)/选择(S)] <选择>：	（拾取 G 点）
标注文字 ＝80	（标注<ECG 的角度为80°）
指定第二条尺寸界线原点或 [放弃(U)/选择(S)] <选择>：↵	（回车结束本次基线标注）
选择基准标注：↵	（回车结束基线标注，或者选择另一基准标注）

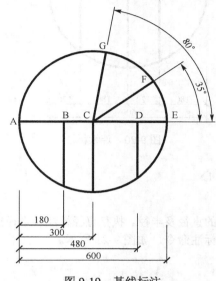

图 9-19　基线标注

　　在基线标注过程中，可以选择"选择基准标注："项来重新指定基准界线。该命令可连续进行多个标注，系统会自动按间隔绘制。

9.2.1.4　连续标注

　　用以前一个标注的第二条界线为基准，连续标注多个线性尺寸。该命令的用法与基线标注类似，区别之处在于该命令是从前一个尺寸的第二条尺寸界线开始标注，而不是固定于第一条界线。此外，各个标注的尺寸线将处于同一直线上，而不会自动偏移，如图 9-20 所示。

　　与基线标注一样，首先用"线性标注"方式标注 AB 两点，然后运行连续标注命令。

命令：_dimcontinue	（执行连续标注命令）
指定第二条尺寸界线原点或 [放弃(U)/选择(S)] <选择>：	（捕捉 C 点为指定的第二条尺寸界线原点，而 B 点自动定为第一条尺寸界线原点）
标注文字 ＝120	（BC 两点的距离为120）
指定第二条尺寸界线原点或 [放弃(U)/选择(S)] <选择>：	（继续捕捉 D 点）
标注文字 ＝180	（CD 两点的距离为180）
指定第二条尺寸界线原点或 [放弃(U)/选择(S)] <选择>：	（继续捕捉 E 点）
标注文字 ＝120	（DE 两点的距离为120）
指定第二条尺寸界线原点或 [放弃(U)/选择(S)] <选择>：↵	（回车结束本次连续标注）
选择连续标注：↵	（回车结束连续标注，或者选择另一个基准标注）

　说明：

　　基线标注和连续标注必须是线性、坐标或角度关联尺寸标注，才可进行连续标注。

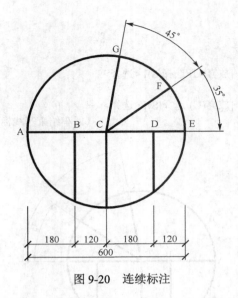

图 9-20　连续标注

9.2.2　标注直径、半径和圆心

9.2.2.1　直径和半径标注

用于测量和标记圆或圆弧的直径及半径。执行直径标注和半径标注命令后，系统提示选择圆或圆弧对象，其他选项同线性标注命令，如图 9-21 所示。

命令：_dimdiameter	（执行标注直径命令）
选择圆弧或圆：	（拾取圆的周边的任意点）
标注文字 = 600	（提示圆的直径为 600）
指定尺寸线位置或 [多行文字(M)/文字(T)/角度(A)]：	（移动光标确定尺寸线的位置）
命令：_dimradius	（执行标注半径命令）
选择圆弧或圆：	（拾取圆弧的周边的任意点）
标注文字 = 250	（提示圆弧的半径为 600）
指定尺寸线位置或 [多行文字(M)/文字(T)/角度(A)]：	（移动光标确定尺寸线的位置）

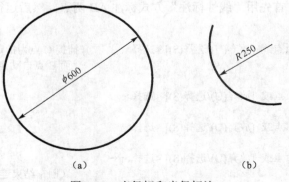

(a)　　　　　　　　　　　　　　　　　　(b)

图 9-21　直径标和半径标注

用直径标注，生成的尺寸标注文字以 ϕ 为前缀，以表示为直径尺寸。用半径标注，生成的尺寸标注文字以 R 引导，以表示半径尺寸。

9.2.2.2　圆心标记

用于标记圆或椭圆的中心点，而不是标注对象。执行圆心标记命令后，系统将提示用户选择圆或圆弧对象，并以"+"的形式来标记该圆心。图 9-21 中的圆和圆弧没有进行圆心标记，圆心处是空白的。经过圆心标记的圆和圆弧，如图 9-22 所示，在圆心处有了"×"标记。

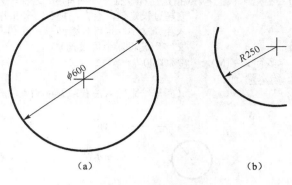

图 9-22　圆心标记

9.2.3　角度型尺寸标注

角度标注用于测量和标记角度值，调用该命令后，系统提示如下。

选择圆弧、圆、直线或 <指定顶点>：

根据图 9-23 所示，对选项进行说明：

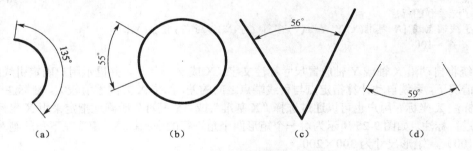

图 9-23　角度型尺寸标注

① 选择圆弧，则对圆弧所对应的圆心角进行测量，并对该角标注；

② 选择圆，则以圆心作为角的顶点，测量并标记所选的第一个点和第二个点之间包含的圆心角，第一点和第二点可以是参照点，甚至可以是不存在的虚拟点；

③ 选择两条非平行直线，则对两条直线形成的角度进行测量，并标注直线之间的角度；

④ 在提示下直接回车，选择"指定顶点"项，则需分别指定角点、第一端点和第二端点来测量并标记该角度值。其中指定角点、第一端点和第二端点可以是参照点，甚至也可以是不存在的虚拟点。

9.2.4　利用引线注释图形

引线注释用于通过引线将注释与对象连接，并不标注对象，只是作一个说明。该命令的调用过程如下。

命令: _qleader　　　　　　　　　　　　　　　（执行引线注释命令）
指定第一个引线点或 [设置(S)] <设置>：　　　（拾取对象的关键点为第一引线点，与对象建立关联，这样引线点就会与拾取的对象关键点焊接在一起。或者输入 S，弹出"引线设置"对话框对引线进行设置）

指定下一点:	（指定第一线段）
指定下一点:	（指定第二线段）
指定文字宽度 <0>: 200 ↵	（指定注释一行文字的宽度，若在输入文字时，一行的文字长度超过设定值，会自动换行。若采用"多行文字"的方式输入注释文字，也可直接回车，其文字书写宽度可以在"多行文字"编辑器中再设置）
输入注释文字的第一行 <多行文字(M)>: %%C200 ↵	（输入直径值"φ200"）
输入注释文字的下一行: 给水管 ↵	（输入"给水管"）
输入注释文字的下一行: ↵	（回车结束输入注释或继续输入注释文字，如图9-24所示）

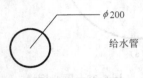

图9-24 引线注释

9.2.5 坐标标注

坐标标注用于测量并标记当前 UCS 中的坐标点。运行该命令后，系统提示用户指定一点进行坐标标注。

命令: _dimordinate	
指定点坐标:	（单击拾取一点）
创建了无关联的标注	
指定引线端点或 [X 基准(X)/Y 基准(Y)/多行文字(M)/文字(T)/角度(A)]:	
标注文字 = 100	

系统将自动沿 X 轴或 Y 轴放置尺寸标注文字（X 或 Y 坐标），并提示用户确定引线的端点。在缺省情况下，系统自动计算指定点与引线端点之间的差。如果 X 方向差值较大，则标注 Y 坐标，否则将标注 X 坐标。用户也可以通过选择"X 基准"或"Y 基准"明确地指定采用 X 坐标还是 Y 坐标来进行标注。如图 9-25 所示为对一个矩形四个角进行的坐标标注，矩形左下角的绝对坐标是（200，100），矩形尺寸为 300×200。

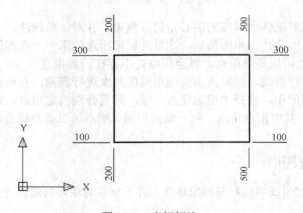

图9-25 坐标标注

9.2.6 折弯标注

可以将折弯线添加到线性标注，用于表示不显示实际测量值的标注值，如图9-26所示。运行该命令后，系统提示用户指定选择需要添加折弯的线性标注。

命令: _DIMJOGLINE
选择要添加折弯的标注或 [删除(R)]:　　　　　　　　　　　　（R 选项可以删除折弯标注）
指定折弯位置 (或按 ENTER 键):

折弯由两条平行线和一条与平行线成 40 度角的交叉线组成。将折弯添加到线性标注后，可以使用夹点定位折弯。要重新定位折弯，请选择标注然后选择夹点。沿着尺寸线将夹点移至另一点。

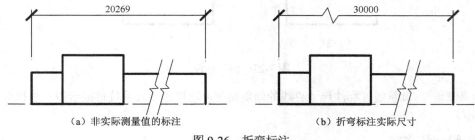

（a）非实际测量值的标注　　　　　　　（b）折弯标注实际尺寸

图 9-26　折弯标注

9.3　编辑尺寸标注

在对图形中的尺寸已标注好之后，有时想对已标注好的尺寸进行修改，例如修改尺寸线的位置、尺寸文字的位置或者尺寸文字的内容等，在 AutoCAD 中提供了如下几种用于编辑标注的命令。

9.3.1　编辑标注

可以同时改变多个标注对象的文字位置、方向、数值及旋转角度和倾斜尺寸界线成一定角度。

可采用"下拉菜单法"（【标注】⇨【倾斜】）、"面板法"（标注⇨倾斜）和"命令行法"（DIMEDIT 或 DED 或 DIMED）等方式对多个标注对象进行编辑。

调用该命令后，其操作步骤如下。

命令: _DIMEDIT　　　　　　　　　　　　　　（弹出下拉菜单【标注】⇨【倾斜】，
　　　　　　　　　　　　　　　　　　　　　　执行 DIMEDIT 命令，系统对标注
　　　　　　　　　　　　　　　　　　　　　　界限作倾斜操作）
输入标注编辑类型 [默认(H)/新建(N)/旋转(R)/倾斜(O)] <默认>: _o　（系统自动输入"O"，选择倾斜为
　　　　　　　　　　　　　　　　　　　　　　　　　　　　　　　默认选项）

选择对象: 找到 1 个　　　　　　　　　　　　　　　　　　　（选择标注对象）
选择对象:　　　　　　　　　　　　　　　　　　　　　　　　（回车结束选择）
输入倾斜角度 (按 ENTER 表示无): 60 ↵　　　　　　　　　　（尺寸界线倾斜 60°）

下面对"输入标注编辑类型 [默认(H)/新建(N)/旋转(R)/倾斜(O)] <默认>:"提示选项加以说明。

（1）"默认" 用于将指定对象中的标注文字移回到默认位置。

（2）"新建" 选择该项将调用多行文字编辑器，用于修改指定对象的标注文字。

（3）"旋转" 用于旋转指定对象中的标注文字，选择该项后系统将提示用户指定旋转角度，如果输入 0 则把标注文字按缺省方向放置。

命令: _dimedit　　　　　　　　　　　　　　　　　　　　　（标注 面板⇨ 倾斜）
输入标注编辑类型 [默认(H)/新建(N)/旋转(R)/倾斜(O)] <默认>: R ↵　　（输入 R）

指定标注文字的角度: 60 ↵	（标注文字倾斜60°）
选择对象: 找到 1 个	
选择对象:	（回车结束，如图9-27所示）

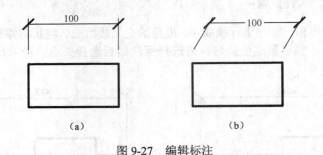

（a）　　　　　　　　（b）

图 9-27　编辑标注

（4）"倾斜"　调整线性标注尺寸界线的倾斜角度，选择该项后系统将提示用户选择对象并指定倾斜角度。

9.3.2　编辑标注文字

用于移动和旋转标注文字。可采用"下拉菜单法"（【标注】⇨【对齐文字】）、"面板法"（标注面板）和"命令行法"（DIMTEDIT）等方式对多个标注文字进行编辑。

9.3.3　标注更新

主要功能是改变标注对象以当前的标注样式进行标注，用当前标注样式的标注变量更新标注对象，提高了标注效率。

可采用"下拉菜单法"（【标注】⇨【更新】）、"面板法"（标注⇨更新）和"命令行法"（-DIMSTYLE）更新标注。

 说明：
「"标注样式管理器"是以对话框的形式启动，其"命令行"命令为"DIMSTYLE"。而"标注更新"是以命令行的形式执行，其命令为"-DIMSTYLE"。实际上，两者的命令是一样的，只是启动的形式不同，一个是对话框形式，另一个是命令行形式。」

如图 9-28（a）所示，用样式名是"5"的样式进行线性标注的，其主要的设置是："使用全局比例"=5，箭头="实心闭合"，"尺寸界线固定长度"=2。现新建标注样式名是"10"，并设为当前标注样式，修改以上设置为："使用全局比例"=10，箭头="建筑标记"，"尺寸界线固定长度"=5。

下面用"更新标注"命令，用"10"标注样式对标注对象进行更新，其结果如图 9-28（b）所示。

命令: _DIMSTYLE	（【标注】⇨【更新】）
当前标注样式:10	（提示当前标注样式为"10"）
输入标注样式选项	
[保存(S)/恢复(R)/状态(ST)/变量(V)/应用(A)/?] <恢复>: _apply	（默认为"应用"选项）
选择对象: 找到 1 个	［选择图9-28(a)中的标注对象，则标注更新为标注样式"10"的设置］
选择对象:	（继续选择其他标注对象，或回车结束）

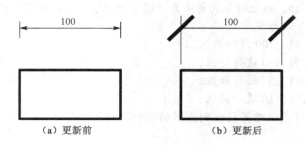

（a）更新前　　　　　　　　　　　（b）更新后

图 9-28　更新标注

下面对"[保存(S)/恢复(R)/状态(ST)/变量(V)/应用(A)/?] <恢复>:"提示下的各个选项进行说明。

（1）"保存"　把当前标注系统变量的设置保存到标注样式中。如果输入新的样式名称，则把当前标注系统变量的设置保存到该样式中，同时将这个新的标注样式设置为当前标注样式。输入已有标注样式的名称或在输入已有标注样式的名称前加上"~"，则可以用当前设置重新定义已有的标注样式或比较已有的标注样式。

（2）"恢复"　通过从已有的标注样式读取新设置来改变标注系统变量设置。用户可输入样式名来设置当前样式，或选择一个或多个标注，AutoCAD 将把选定标注的标注样式改成当前标注样式。

（3）"状态"　显示所有标注系统变量的当前值。

（4）"变量"　列出标注样式或选定标注的标注系统变量的设置，但不改变当前设置。

（5）"应用"　更新选定的标注对象，使用标注系统变量的当前设置，包括标注样式和应用替代。

（6）"?"　列出当前图形中已命名的标注样式。

9.3.4　重新关联标注

标注在默认情况下是关联的，当与其关联的几何对象被修改时，关联标注将自动调整其位置、方向和测量值，这为用户提供了方便。但在某些情况下，标注与对象会失去关联，成为非关联标注。无关联标注在其测量的几何对象被修改时不发生改变，如早期版本的 AutoCAD 没有关联标注功能，其图形对象的标注就是非关联标注，部分图形经过修改后也有可能失去关联。

重新关联标注的功能就是用于将非关联性标注转换为关联标注，或改变关联标注的定义点。可采用"下拉菜单法"（【标注】⇨【重新关联标注】）、"面板法"（标注⇨重新关联）和"命令行法"（DIMREASSOCIATE）调用重新关联标注命令，在系统的提示下选择要重新关联的标注，并拾取标注点。

如果用户选择的是关联标注，则该标注的定义点上显示"⊠"标记；而如果用户选择的是非关联标注，则该标注的定义点上显示"×"标记。无论选择何种标注，系统均进一步要求对其重新指定标注界线或标注对象，并由此将非关联标注转换为关联标注，或对关联标注重新定义。

9.3.5　其他编辑标注的方法

可以使用 AutoCAD 的编辑命令或夹点来编辑标注的位置。如可以使用夹点或者"Stretch"命令拉伸标注；可以使用"TRim"和"EXtend"命令来修剪和延伸标注。此外，还通过"PRoperties（特性）"窗口来编辑包括标注文字在内的任何标注特性。

练　习　题

1. 建立一个 1:100 和 1:50 的标注样式，其样式名字分别为"100"和"50"。要求"固定长度的延伸线"的长度为 15，线性标注的箭头为"建筑标记"类型，而其他标注的箭头为"实心闭合"类型，"文字高度"设为 3。

  2. 对图 3-56 按比例 1:100 进行标注。

  3. 对图 4-36 按比例 1:50 进行标注。

  4. 对图 5-54 按比例 1:50 进行标注。

  5. 对图 7-40 按比例 1:10 进行标注。

  6. 在模型空间如何实现对不同比例出图的图形进行标注？

10 三维模型的创建与编辑

本章主要讲述 AutoCAD 三维绘图的基础知识，介绍 AutoCAD 2009 的三维环境、三维坐标系和各种三维坐标形式，讲述世界坐标系（WCS）和用户坐标（UCS）的使用方法。重点讲述三维模型的创建以及常用的三维模型编辑命令。

10.1 设置三维环境

传统的工程设计图纸只能表现二维图形，即使是三维轴测图也是设计人员利用轴测图画法把三维模型绘制在二维图纸上，本质上仍然是二维的。

AutoCAD 的图形空间实际上是一个三维空间，可以在 AutoCAD 三维空间中的任意位置构建三维模型。AutoCAD 2009 专门为三维建模设置了三维的工作空间，通过"菜单浏览器"按钮弹出菜单项，选择【工具】⇨【工作空间】⇨【三维建模】，即转换成 AutoCAD 2009 为三维建模专门设定的工作界面，如图 10-1 所示。

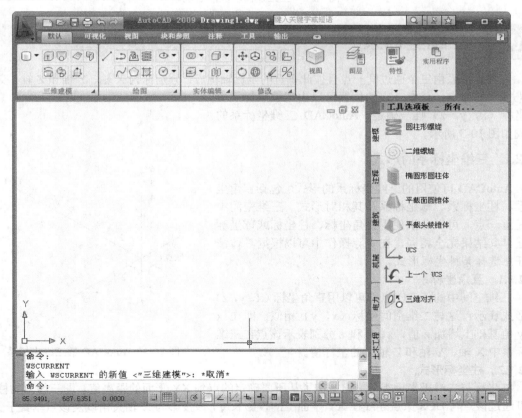

图 10-1　三维建模工作空间

"三维建模"工作空间的功能区选项卡和面板进行了重新定义，包括了"默认"、"可视化"、

"视图"、"块和参照"、"注释"、"工具"和"输出"七个选项卡，就是与"二维草图与注释"工作空间相同的面板，如"绘图"、"修改"等面板，其图标按钮次序也进行了重新排列，把在三维空间使用频率较高的命令按钮排列在前面。工作绘图区默认为"二维线框"视觉样式，可在"视觉样式"面板选择和设置，自定义所需的视觉样式。"块和参照"、"注释"、"工具"和"输出"选项卡与"二维草图与注释"工作空间的相同，如图 10-2 所示，由"默认"、"可视化"和"视图"选项卡的面板构成。

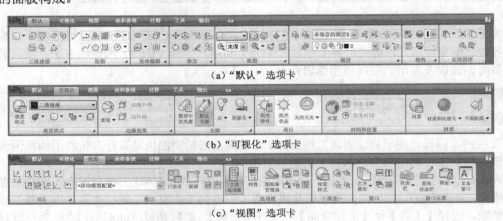

(a)"默认"选项卡

(b)"可视化"选项卡

(c)"视图"选项卡

图 10-2　三维建模功能区面板

10.2　三维坐标系

三维坐标系由三个通过同一点且彼此垂直的坐标轴构成，分别称为 X 轴、Y 轴和 Z 轴，交点为坐标系的原点，任意一点的位置可以由三维坐标系上的坐标（x，y，z）唯一确定。AutoCAD 三维坐标系的构成如图 10-3 所示。

10.2.1　三维坐标系的形式

AutoCAD 可使用的三维坐标系的形式，包括直角坐标系、柱坐标系、球坐标系及其相对形式。三维空间中的任意一点，可以分别使用直角坐标、柱坐标或球坐标描述，其结果完全相同，在实际操作中可以根据具体情况任意选择某种坐标形式。

10.2.1.1　直角坐标系

三维空间中的任意一点都可以用直角坐标（x，y，z）的形式表示，这与二维空间坐标（x，y）相似，即在 x 和 y 值基础上增加 z 值，x、y 和 z 分别表示该点在三维坐标系中 X 轴、Y 轴和 Z 轴上的坐标值。

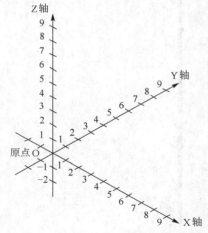

图 10-3　AutoCAD 的三维坐标系

10.2.1.2　柱坐标形式

柱坐标与二维极坐标类似，但增加了从所要确定的点到 XY 平面的距离值。即三维点的柱坐标可通过该点与 UCS 原点连线在 XY 平面上的投影长度，该投影与 X 轴夹角以及该点垂直于 XY 平面的 Z 值来确定。

柱坐标用"L<a，z"的形式表示，其中 L 表示该点在 XOY 平面上的投影到原点的距离，a 表示该点在 XOY 平面上的投影和原点之间的连线与 X 轴的交角，z 为该点在 Z 轴上的坐标。例

如，坐标"8<30，4"表示某点与原点的连线在 XY 平面上的投影长度为 8 个单位，其投影与 X 轴的夹角为 30°，在 Z 轴上的投影点的 Z 值为 4，如图 10-4 所示。

10.2.1.3 球坐标形式

球面坐标也类似与二维极坐标。在确定某点时，应分别指定该点与当前坐标系原点的距离，两者连线在 XY 平面上的投影与 X 轴的角度，以及两者连线与 XY 平面的角度。

球坐标用"L<a<b"的形式表示，其中 L 表示该点到原点的距离，a 表示该点与原点的连线在 XOY 平面上的投影与 X 轴之间夹角，b 表示该点与原点的连线与 XOY 平面的夹角。例如，坐标"8<30<20"表示一个点，它与当前 UCS 原点的距离为 8 个单位，在 XY 平面的投影与 X 轴的夹角为 30°，该点与 XY 平面的夹角为 20°，如图 10-5 所示。

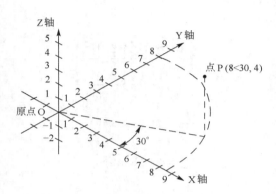

图 10-4　柱坐标的表示形式

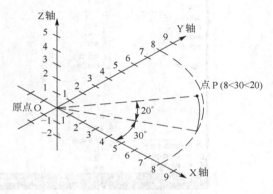

图 10-5　球坐标的表示形式

10.2.1.4 坐标的输入方式

二维图形大多使用相对坐标输入方式，而绘制三维图形会经常用到用户坐标系，用绝对坐标的机会较多。绝对坐标是相对于坐标系原点而言的，相对坐标是指连续指定两个点的位置时，第二点以第一点为基点所得到的相对坐标形式。相对坐标输入时要在坐标前加"@"符号。例如，某条直线起点的绝对坐标为（130，120，140），终点的绝对坐标为（180，170，170），则终点相对于起点的相对坐标为（@50，50，30）。

10.2.2 世界坐标系和用户坐标系

还有两种坐标分类：一种是固定不变的世界坐标系（WCS）；另一种是用户根据绘图需要也可以自己建立的可移动的用户坐标系（UCS）。对于二维平面绘图，只使用世界坐标系就足够了。对于三维建模，主要使用用户坐标系。因为三维空间绘图多了一个 Z 坐标，三维绘图时如果没有指定 Z 轴坐标，或直接使用光标在屏幕上拾取点，则该点的 Z 坐标将与构造平面的标高保持一致。

默认情况下，构造平面为三维坐标系中的 XOY 平面，即构造平面的标高为 0，于是为了绘图的方便，用户有必要建立自己的坐标系来改变坐标原点的位置和 XOY 平面的方向，这对于三维绘图非常有用。对于用户坐标系，可以进行定义、保存、恢复、删除等操作。

10.2.2.1 世界坐标系（WCS）

在 AutoCAD 的每个图形文件中，都包含一个唯一的、固定不变的、不可删除的基本三维坐标系，这个坐标系被称为世界坐标系（World Coordinate System，WCS）。WCS 为图形中所有的图形对象提供了一个统一的度量，是其他三维坐标系的基础，不能对其重新定义。

10.2.2.2 用户坐标系（UCS）

在一个图形文件中，除了 WCS 之外，AutoCAD 还可以定义多个用户坐标系（User Coordinate System，UCS）。顾名思义，用户坐标系是可以由用户自行定义的一种坐标系。AutoCAD 的三维空间中，可以在任意位置和方向指定坐标系的原点、XOY 平面和 Z 轴，从而得到一个新的用户坐标系。

10.2.2.3　创建用户坐标系

创建一个用户坐标系即改变原点（0，0，0）的位置以及 XY 平面和 Z 轴的方向。可采用"下拉菜单法"（【工具】⇨【新建 UCS】，如图 10-6 所示）、"面板法"（功能区"视图"选项卡⇨ UCS 面板⇨ 三点 ，如图 10-7 所示）和"命令行法"（UCS）等创建 UCS，新建的 UCS 将成为当前 UCS。

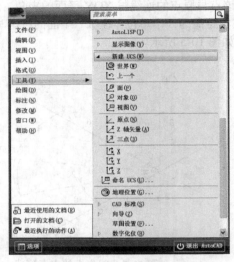

图 10-6　"新建 UCS"的菜单命令

图 10-7　UCS 面板

新建 UCS 的命令调用方式和执行过程如下。

命令: UCS↵
当前 UCS 名称: *世界*　　　　　　　　　　　　　　　　（表示当前坐标系为世界坐标系）
指定 UCS 的原点或 [面(F)/命名(NA)/对象(OB)/上一个(P)/
视图(V)/世界(W)/X/Y/Z/Z 轴(ZA)] <世界>:

UCS 命令包括以下几种命令选项。

（1）直接输入三维坐标　相当于选择"指定新 UCS 的原点"命令选项，AutoCAD 将根据原来 UCS 的 X、Y 和 Z 轴方向和新的原点定义新的 UCS，即相当于平移原来的 UCS，如图 10-8 所示。

（2）"面（F）"选项　可以选择实体对象中的面定义 UCS。用户可以选择实体对象上的任意一个面，AutoCAD 将该面作为 UCS 的 XOY 面，X 轴将与最近的边对齐，从而定义 UCS，如图 10-9 所示。

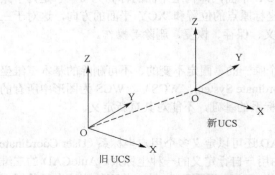

图 10-8　"指定新 UCS 的原点"选项

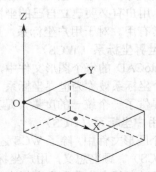

图 10-9　"面(F)"选项

（3）"命名（NA）"选项　可以保存当前 UCS 的定义，或者恢复或删除已保存的 UCS 命名。

（4）"对象（OB）"选项　将根据用户指定的对象定义 UCS。在图形中选择图形对象时，AutoCAD 根据不同的对象类型选择相应的方法定义 UCS，其中新 UCS 的 Z 轴正方向与选定对象的正法向保持一致，一些典型的定义方法见表 10-1。

表 10-1　根据对象定义 UCS 的方法

对　象	定　义　方　法
圆弧	圆弧的圆心成为新 UCS 的原点。X 轴通过距离选择点最近的圆弧端点
圆	圆的圆心成为新 UCS 的原点。X 轴通过选择点
标注	标注文字的中点成为新 UCS 的原点。新 X 轴的方向平行于当绘制该标注时生效的 UCS 的 X 轴
直线	离选择点最近的端点成为新 UCS 的原点。将设置新的 X 轴，使该直线位于新 UCS 的 XZ 平面上。在新 UCS 中，该直线的第二个端点的 Y 坐标为零
点	该点成为新 UCS 的原点
二维多段线	多段线的起点成为新 UCS 的原点。X 轴沿从起点到下一顶点的线段延伸
实体	二维实体的第一点确定新 UCS 的原点。新 X 轴沿前两点之间的连线方向
宽线	宽线的"起点"成为 UCS 的原点，X 轴沿宽线的中心线方向
三维面	取第一点作为新 UCS 的原点，X 轴沿前两点的连线方向，Y 的正方向取自第一点和第四点。Z 轴由右手定则确定
形、文字、块参照、属性定义	该对象的插入点成为新 UCS 的原点，新 X 轴由对象绕其拉伸方向旋转定义。用于建立新 UCS 的对象在新 UCS 中的旋转角度为零

（5）"上一个（P）"选项　恢复上一个 UCS。程序会保留在图纸空间中创建的最后 10 个坐标系和在模型空间中创建的最后 10 个坐标系。

（6）"视图（V）"选项　可以以平行于屏幕的平面为 XY 面定义 UCS，UCS 原点保持不变；

（7）"世界（W）"选项　可以将当前 UCS 设置为 WCS。

（8）"X/Y/Z"选项　可以绕相应的坐标轴旋转 UCS，从而得到新的 UCS。用户可以指定绕旋转轴旋转的角度，可以输入正或负的角度值，AutoCAD 根据右手定则确定旋转的正方向。如图 10-10 所示，旧 UCS 绕 X 轴旋转后创建新的 UCS。

（9）选择"Z 轴（ZA）"命令选项，可以指定 Z 轴正半轴，从而定义新 UCS。首先需要指定新 UCS 的原点，原来的 UCS 将平移到该原点处。然后指定新建 UCS 的 Z 轴正半轴上的点，从而确定新建 UCS 的方向，如图 10-11 所示。

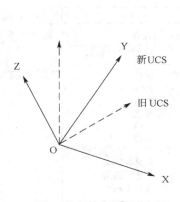

图 10-10　"X/Y/Z"选项

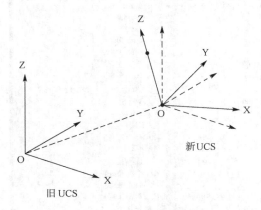

图 10-11　"Z 轴（ZA）"选项

在"新建 UCS 菜单"中，选择"三点"命令选项，可以指定新 UCS 的原点及其 X 和 Y 轴的正方向，AutoCAD 将根据右手定则确定 Z 轴。用户依次指定新 UCS 的原点、X 轴正方向上一点和 Y 轴正方向上一点，AutoCAD 根据这三点得到 UCS 的 XY 平面，然后由右手定则自动确定 UCS 的 Z 轴。

10.2.2.4 动态 UCS

使用动态 UCS 功能，可以在创建对象时使 UCS 的 XY 平面自动与实体模型上的平面临时对齐。动态 UCS 功能由状态栏上的动态 UCS 工具开关控制，如图 10-12 所示。

图 10-12　UCS 动态开关

实际操作的时候，先激活创建对象的命令，然后将光标移动到想要创建对象的平面，该平面就会自动亮显，表示当前的 UCS 被对齐到此平面上，接下来就可以在此平面上继续创建命令完成创建。动态 UCS 实现的 UCS 创建是临时的，当前的 UCS 并不真正切换到这个临时的 UCS 中，创建完对象后，UCS 还是回到创建对象前所在的状态。

10.3　设置三维视图

虽然 AutoCAD 中的模型空间是三维的，但只能在屏幕上看到二维的图像，并且只是三维空间的局部沿一定的方向在平面上的投影。根据一定的方向和一定的范围显示在屏幕上的图像称为三维视图。为了能够在屏幕上从各种角度、各种范围观察图形时，需要不断地变换三维视图。

10.3.1　预置三维视图

可采用"下拉菜单法"（【视图】⇨【三维视图】，如图 10-13 所示）、"面板法"（功能区"默认"选项卡⇨ 视图 面板，如图 10-14 所示）和"命令行法"（命令行命令"-VIEW"和对话框命令"VIEW"，如图 10-15 所示）等调用预置三维视图的命令。AutoCAD 为用户预置了六种正交视图和四种等轴测视图，用户可以根据这些标准视图的名称直接调用，无需自行定义。

图 10-13　"三维视图"菜单

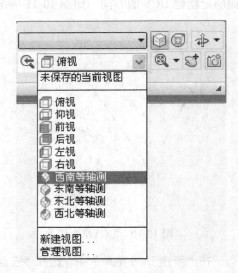

图 10-14　"视图"面板

图 10-15 "视图管理器"对话框

10.3.2 设置平面视图

平面视图是指查看坐标系 XY 平面（构造平面）的视图，相当于俯视图。AutoCAD 可以随时设置基于当前 UCS、命名 UCS 或 WCS 的平面视图。可采用"下拉菜单法"（【视图】⇨【三维视图】⇨【平面视图】），选择【平面视图】二级菜单，单击【当前 UCS】、【世界 UCS】和【命名UCS】菜单项。也可采用命令行法，执行 PLAN 命令。

（1）"当前 UCS"选项　生成基于当前 UCS 的平面视图，并自动进行范围缩放，以便所有图形都显示在当前视口中。

（2）"UCS"选项　生成基于以前保存的命名 UCS 的平面视图。

（3）"世界"选项　生成基于 WCS 的平面视图，并自动进行范围缩放，以便所有图形都显示在当前视口中。

10.3.3 使用视点预设

视点预设就是通过设置视线在 UCS 中的角度确定三维视图的观察方向，可以看作是观察三维模型时观察方向的起点，从视点到观察对象的目标点之间的连线可以看作表示观察方向的视线。

可采用"下拉菜单法"（【视图】⇨【三维视图】⇨【视点预设】）和"命令行法"（DDVPOINT），视点预置命令调用后，弹出"视点预设"对话框，如图 10-16 所示。

在指定的 UCS 中，三维视图的观察方向可以用两个角度确定，一个是该方向在 XY 平面上与 X 轴的夹角，另一个是与 XY 平面的交角。在"视点预置"对话框中，可以通过这两个角度的设置来确定三维视图的方向。

（1）首先需要指定一个基准坐标系，作为设置观察方向的参照。

选择 绝对于 WCS 单选按钮，可以相对于 WCS 设置查看方向，而不受当前 UCS 的影响。选择 相对于 UCS 单选按钮，可以相对于当前 UCS 设置查看方向。用户的设置将保存在系统变量WORLDVIEW 中。

（2）在"X 轴（A）"和"XY 平面（P）"文本框中，可以分别指定观察方向在基准 UCS 中与 X 轴的角度和与 XY 平面的角度，如图 10-17 所示。用户也可以在其上部的图像控件中单击光标来指定新的角度，此时图像控件中将用一个白色的指针指示新角度，红色指针指示当前角度。

（3）单击 设置为平面视图（V） 按钮，可以将视图设置为相对于基准坐标系的平面视图，即俯视图。

10.3.4 设置视点

除了使用视点预置之外，还可以直接指定视点的坐标，或动态显示并设置视点。可采用"下拉菜单法"（【视图】 ⇨ 【三维视图】 ⇨ 【视点】）和"命令行法"（VPOINT）调用和执行设置视点的命令。

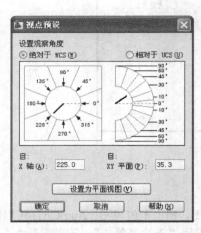

图 10-16 "视点预设"对话框

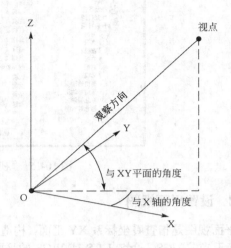

图 10-17 视点预设示意

命令:<u>VPOINT</u> ↵
当前视图方向: VIEWDIR=1.0000,0.0000,0.0000
指定视点或 [旋转(R)] <显示指南针和三轴架>:

使用 VPOINT 命令，可以用三种方式设置视点：

① 直接指定视点的 X、Y 和 Z 三维坐标，AutoCAD 将以视点到坐标系原点的方向进行观察，从而确定三维视图；

② 选择"旋转（R）"命令选项，可以分别指定观察方向与坐标系 X 轴的夹角和与 XY 平面的夹角；

③ 选择"显示指南针和三轴架"命令选项，将显示指南针和三轴架。

10.3.5 使用动态观察和导航工具查看三维模型

AutoCAD 2009 提供了动态观察和导航工具，方便观察三维模型。动态观察可以动态、交互式、直观地观察显示三维模型，从而使创建三维模型更为方便。导航工具用于更改三维模型的方向和视图。通过放大或缩小对象，可以调整模型的显示细节。用户可以创建用于定义模型中某个区域的视图，也可以使用预设视图恢复已知视点和方向。

10.3.5.1 三维动态观察

可采用"下拉菜单法"（【视图】 ⇨ 【动态观察】）、"面板法"（功能区"默认"选项卡 ⇨ 视图 面板）和"命令行法"（3DORBIT）启用三维动态观察。AutoCAD 2009 的三维动态观察提供了自由、连续和受约束的三种动态观察模式。在下拉菜单和功能区面板中，都提供了子菜单和命令按钮。在命令行中执行"3DORBIT"命令，需按右键弹出快捷菜单，切换不同的观察模式，如图 10-18 所示。

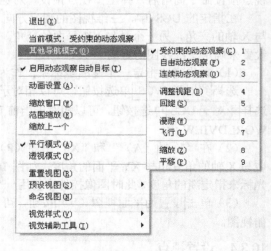

图 10-18 动态观察命令快捷菜单

（1）自由动态观察器有一个三维动态圆形轨道，轨道的中心是目标点。当光标位于圆形轨道的 4 个小圆上时，光标图形变成椭圆形，此时拖动鼠标，三维模型将会绕中心的水平轴或垂直轴旋转；当光标在圆形轨道内拖动时，三维模型绕目标点旋转；当光标在圆形轨道外拖动时，三维模型将绕目标点顺时针方向（或逆时针方向）旋转。

（2）连续动态观察器需按住鼠标左键拖动模型旋转一段后松开鼠标，模型会沿着拖动的方向继续旋转，旋转的速度取决于拖动模型旋转时的速度。可通过再次单击并拖动来改变连续动态观察的方向或者单击一次来停止转动。

（3）受约束的动态观察器是更易使用的观察，基本使用方法和自由动态观察器差不多，与自由动态观察器不同的是，在进行动态观察的时候，垂直方向的坐标轴（通常是 Z 轴）会一直保持垂直，这对于工程模型特别是建筑模型的观察非常有用，这个观察器将保持建筑模型的墙体一直是垂直的，不至于将模型旋转到一个很不易理解的倾斜角度。

实际上，在进行着三种动态观察的时候，随时都可以通过右键快捷菜单切换到其他观察模式。

三维动态观察器提供了多个命令，可以实现以下功能：

① 实时平移或缩放、动态或连续变换三维视图；

② 调整视点的位置和方向；

③ 设置和控制前向与后向剪裁平面；

④ 指定视图的投影方式和着色模式；

⑤ 控制形象化辅助工具的显示；

⑥ 恢复初始视图或预置视图。

10.3.5.2 ViewCube 三维导航工具

可采用"下拉菜单法"（【视图】⇨【显示】⇨【ViewCube】）、"面板法"（功能区"默认"选项卡⇨视图面板）和"命令行法"（NAVVCUBE）开关或设置 ViewCube 导航工具。如图 10-19 所示，ViewCube 三维导航工具显示在绘图区的右上角。

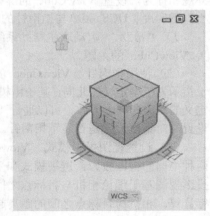

ViewCube 是专用于三维图形系统的导航工具，在二维图形系统不显示。通过 ViewCube，用户可以在标准视图和等轴测视图间切换，调整模型的视点。

ViewCube 显示后，将以不活动状态显示在图形窗口的其中一角（默认为显示在模型上方的图形窗口中）。ViewCube处于不活动状态时，将显示基于当前 UCS 和通过模型的WCS 定义北向的模型的当前视口。

将光标悬停在 ViewCube 上方时，ViewCube 将变为活动状态。用户可以切换至可用预设视图之一、滚动当前视图或更改为模型的主视图。ViewCube 提供了 26 个已定义区域，按类别分为三组：角、边和面。6 个代表模型的标准正交视图：上、下、前、后、左、右，通过单击 ViewCube 上的一

图 10-19　ViewCube 三维导航工具

个面设置正交视图。使用其他 20 个已定义区域可以访问模型的带角度视图。单击 ViewCube 上的一个角，可以基于模型三个侧面所定义的视点，将模型的当前视图更改为 3/4 视图。单击一条边，可以基于模型的两个侧面，将模型的视图更改为 3/4 视图。

除了在 ViewCube 的已定义区域上单击外，还可以通过单击并拖动 ViewCube 来更改模型视图。通过单击并拖动 ViewCube，可以将模型的视图更改至一个自定义视点，而非提供的 26 个预定义视点之一，如图 10-20 所示。

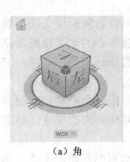
（a）角

（b）边

（c）面

（d）自定义

图 10-20　ViewCube 的定义区域

（1）ViewCube 快捷菜单　可在 ViewCube 导航工具上按右键，弹出 ViewCube 快捷菜单，如图 10-21 所示。

ViewCube 菜单提供多个选项，用于定义 ViewCube 的方向、切换于平行和透视投影之间、为模型定义主视图视图以及控制 ViewCube 的外观。

1）"主视图"　恢复随模型一起保存的主视图。

2）"平行"　将当前视图切换至平行投影。

3）"透视模式"　将当前视图切换至透视投影。

4）"带平行视图面的透视模式"　将当前视图切换至透视投影（除非当前视图与 ViewCube 上定义的面视图对齐）。

5）"将当前视图设定为主视图"　根据当前视图定义模型的主视图。

图 10-21　ViewCube 菜单

6）"ViewCube 设置"　显示对话框，如图 10-22 所示，用户可以在其中调整 ViewCube 的外观和行为，设置 ViewCube 的屏幕位置、大小、透明度、UCS 菜单与指南针的显示。

7）"帮助"　启动联机帮助系统并显示有关 ViewCube 的主题。

（2）使用指南针　ViewCube 的指南针用于指示为模型定义的北向，基于由模型的 WCS 定义的北向和向上方向。可以通过"ViewCube 设置"对话框设置是否显示指南针。

（3）设置视图投影模式　ViewCube 支持两种不同的视图投影：透视模式和平行。透视投影视图基于理论相机与目标点之间的距离进行计算。相机与目标点之间的距离越短，透视效果表现得越明显；较长的距离将使模型上的透视效果表现得较不明显。平行投影视图显示所投影的模型中平行于屏幕的所有点。

（4）通过 ViewCube 更改 UCS　通过 ViewCube，可以将用于模型的当前 UCS 更改为随模型一起保存的已命名 UCS 之一，或定义新 UCS。

位于 ViewCube 下方的 UCS 菜单显示了模型中当前 UCS 的名称。通过该菜单上的 WCS

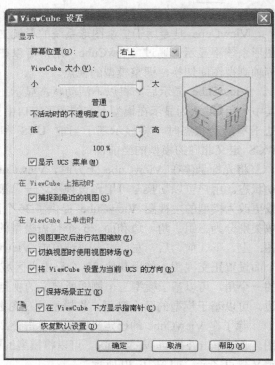

图 10-22　"ViewCube 设置"对话框

项，可以将坐标系从当前 UCS 切换为 WCS。通过"新 UCS"，可以基于一个、两个或三个点旋转当前 UCS 以定义"新 UCS"。单击"新 UCS"时，将以默认名称"未命名"定义一个"新 UCS"。要使用另一个名称保存该 UCS 以便之后将其恢复，请使用"已命名"选项。

10.3.5.3　SteeringWheels 控制盘

可采用"下拉菜单法"（【视图】⇨【SteeringWheels】）、"面板法"（功能区"默认"选项卡 ⇨ 视图 面板）和"命令行法"（NAVSWHEEL）开关或设置 SteeringWheels 导航工具，如图 10-23 所示。

SteeringWheels 划分为不同部分（称作按钮）的追踪菜单。控制盘上的每个按钮代表一种导航工具。可以以不同方式平移、缩放或操作模型的当前视图。SteeringWheels 也称作控制盘，将多个常用导航工具结合到一个单一界面中，可以通过单击控制盘上的一个按钮或单击并按住定点设备上的按钮来激活其中一种可用导航工具。按住按钮后，在图形窗口上拖动，可以更改当前视图。松开按钮可返回至控制盘。

光标悬停在控制盘中每个按钮上方时，都会显示该按钮的工具提示。工具提示出现在控制盘下方，并且在单击按钮时确定将要执行的操作。

在 SteeringWheels 控制盘上，单击右键可弹出控制盘菜单，如图 10-24 所示。使用控制盘菜单可以进行在可用的大控制盘与小控制盘之间切换、转至主视图、更改当前控制盘的首选项、控制"动态观察"、"环视"和"漫游"三维导航工具。控制盘菜单上提供的菜单项取决于当前控制盘。

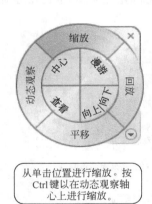

从单击位置进行缩放。按 Ctrl 键以在动态观察轴心上进行缩放。

图 10-23　SteeringWheels 控制盘

图 10-24　SteeringWheels 控制盘菜单

控制盘菜单包含以下选项。

- "查看对象控制盘（小）" 显示查看对象控制盘的小版本。
- "巡视建筑控制盘（小）" 显示巡视建筑控制盘的小版本。
- "全导航控制盘（小）" 显示全导航控制盘的小版本。
- "全导航控制盘" 显示全导航控制盘的大版本。
- "基本控制盘" 显示查看对象控制盘或巡视建筑控制盘的大版本。
- "转至主视图" 恢复随模型一起保存的主视图。
- "布满窗口" 调整当前视图大小并将其居中以显示所有对象。
- "恢复原始中心" 将视图的中心点恢复至模型的范围。
- "使相机水平" 旋转当前视图以使其与 XY 地平面相对。

- "提高漫游速度" 将用于"漫游"工具的漫游速度提高一倍。
- "降低漫游速度" 将用于"漫游"工具的漫游降低减小一半。
- "帮助" 启动联机帮助系统并显示有关控制盘的主题。
- "SteeringWheels 设置" 显示可从中调整控制盘首选项的对话框。
- "关闭控制盘" 关闭控制盘。

由此可以看出，控制盘有大版本和小版本之分。大控制盘大于光标，控制盘中的每个按钮上都有标签。小控制盘与光标大小大致相同，控制盘按钮上不显示标签。二维导航控制盘仅有大版本。

控制盘分为四种类型。

（1）二维导航控制盘 用于模型的基本导航，划分为"平移"、"缩放"和"回放"按钮，如图 10-25（a）所示。"平移"按钮用于通过平移重新放置当前视图。"缩放"按钮用于调整当前视图的比例。"回放"按钮用于恢复上一视图，可以在先前视图中向后或向前查看。

（2）查看对象控制盘 用于三维导航，可以从外部观察三维对象，划分为"中心"、"缩放"、"回放"和"动态观察"按钮，如图 10-25（b）所示。"中心"按钮可以在模型上指定一个点以调整当前视图的中心，或更改用于某些导航工具的目标点。"动态观察"按钮可以绕固定的轴心点旋转当前视图。

（3）巡视建筑控制盘 用于三维导航，可以在模型内部导航，划分为"向前"、"查看"、"回放"和"向上/向下"按钮，如图 10-25（c）所示。"向前"按钮，用于调整视图的当前点与所定义的模型轴心点之间的距离。"环视"按钮，用于回旋当前视图。"向上/向下"按钮，用于沿屏幕的 Y 轴滑动模型的当前视图。

（4）全导航控制盘 将查看对象控制盘和巡视建筑控制盘上的二维和三维导航工具结合到一起，如图 10-25（d）所示。

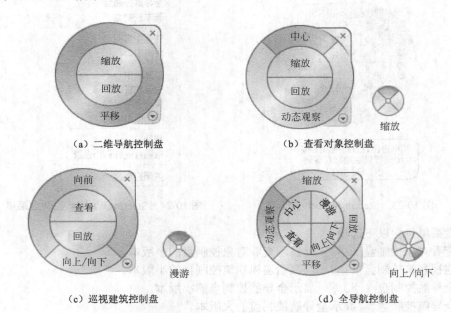

（a）二维导航控制盘　　　　　　　　　　（b）查看对象控制盘

（c）巡视建筑控制盘　　　　　　　　　　（d）全导航控制盘

图 10-25　SteeringWheels 控制盘类型

用户可以通过"SteeringWheels 设置"对话框，控制控制盘的外观、工具提示和工具的消息等，如图 10-26 所示。

10.3.5.4　ShowMotion 导航工具

ShowMotion 提供了可用于创建和播放电影式相机动画的屏幕显示。可采用"下拉菜单法"

（【视图】⇨【ShowMotion】）和"命令行法"（NAVSMOTION）打开或关闭导航工具，如图 10-27
所示。

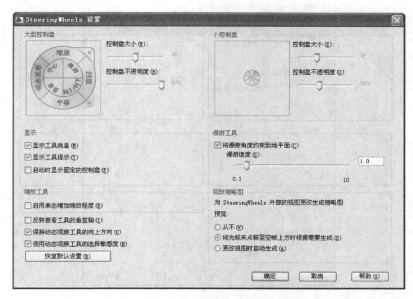

图 10-26　"SteeringWheels 设置"对话框

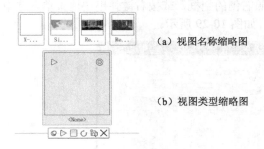

（a）视图名称缩略图

（b）视图类型缩略图

图 10-27　ShowMotion 导航工具

　　使用 ShowMotion 用户可以录制多种类型的视图，称为快照，随后可对这些视图进行更改或
按序列放置。也可以向捕捉到的相机位置添加移动和转场，这些动画视图有三种类型：

（1）静止画面　包含一个已存储的相机位置。

（2）电影式　使用一个相机位置，并应用其他电影式相机移动。

（3）录制的漫游　允许用户单击并沿所需动画的路径拖动。

　　点击 ShowMotion 的 新建快照 按钮，弹出"新建视图/快照特性"对话框，如图 10-28 所示。

　　在"视图名称"文本框中输入视图名称，从"视图类别"下拉列表中选择视图类别，也可以
输入新的类别或保留此选项为空。从"视图类型"下拉列表中可以从"电影式"、"静止"或"录
制的漫游"中选择指定命名视图的视图类型。

　　转场是用来定义回放视图时使用的转场，类似于影片的镜头切换。第一个视图可以采用"从
黑色淡入此快照"或"从白色淡入此快照"的转场类型，但以后的视图用"剪切为快照"转场类
型比较合适。

　　若视图类型为"电影式"，则可以定义回放视图时使用的运动操作，设置预定的类型，如放
大、缩小、向左追踪、向右追踪、升高、降低、环视、动态观察以及相关参数。而"静止"和"录
制的漫游"视图类型，则没有运动操作的定义。

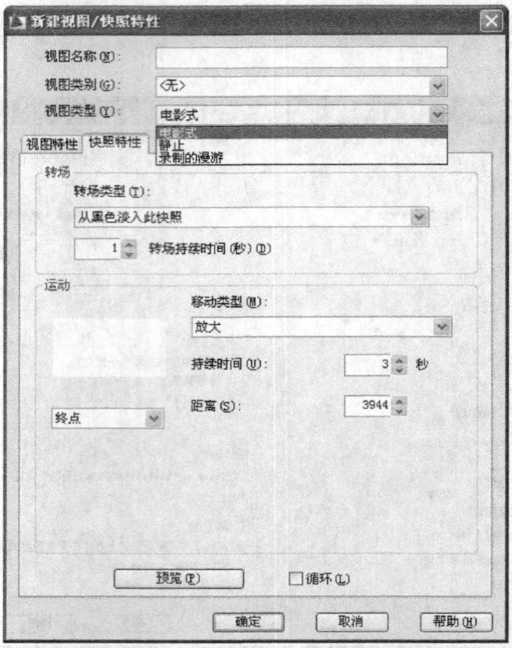

图 10-28　"新建视图/快照特性"对话框

修改快照时，双击快照右侧的空框，或按右键弹出快捷菜单，选中【特性】子菜单，将打开"视图/快照特性"对话框，如图 10-29 所示。

（a）"视图/快照特性"对话框　　　　　　　　　　（b）视图快捷菜单

图 10-29　修改视图/快照

播放快照时，将光标拖动到要查看的快照的缩略图上，单击左上角的 播放 按钮，将仅播放选定的快照。将光标拖动到要查看的视图类别的缩略图上。单击缩略图左上角的 播放 按钮，将播放该视图类别中的所有快照。

10.4 三维实体模型的创建与编辑

三维实体模型的创建是 AutoCAD 的重要部分，可以由基本实体命令创建，也可以由二维平面图形生成三维实体模型。可以编辑三维实体模型的指定面、指定边以及体，使用布尔运算可以把基本实体创建出复杂的三维实体模型。

本节主要讲述三维模型的分类、基本三维模型的创建、复杂三维模型的创建以及常用的三维模型编辑命令。

10.4.1 三维模型的分类

AutoCAD 的三维建模分为线框、网格和实体模型。可以从头开始或从现有对象创建三维实体和曲面，然后可以结合这些实体和曲面创建实体模型，也可以通过模拟曲面（三维厚度）表示为线框模型或网格模型。

10.4.1.1 线框模型

线框模型仅由描述对象边界的点、直线和曲线组成。由于构成线框模型的每个对象都必须单独绘制和定位，因此，这种建模方式可能最为耗时。使用线框模型可以较好地表现出三维对象的内部结构和外部形状，但不能支持隐藏、着色和渲染等操作。

构建线框模型时，可以使用三维多段线、三维样条曲线等三维对象，也可以通过变换 UCS 在三维空间中创建二维对象。可以使用 XEDGES 命令从面域、三维实体和曲面来创建线框几何体。XEDGES 将提取选定对象或子对象上所有的边。

虽然构建线框模型较为复杂，且不支持着色、渲染等操作，但使用线框模型可以具有以下几种作用：

① 可以从任何有利位置查看模型；
② 自动生成标准的正交和辅助视图；
③ 易于生成分解视图和透视图；
④ 便于分析空间关系，包括最近角点和边缘之间的最短距离以及干涉检查；
⑤ 减少原型的需求数量。

10.4.1.2 网格模型

网格模型包括对象的边界，还包括对象的表面，比线框对象复杂。网格具有面的特性，支持隐藏、着色和渲染等功能。由于网格面是平面的，因此网格只能近似于曲面。AutoCAD 的曲面对象并不是真正的曲面，而是由多边形网格近似表示的，网格的密度决定了曲面的光滑程度。可以使用网格创建不规则的几何体，如山脉的三维地形模型。

可采用"下拉菜单法"（【绘图】⇨【建模】⇨【网格】）、"面板法"（功能区"默认"选项卡⇨ 三维建模 面板）和"命令行法"绘制不同的网格，如图 10-30 所示。AutoCAD 2009 可以创建多种类型的网格，其相关含义如下。

（1）三维面（3DFACE） 创建具有三边或四边的平面网格。

（2）直纹网格（RULESURF） 在两条直线或曲线之间创建一个表示直纹曲面的多边形网格。

（3）平移网格（TABSURF） 创建多边形网格，该网格表示通过指定的方向和距离（称为方向矢量）拉伸直线或曲线（称为路径曲线）定义的常规平移曲面。

（4）旋转网格（REVSURF） 通过将路径曲线或轮廓（直线、圆、圆弧、椭圆、椭圆弧、闭合多段线、多边形、闭合样条曲线或圆环）绕指定的轴旋转创建一个近似于旋转曲面的多边形网格。

（5）边界定义的网格（EDGESURF） 创建一个多边形网格，此多边形网格近似于一个由四条邻接边定义的孔斯曲面片网格。孔斯曲面片网格是一个在四条邻接边（这些边可以是普通的空间曲线）之间插入的双三次曲面。

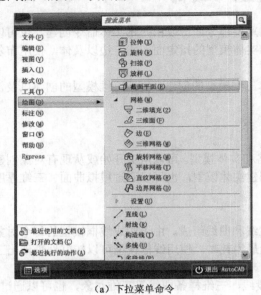

（a）下拉菜单命令　　　　　　　　　　　　　　（b）三维建模面板

图 10-30　网格模型的绘制

（6）预定义的三维网格（3D）　沿常见几何体（包括长方体、圆锥体、球体、圆环体、楔体和棱锥体）的外表面创建三维多边形网格。

（7）矩形网格（3DMESH）　在 M 和 N 方向（类似于 XY 平面的 X 轴和 Y 轴）上创建开放的多边形网格。

（8）多面网格（PFACE）　创建多面（多边形）网格，每个面可以有多个顶点，与创建矩形网格类似。

除了预定义的三维网格曲面之外，AutoCAD 还提供多种创建网格曲面的方法。用户可以将二维对象进行延伸和旋转以定义新的曲面对象，也可以将指定的二维对象作为边界定义新的曲面对象。

10.4.1.3　实体模型

与线框模型和网格模型相比，实体模型不仅包括对象的边界和表面，还包括对象的体积，因此具有质量、体积和质心等质量特性。使用实体对象构建模型比线框和网格模型更为容易，而且信息完整，歧义最少。此外，还可以通过 AutoCAD 输出实体模型的数据，提供给计算机辅助制造程序使用或进行有限元分析。

AutoCAD 提供了多种预定义的三维实体模型，包括多段体、长方体、楔体、圆锥体、球体、圆柱体、圆环体和棱锥体等，如图 10-31 所示。

除了预定义的三维实体模型之外，还可以将二维对象拉伸或旋转来定义新的实体对象，也可以使用并、差和交等布尔操作创建各种组合实体。而对于已有的实体对象 AutoCAD 提供各种修改命令，可以对实体进行圆角、倒角、切割等操作，并可以修改实体对象的边、面、体等组成元素。

10.4.2　绘制三维实体模型

实体模型是 AutoCAD 三维绘图中最重要的内容，在土木工程设计中，主要涉及实体模型的创建和编辑，故线框和网格模型不再做深入地介绍。

（a）下拉菜单命令 （b）三维建模面板

图 10-31 实体模型的绘制

AutoCAD 中三维实体模型主要通过下面三种方法来创建：

① 利用 AutoCAD 提供的基本三维实体对象；

② 通过旋转或拉伸二维对象创建三维实体对象；

③ 通过实体间的布尔运算创建复杂三维实体对象。

10.4.2.1 创建基本实体模型

AutoCAD 2009 提供了 8 种预定义的基本三维实体对象，这些对象提供了各种常用的、规则的三维实体模型组件。可以通过"下拉菜单法"、"面板法"和"命令行法"执行绘制命令，下面介绍创建 8 种基本实体模型的操作要点，仅提供命令流。

（1）多段体（polysolid） 该命令的功能是创建矩形轮廓的实体，也可以将现有直线、二维多段线、圆弧或圆转换为具有矩形轮廓的实体，类似建筑墙体，命令流如下。

```
命令：_Polysolid 高度 = 80.0000, 宽度 = 5.0000, 对正 = 居中
指定起点或 [对象(O)/高度(H)/宽度(W)/对正(J)] <对象>：H↵
指定高度 <80.0000>：3000↵                         （设置墙高为 3000）
高度 = 3000.0000, 宽度 = 5.0000, 对正 = 居中
指定起点或 [对象(O)/高度(H)/宽度(W)/对正(J)] <对象>：W↵
指定宽度 <5.0000>：240↵                  （设置宽度为 240，实为墙的厚度）
高度 = 3000.0000, 宽度 = 240.0000, 对正 = 居中
指定起点或 [对象(O)/高度(H)/宽度(W)/对正(J)] <对象>：J↵        （设置对正方式）
输入对正方式 [左对正(L)/居中(C)/右对正(R)] <居中>：C↵    （回车默认为居中对正方式）
高度 = 3000.0000, 宽度 = 240.0000, 对正 = 居中
指定起点或 [对象(O)/高度(H)/宽度(W)/对正(J)] <对象>：           （指定起点）
指定下一个点或 [圆弧(A)/放弃(U)]： <正交 开> 6000↵        （墙的轴线中心距为 6000）
指定下一个点或 [圆弧(A)/放弃(U)]：3600↵               （墙的轴线中心距为 3600）
指定下一个点或 [圆弧(A)/闭合(C)/放弃(U)]：6000↵         （墙的轴线中心距为 6000）
指定下一个点或 [圆弧(A)/闭合(C)/放弃(U)]：C↵           （闭合，如图 10-32 所示）
```

通过"高度"和"宽度"命令项可以指定墙体的高度和厚度，"对正"命令项可以选择墙体的对正方式，"对象"命令项可以将现有的直线、多线段、圆弧和圆转换为墙体。如本例，可以绘制一个 3600×6000 的矩形，用"对象"命令选项，选择矩形则直接转换成高为 3000、厚为 240

的封闭墙体。

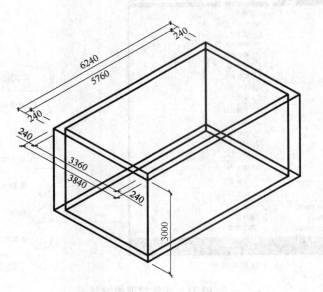

图 10-32　创建多段体

（2）长方体（box）　该命令的功能是创建长方体实体，命令流如下。

命令: box↵
指定第一个角点或 [中心(C)]:　　　　　　　　　　（选取构成长方体的 XY 平面上的第一个角点）
指定其他角点或 [立方体(C)/长度(L)]: @100,200↵　（确定 XY 平面上的第二个角点）
指定高度或 [两点(2P)] <200.0000>: 400↵　　　　　（指定 Y 轴上值为长方体的高度）

该命令可通过指定空间长方体 XY 平面两对角点的位置来创建长方体实体，在选取命令的不同选项后，根据相应提示进行操作或输入数值即可。应该注意的是，该命令创建的实体边或长、宽、高方向均与当前 UCS 的 X、Y、Z 轴平行。

（3）楔体（wedge）　该命令的功能是创建楔体实体，命令流如下。

命令: wedge↵
指定第一个角点或 [中心(C)]:　　　　　　　　　　（选取构成楔体的 XY 平面上的第一个角点）
指定其他角点或 [立方体(C)/长度(L)]: @100,200↵　（确定 XY 平面上的第二个角点）
指定高度或 [两点(2P)] <-200.0000>: 50↵　　　　　（指定 Y 轴上值为楔体的高度）

创建楔体与创建长方体的命令相似，但要注意楔体的倾斜方向，楔体的高度在第一角点的直线上。

（4）圆锥体（cone）　该命令的功能是创建圆锥体或椭圆锥体实体，命令流如下。

命令: cone↵
指定底面的中心点或 [三点(3P)/两点(2P)/切点、切点、半径(T)/椭圆(E)]:
指定底面半径或 [直径(D)]: 100↵
指定高度或 [两点(2P)/轴端点(A)/顶面半径(T)] <40.6333>: t↵
指定顶面半径 <0.0000>:↵
指定高度或 [两点(2P)/轴端点(A)] <40.6333>: 150↵

创建圆锥体或椭圆锥体需要先在 XY 平面中绘制一个圆或椭圆，然后给出高度。默认的顶面半径为 0，若顶面半径与底面半径相等，则绘制（椭）圆柱体。若顶面半径与底面半径不相等，则绘制（椭）圆柱台。该命令可以取代绘制圆柱体命令。

（5）球体（sphere）　该命令的功能是创建球体实体，命令流如下。

> 命令：_sphere
> 指定中心点或 [三点(3P)/两点(2P)/切点、切点、半径(T)]：
> 指定半径或 [直径(D)] <200.0000>：50↵

（6）圆柱体（cylinder）　该命令的功能是创建圆柱体或椭圆柱体实体，命令流如下。

> 命令：_cylinder
> 指定底面的中心点或 [三点(3P)/两点(2P)/切点、切点、半径(T)/椭圆(E)]：
> 指定底面半径或 [直径(D)] <50.0000>：100↵
> 指定高度或 [两点(2P)/轴端点(A)] <400.0000>：300↵

（7）圆环体（torus）　该命令的功能是创建圆环形实体，命令流如下。

> 命令：_torus
> 指定中心点或 [三点(3P)/两点(2P)/切点、切点、半径(T)]：
> 指定半径或 [直径(D)] <100.0000>：300↵　　　　　　　　　　　　（指定圆环半径）
> 指定圆管半径或 [两点(2P)/直径(D)]：50↵　　　　　　　　　　　　（指定圆管半径）

创建圆环体首先需要指定整个圆环的尺寸，然后再指定圆管的尺寸。

（8）棱锥体（pyramid）　该命令的功能是创建棱锥体实体，命令流如下。

> 命令：_pyramid
> 　5 个侧面　外切　　　　　　　　　　　　　　　　　　　　　　　　（当前设置）
> 指定底面的中心点或 [边(E)/侧面(S)]：S↵
> 输入侧面数 <5>：6↵　　　　　　　　　　　　　　　　　　　　（设置侧面数为6）
> 指定底面的中心点或 [边(E)/侧面(S)]：
> 指定底面半径或 [内接(I)] <247.2136>：300↵　　　　　　　　　（指定外切半径为300）
> 指定高度或 [两点(2P)/轴端点(A)/顶面半径(T)] <500.0000>：t↵　　　　（可设定顶面半径）
> 指定顶面半径 <0.0000>：
> 指定高度或 [两点(2P)/轴端点(A)] <500.0000>：300↵　　[设定棱锥体高度为300，如图10-33（a）所示]

创建棱锥体命令操作的前面部分类似创建二维的正多边形，不同的是，完成多边形创建后还需要指定棱锥面的高度。另外，默认的顶面半径为0，可以设置为非0，创建棱锥台，如图10-33（b）所示。

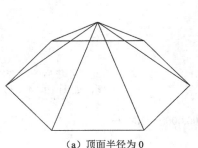 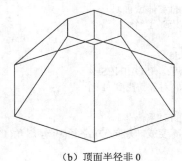

（a）顶面半径为0　　　　　　　　　　（b）顶面半径非0

图 10-33　创建棱锥体

10.4.2.2　由二维对象生成三维实体

（1）创建拉伸实体　对于 AutoCAD 中的平面三维面和一些闭合的对象，可以将其沿指定的高度或路径进行拉伸，根据被拉伸对象所包含的面和拉伸的高度或路径形成一个三维实体，即 AutoCAD 的拉伸实体对象。

可采用"下拉菜单法"(【绘图】⇨【建模】⇨【拉伸】)、"面板法"(功能区"默认"选项卡⇨三维建模⇨拉伸)和"命令行法"(EXTRUDE)方式创建拉伸实体。

在使用 EXTRUDE 命令创建拉伸实体之前,需要先创建进行拉伸的平面三维面或闭合对象。能够用于创建拉伸实体的闭合对象包括面域、圆、椭圆、闭合的二维和三维多段线和样条曲线等。对于要进行拉伸的闭合多段线,其顶点数目必须在 3~500 之间。如果多段线具有宽度,AutoCAD 将忽略其宽度并且从多段线路径的中心线处拉伸。在选择被拉伸的对象时,AutoCAD 连续提示,选择一个或多个对象进行拉伸,并按回车键结束选择。

以下为创建一个平面尺寸为 6000×3600、高度为 3000 的单间,其命令流如下。

```
命令: _rectang
指定第一个角点或 [倒角(C)/标高(E)/圆角(F)/厚度(T)/宽度(W)]:
指定另一个角点或 [面积(A)/尺寸(D)/旋转(R)]: @6000,3600↵          [建立一个轴线矩形,如图
                                                              10-34(a)所示]

命令: _offset
当前设置: 删除源=否    图层=源    OFFSETGAPTYPE=0
指定偏移距离或 [通过(T)/删除(E)/图层(L)] <通过>: 120↵          [向内外各偏移 120,以构成
                                                              240 厚的墙体,如图10-34(b)
                                                              所示]

选择要偏移的对象,或 [退出(E)/放弃(U)] <退出>:
指定要偏移的那一侧上的点,或 [退出(E)/多个(M)/放弃(U)] <退出>:
选择要偏移的对象,或 [退出(E)/放弃(U)] <退出>:
指定要偏移的那一侧上的点,或 [退出(E)/多个(M)/放弃(U)] <退出>:
选择要偏移的对象,或 [退出(E)/放弃(U)] <退出>:↵
命令: _region
选择对象: 找到 1 个                                      (选择偏移后的矩形,形成面域)
选择对象: 找到 1 个,总计 2 个
选择对象:↵
已提取 2 个环。
已创建 2 个面域。
命令: _subtract 选择要从中减去的实体或面域...
选择对象: 找到 1 个                                      [对形成的两个矩形面域进行差集
                                                        运算,构成墙体,如图 10-34(c)
                                                        所示]

选择对象:↵
选择要减去的实体或面域…
选择对象: 找到 1 个
选择对象:↵
命令: _extrude
当前线框密度:  ISOLINES=4
选择要拉伸的对象: 找到 1 个                               [选择差集后的面域,拉伸 3000 高
                                                        度,如图 10-34(d)所示]

选择要拉伸的对象:↵
指定拉伸的高度或 [方向(D)/路径(P)/倾斜角(T)] <300.0000>: 3000↵
```

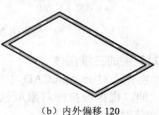

(a) 矩形轴线　　　　　　　　　　　　　　　　　　　(b) 内外偏移 120

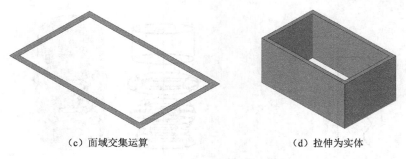

（c）面域交集运算　　　　　　　　　（d）拉伸为实体

图 10-34　拉伸创建实体

除了指定拉伸高度之外，也可以选择"路径（P）"命令选项指定拉伸路径。拉伸路径可以是直线、圆、圆弧、椭圆、椭圆弧、多段线或样条曲线等，且不能与被拉伸的对象在同一平面内。例如，在图 10-35 中，如果将图 10-35（a）中的圆环面域作为拉伸对象，样条曲线作为拉伸路径，则可以创建如图 10-35（b）所示的拉伸实体。

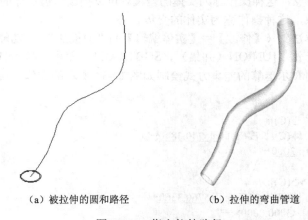

（a）被拉伸的圆和路径　　　　　　　（b）拉伸的弯曲管道

图 10-35　指定拉伸路径

（2）创建旋转实体　　在 AutoCAD 中可以将某些闭合的对象绕指定的旋转轴进行旋转，根据被旋转对象包含的面和旋转的路径形成一个三维实体，即 AutoCAD 的旋转实体对象。可采用"下拉菜单法"（【绘图】⇨【建模】⇨【旋转】）、"面板法"（功能区"默认"选项卡⇨三维建模⇨旋转）和"命令行法"（REVOLVE）方式创建旋转实体。

命令:REVOLVE↵
当前线框密度: ISOLINES=4
选择要旋转的对象: 指定对角点: 找到 3 个　　　　　　　　　　　　［选择三个要旋转对象，如
　　　　　　　　　　　　　　　　　　　　　　　　　　　　　　　图 10-36（a）所示］
选择要旋转的对象: ↵　　　　　　　　　　　　　　　　　　　　　　（回车，结束选择）
指定轴起点或根据以下选项之一定义轴 [对象(O)/X/Y/Z] <对象>:
指定轴端点:
指定旋转角度或 [起点角度(ST)] <360>:↵　　　　　　　　　　　　［如图 10-36（b）所示］

使用 REVOLVE 命令创建旋转实体，则需要先创建要旋转的平面三维面或闭合对象。能够用于创建旋转实体的闭合对象包括面域、圆、椭圆、闭合的二维和三维多段线及样条曲线等。若要旋转的对象为三维直线、曲线或圆弧等，则会创建三维曲面。

（3）布尔运算创建实体　　多个二维面域对象可以进行并集、差集和交集等操作，同样，在三维空间也可以对实体对象进行布尔运算，根据多个实体对象创建各种组合的实体模型。

（a）被旋转的矩形和旋转轴

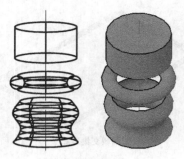

（b）旋转后的圆柱体

图 10-36　旋转创建实体

　　合并已有的两个或多个实体对象为一个组合的实体对象，新生成的实体包含了所有源实体对象所占据的空间，这种操作称为实体的并集。将一组实体的体积从另一组实体中减去，剩余的体积形成新的组合实体对象，这种操作称为实体的差集。可以提取一组实体的公共部分，并将其创建为新的组合实体对象，这种操作称为实体的交集。

　　可采用"下拉菜单法"（【修改】⇨【实体编辑】）、"面板法"（ 功能区"默认"选项卡⇨实体编辑）和"命令行法"[UNION（并集）、SUBTRACT（差集）和 INTERSECT（交集）]进行布尔运算。下面用布尔运算的差集方式绘制如图 10-34 所示的实体，命令流如下。

```
命令: _box
指定第一个角点或 [中心(C)]:
指定其他角点或 [立方体(C)/长度(L)]: @6240,3840↵
指定高度或 [两点(2P)]: 3000↵
命令: _box
指定第一个角点或 [中心(C)]:
指定其他角点或 [立方体(C)/长度(L)]: @5760,3360↵
指定高度或 [两点(2P)] <3000.0000>:↵
命令: _subtract 选择要从中减去的实体或面域...
选择对象: 找到 1 个
选择对象:
选择要减去的实体或面域 ..
选择对象: 找到 1 个
选择对象: ↵
                                                    （如图 10-37 所示）
```

（a）创建两个长方体

（b）长方体的差算运算

图 10-37　差集运算创建实体

10.4.3 三维模型的编辑

用户可以使用一些编辑命令,对已经创建好的三维图形进行编辑。这些编辑命令,有些对于二维图形也是通用的,有些是专门用于三维图形编辑的。

10.4.3.1 实体的倒角

在 AutoCAD 的二维制图中,可以使用倒角命令在两条直线之间或多段线对象的顶点处创建倒角。在三维制图中,还可以使用该命令在实体的棱边处创建倒角。三维实体倒角命令与二维的相同,其调用方式和执行过程如下。

> 命令: CHAMFER↵
> ("修剪"模式) 当前倒角距离 1 = 0.0000,距离 2 = 0.0000
> 选择第一条直线或 [放弃(U)/多段线(P)/距离(D)/角度(A)/修剪(T)/方式(E)/多个(M)]:
> 基面选择...
> 输入曲面选择选项 [下一个(N)/当前(OK)] <当前(OK)>: OK
> 指定基面的倒角距离: 10↵
> 指定其他曲面的倒角距离 <10.0000>:↵
> 选择边或 [环(L)]: 选择边或 [环(L)]: 选择边或 [环(L)]: 选择边或 [环(L)]: ↵

使用倒角命令为实体对象创建倒角时,首先需要选择实体对象上的边,AutoCAD 将以该边相邻的两个面之一作为基面,并高亮显示。然后选择【下一个(N)】命令选项将另一个面指定为基面,分别指定基面上的倒角距离和在另一个面上的倒角距离。完成对倒角的基面和倒角距离的设置后,可以进一步指定基面上需要创建倒角的边。也可以连续选择基面上的多个边来创建倒角,如果选择【环(L)】命令选项,则可以一次选中基面上所有的边来创建倒角。

10.4.3.2 实体的圆角

与倒角命令类似,不仅可以在两条直线之间或多段线对象的顶点处创建圆角,还可以使用该命令在实体的棱边处创建圆角。实体圆角命令与二维图形的圆角命令相同。

> 命令: Fillet↵
> 当前设置: 模式 = 修剪,半径 = 0.0000
> 选择第一个对象或 [放弃(U)/多段线(P)/半径(R)/修剪(T)/多个(M)]:
> 输入圆角半径: 20↵
> 选择边或 [链(C)/半径(R)]:
> 已拾取到边
> 选择边或 [链(C)/半径(R)]:
> 选择边或 [链(C)/半径(R)]:
> 选择边或 [链(C)/半径(R)]: ↵
> 已选定 4 个边用于圆角。

使用圆角命令为实体对象创建圆角时,首先需要选择实体对象上的边,然后指定圆角的半径。也可以进一步选择实体对象上其他需要倒圆角的边,或选择【链(C)】命令选项一次选择多个相切的边进行倒圆角。

在选择棱边的过程中,可以随时选择【半径(R)】命令选项改变圆角的半径,修改后的圆角半径只用于其后选择的边,而对改变圆角半径之前选中的边不起作用,由此可以直接创建一系列半径不等的圆角。

10.4.3.3 三维阵列

三维阵列命令在三维空间中创建指定对象的多个副本,并按指定的形式排列。同二维阵列命令类似,三维阵列命令也可以生成矩形阵列和环形阵列,而且可以进行三维排列。

> 命令: 3DARRAY↵
> 选择对象: ↵

选择对象: ↵
输入阵列类型 [矩形(R)/环形(P)] <矩形>:↵

在创建三维阵列之前,首先需要构造对象选择集,AutoCAD 将把整个选择集作为一个整体进行三维阵列操作。

10.4.3.4 三维镜像

三维镜像命令在三维空间中创建指定对象的镜像副本,源对象与其镜像副本相对于镜像平面彼此对称。

命令: MIRROR3D↵
选择对象: 找到 1 个
选择对象:
指定镜像平面 (三点) 的第一个点或
[对象(O)/最近的(L)/Z 轴(Z)/视图(V)/XY 平面(XY)/YZ 平面(YZ)/ZX 平面(ZX)/三点(3)] <三点>:
在镜像平面上指定第二点: 在镜像平面上指定第三点:
是否删除源对象? [是(Y)/否(N)] <否>: N↵

在创建三维镜像之前,首先需要构造对象选择集,AutoCAD 将把整个选择集作为一个整体进行三维镜像操作。在指定镜像平面时,可以使用多种方法进行定义,具体的方法及其操作过程如下。

① 由于三个不共线的点可唯一地定义一个平面,因此定义镜像平面的最直接的方法,是分别指定该平面上不在同一条直线上的三个点。AutoCAD 将根据用户指定的三个点计算出镜像平面的位置。

② 定义镜像平面的第二种方法是选择【对象(O)】命令选项,然后指定某个二维对象。AutoCAD 将该对象所在的平面定义为镜像平面。

能够用于定义镜像平面的对象可以是圆、圆弧或二维多段线等。

③ 定义镜像平面的第三种方法是选择【最近的(L)】命令选项,此时将使用最后一次定义的镜像平面进行镜像操作。

④ 定义镜像平面的第四种方法是选择【Z 轴(Z)】命令选项,然后指定两点作为镜像平面的法线,从而定义该平面。

⑤ 定义镜像平面的第五种方法是选择【视图(V)】命令选项,并指定镜像平面上任意一点,AutoCAD 将通过该点并与当前视口的视图平面相平行的平面作为镜像平面。

⑥ 定义镜像平面的最后一种方法是选择【XY 平面(XY)】、【YZ 平面(YZ)】或【ZX 平面(ZX)】命令选项,并指定镜像平面上任意一点,AutoCAD 将通过该点并且与当前 UCS 的 XY 平面、YZ 平面或 ZX 平面相平行的平面定义为镜像平面。定义了镜像平面后,AutoCAD 将根据镜像平面创建指定对象的镜像副本,并根据用户的选择确定是否删除源对象。

10.4.3.5 三维旋转

三维旋转命令在三维空间中将指定的对象绕旋转轴进行旋转,以改变其在三维空间中的位置。

命令:ROTATE3D↵
当前正向角度: ANGDIR=逆时针 ANGBASE=0
选择对象: 找到 1 个
选择对象:↵
指定轴上的第一个点或定义轴依据
[对象(O)/最近的(L)/视图(V)/X 轴(X)/Y 轴(Y)/Z 轴(Z)/两点(2)]:↵
指定轴上的第二点:
指定旋转角度或 [参照(R)]:30↵

在进行三维旋转之前，首先需要构造对象选择集，AutoCAD 将把整个选择集作为一个整体进行三维旋转操作。在指定旋转轴时，可以使用多种方法进行定义，具体的方法及其操作过程如下。

① 直接指定两点定义旋转轴。

② 定义旋转轴的第二种方法是选择【对象(O)】命令选项，然后指定某个二维对象。AutoCAD 将根据该对象定义旋转轴。能够用于定义镜像平面的对象可以是直线、圆、圆弧或二维多段线等。其中如果选择圆、圆弧或二维多段线的圆弧段，AutoCAD 将垂直于对象所在平面并且通过圆心的直线作为旋转。

③ 定义旋转轴的第三种方法是选择【最近的(L)】命令选项，此时将使用最后一次定义的旋转轴进行旋转操作。

④ 定义旋转轴的第四种方法是选择【视图(V)】命令选项，并指定旋转轴上任意一点，AutoCAD 将通过该点并与当前视口的视图平面相垂直的直线作为旋转轴。

⑤ 定义旋转轴的最后一种方法是选择【X 轴(X)】、【Y 轴(Y)】或【Z 轴(Z)】命令选项，并指定旋转轴上任意一点，AutoCAD 将通过该点并且与当前 UCS 的 X 轴、Y 轴或 Z 轴相平行的直线作为旋转轴。定义了旋转轴后，AutoCAD 还要指定旋转角度，正的旋转角度将使指定对象从当前位置开始沿逆时针方向旋转，而负的旋转角度将使指定对象沿顺时针方向旋转。如果选择【参照(R)】选项，可以进一步指定旋转的参照角和新角度，AutoCAD 将以新角度和参照角之间的差值作为旋转角度。

10.4.3.6 编辑实体对象的面和边

可以使用 SOLIDEDIT 命令编辑三维实体对象的面和边，可从下拉菜单和面板按钮执行该命令，然后根据不同的选项进行操作，如图 10-38 所示。

（a）下拉菜单

（b）面板上的下拉列表

图 10-38　SOLIDEDIT 编辑命令

（1）拉伸面　按指定距离或路径拉伸实体的指定面。

```
命令: _solidedit
实体编辑自动检查:  SOLIDCHECK=1
输入实体编辑选项 [面(F)/边(E)/体(B)/放弃(U)/退出(X)] <退出>: _face
输入面编辑选项
[拉伸(E)/移动(M)/旋转(R)/偏移(O)/倾斜(T)/删除(D)/复制(C)/颜色(L)/材质(A)/放弃(U)/退出(X)] <退出>:
_extrude
选择面或 [放弃(U)/删除(R)]: 找到一个面。
```

```
选择面或 [放弃(U)/删除(R)/全部(ALL)]: ↵
指定拉伸高度或 [路径(P)]: 200↵
指定拉伸的倾斜角度 <0>:
已开始实体校验。
已完成实体校验。
输入面编辑选项
[拉伸(E)/移动(M)/旋转(R)/偏移(O)/倾斜(T)/删除(D)/复制(C)/颜色(L)/材质(A)/放弃(U)/退出(X)] <退出>: X
实体编辑自动检查：  SOLIDCHECK=1
输入实体编辑选项 [面(F)/边(E)/体(B)/放弃(U)/退出(X)] <退出>: X↵
```

　　拉伸面是一个编辑命令，只对实体上的某个面进行拉伸，还有一个绘图命令是实体拉伸，两者不能混淆。
　　（2）移动面　按指定距离移动实体的指定面。

```
命令：_solidedit
实体编辑自动检查：  SOLIDCHECK=1
输入实体编辑选项 [面(F)/边(E)/体(B)/放弃(U)/退出(X)] <退出>: _face
输入面编辑选项
[拉伸(E)/移动(M)/旋转(R)/偏移(O)/倾斜(T)/删除(D)/复制(C)/颜色(L)/材质(A)/放弃(U)/退出(X)] <退出>:
_move
选择面或 [放弃(U)/删除(R)]: 找到一个面。
选择面或 [放弃(U)/删除(R)/全部(ALL)]: ↵
指定基点或位移:
指定位移的第二点:
已开始实体校验。
已完成实体校验。
输入面编辑选项
[拉伸(E)/移动(M)/旋转(R)/偏移(O)/倾斜(T)/删除(D)/复制(C)/颜色(L)/材质(A)/放弃(U)/退出(X)] <退出>: X
实体编辑自动检查：  SOLIDCHECK=1
输入实体编辑选项 [面(F)/边(E)/体(B)/放弃(U)/退出(X)] <退出>: X↵
```

　　移动面可以像移动二维对象一样移动实体上的面，但实体也会随着变化，从编辑结果上看，与拉伸面有相似之处。
　　可以选择编辑选项，对面进行旋转、偏移、倾斜、删除、复制、着色、赋材质等操作，甚至可以编辑实体，执行抽壳、压印和分割实体的操作。抽壳用于将规则实体创建成中空的壳体，抽壳时会提示删除部分面以使抽壳后的空腔露出来。如图10-39所示，顶面删除后被抽壳。压印可以通过使用与选定面相交的对象压印三维实体上的面，来修改该面的外观。可以通过压印圆弧、

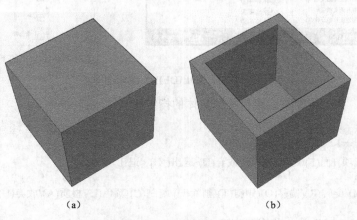

| (a) | (b) |

图10-39　实体抽壳

圆、直线、二维和三维多段线、椭圆、样条曲线、面域、体和三维实体，将组合对象和面，来创建三维实体上的新面和边。

如图 10-40（a）所示，为长方体顶面上书写的文字，把文字分解后创建成面域，然后压印到长方体的顶面上，则文字被压印到实体平面上。

如图 10-40（b）所示为压印到平面上的文字经过拉伸面操作形成的，说明文字已与实体平面组合成了一个新的面。

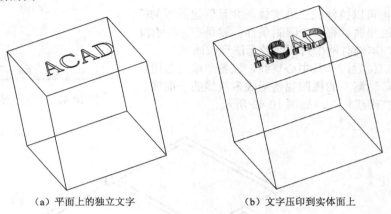

（a）平面上的独立文字　　　　　　（b）文字压印到实体面上

图 10-40　实体压印

10.4.4　创建三维建筑实体模型示例

对于建筑模型的创建，可以将墙线直接拉伸成墙体，下面将二维住宅平面图转化为三维实体，如图 10-41 所示。

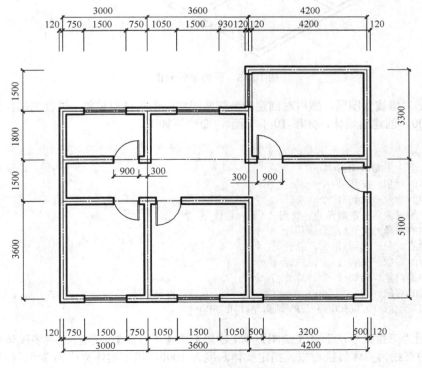

图 10-41　住宅平面图

（1）冻结或关闭"轴线"、"标注"、"门窗"图层，保留"墙线"图层，创建"三维"图层并设为当前层。

（2）采用"下拉菜单法"（【绘图】⇨【边界】）打开"边界创建"对话框，如图10-42所示。单击 拾取点 按钮，拾取平面图每段墙线内的位置，创建墙线的多段线截面。

图10-42 "边界创建"对话框

创建面域也可以拉伸成三维实体，并且创建面域的操作更简单。但创建面域有一个限制条件，就是拒绝所有交点和自交曲线，本例有两个封闭区域无法形成面域。

（3）在窗口位置画一条中心直线，以备形成窗台用。然后用"西南等轴测"的视图观察形成多段线的平面图，视觉样式为"二维线框"，如图10-43所示。

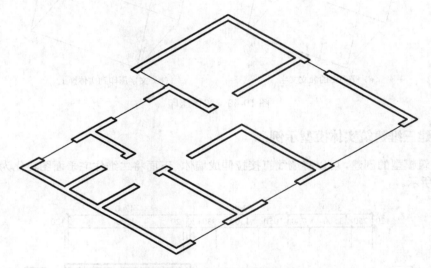

图10-43 西南等轴测图

（4）关闭"墙线"图层，然后对创建的全部墙线截面作为拉伸对象，进行三维拉伸操作，拉伸高度为2800，创建出墙体，如图10-44所示，命令流如下。

```
命令: _extrude
当前线框密度:  ISOLINES=4
选择要拉伸的对象: 找到 1 个
选择要拉伸的对象: 找到 1 个, 总计 2 个
选择要拉伸的对象: 指定对角点: 找到 1 个, 总计 3 个
选择要拉伸的对象: 找到 1 个, 总计 4 个
选择要拉伸的对象: 找到 1 个, 总计 5 个
选择要拉伸的对象: 找到 1 个, 总计 6 个
选择要拉伸的对象: 找到 1 个, 总计 7 个
选择要拉伸的对象:
指定拉伸的高度或 [方向(D)/路径(P)/倾斜角(T)]: 2800↵
```

（5）采用"下拉菜单法"（【绘图】⇨【建模】⇨【多段体】）执行创建多段体命令，选择在窗口绘制的直线为实体转换对象，指定实体高度为1000，指定实体宽度为240，如图10-45所示，命令流如下。

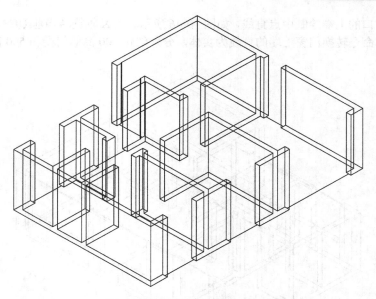

图 10-44 用拉伸命令创建墙体

命令: <u>POLYSOLID</u>
高度 = 0.5, 宽度 = 0.3, 对正 = 居中
指定起点或 [对象(O)/高度(H)/宽度(W)/对正(J)] <对象>: <u>H</u>↵
指定高度 <0.5>: <u>1000</u>↵
高度 = 1000.0, 宽度 = 0.3, 对正 = 居中
指定起点或 [对象(O)/高度(H)/宽度(W)/对正(J)] <对象>: <u>W</u>↵
指定宽度 <0.3>: <u>240</u>↵
高度 = 1000.0, 宽度 = 240.0, 对正 = 居中
指定起点或 [对象(O)/高度(H)/宽度(W)/对正(J)] <对象>: <u>O</u>↵
选择对象:

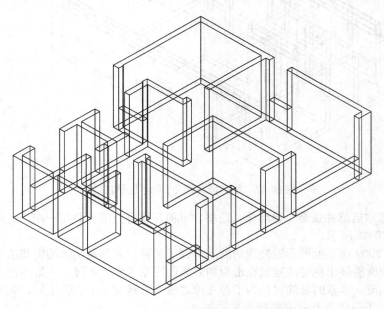

图 10-45 用多段体命令创建窗台

（6）在门窗口的上端绘制中点直线，如图 10-46 所示。绕 **X** 轴旋转当前 UCS，使 **Z** 轴方向向下，采用多段体命令转换门窗上端的直线为实体，分别创建 700 高的门楣和 500 高的窗楣，如图 10-47 所示。

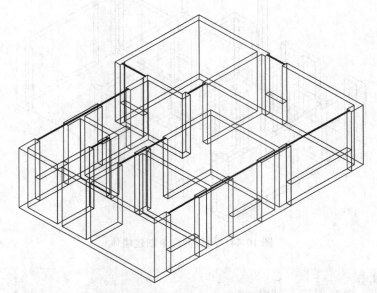

图 10-46　在门窗口的上端绘制直线

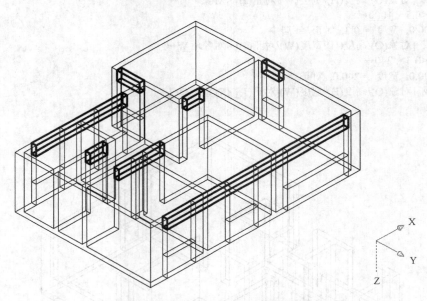

图 10-47　用多段体命令创建门楣和窗楣

（7）使用布尔运算并集命令将墙体、门楣、窗楣和窗台全部合并在一起，最后完成的住宅三维模型，如图 10-48 所示。

AutoCAD 2009 在三维图形的处理功能上得到了加强，尤其是实体编辑和渲染着色的功能，使 AutoCAD 2009 能够出色完成建筑物造型和效果图这项工作。不过，三维图形在土木工程设计中应用得并不广泛，本章的目的也是为了对三维建模的思路有一个大致了解，如果想要更深入地学习三维建模，还需要参考有关书籍。

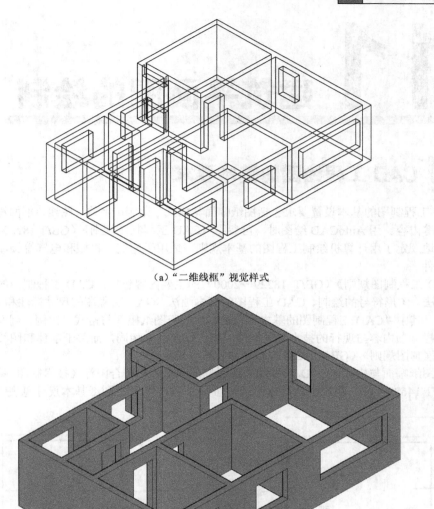

（a）"二维线框"视觉样式

（b）"概念"视觉样式

图 10-48　住宅三维实体模型

练　习　题

1. 创建一个角点在坐标原点、长×宽×高为 100×150×200 的长方体。
2. 创建一个直径为 300 的球体。
3. 创建一个外径×内径×高度为φ200×φ100×300 的筒形实体。
4. 按本章示例，创建一个三层的住宅楼三维实体模型。

11 建筑平面图的绘制

11.1 CAD 工程绘图的基本要求

CAD 工程制图的基本设置要求包括图纸幅面与格式、比例、字体、图线、剖面符号、标题栏和明细栏等内容。用 AutoCAD 绘图时，可参照《CAD 工程制图规则》（GB/T 18229—2000）。该标准系统地规定了用计算机绘制工程图的基本规则，适用于建筑、机械和电气等领域的工程制图及相关文件。

《CAD 工程制图规则》（GB/T 18229—2000）的主要内容包括：CAD 工程制图的基本设置要求、投影法、图形符号的绘制、CAD 工程图的基本画法、CAD 工程图的尺寸标注和 CAD 工程图的管理等。其中"CAD 工程制图的基本设置要求"关于图纸幅面与格式、比例、剖面符号、标题栏和明细栏五项内容与现行的技术制图标准的相应规定基本相同，而关于字体和图线两项规定在《CAD 工程制图规则》（GB/T 18229—2000）中另有规定。

（1）图纸幅面与格式　CAD 工程图的图纸幅面和格式应符合国标《技术制图　图纸幅面和格式》（GB/T 14689—93）的规定。具体图纸幅面如图 11-1 所示，图纸基本尺寸见表 11-1。

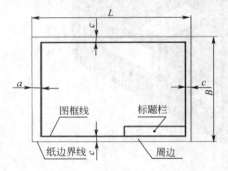
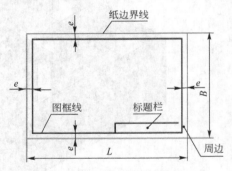

（a）带有装订边的图纸幅面　　　　　　　　（b）不带装订边的图纸幅面

图 11-1　图纸幅面规定

表 11-1　图纸规格

幅面代号	A0	A1	A2	A3	A4
$B \times L$	841×1189	594×841	420×594	297×420	210×297
e	20			10	
c	10			5	
b	25				

注：在 CAD 绘图中对图纸有加长加宽的要求时，应按基本幅画的短边（B）成整数倍增加。

CAD 绘图时可以根据需要直接在模型空间绘制合适的图纸幅面；也可在模型空间用 LIMITS

命令设置绘图极限，建立实体模型，并在图纸空间按要求绘制图框和标题栏，用 LAYOUT 设置图纸大小，再切换到模型空间安排图形需输出部分并设置比例。

（2）比例　图中图形与其实物相应要素的线性尺寸之比称为比例。CAD 工程图中需要按比例绘制图样时，应根据《技术制图　图纸幅面和格式》（GB/T 14690—93）中所规定的系列中选取适当的比例，常见的绘图比例见表 11-2。

表 11-2　常用比例

种　类	比　　例		
原值比例	$1:1$		
放大比例	$5:1$	$2:1$	
	$5 \times 10^n : 1$	$2 \times 10^n : 1$	$1 \times 10^n : 1$
缩小比例	$1:2$	$1:5$	$1:10$
	$1:2 \times 10^n$	$1:5 \times 10^n$	$1:10 \times 10^n$

注：n 为正整数。

（3）字体　《技术制图　字体》（GB/T 14691—93）中规定，在图样中书写汉字、字母、数字时，字体的高度（用 h 表示，单位：mm）的公称尺寸系列为：1.8、2.5、3.5、5、7、10、14、20、如需要书写更大的字，其字体高度应按 $\sqrt{2}$ 的比率递增，字体的高度代表字体的号数。图样上的汉字应写成长仿宋体字，并采用国家正式公布推行的简化字，汉字的高度 h 不应小于 3.5mm。字母和数字分 A 型和 B 型两种，A 型字体的笔画宽度为字高的 1/14，B 型字体的笔画宽度为字高的 1/10，但在同一图样上，只允许选用一种类型的字体。字母和数字可写成斜体和直体，斜体字的字头向右倾斜，与水平基准线成 75°。图样中字母和数字一律采用 3.5 号字，汉字一律采用 5 号字。

（4）图线　工程图中所用的图线应遵照《技术制图　图线》（GB 17450—1998）中的有关规定。工程制图的基本线型分为实线、虚线、间隔画线等 15 种，并规定了 4 种基本线型的变形 4 种。所有线型的图线宽度应按图样的类型和尺寸大小在下列数系中选择（单位：mm）：0.13、0.18、0.25、0.35、0.5、0.7、1.0、1.4、2.0。该数系的公比为 $1:\sqrt{2}$。

（5）其他　对于剖面符号、标题栏、明细栏应遵守《CAD 工程制图规则》（GB/T 18229—2000）的有关规定，其具体内容可根据实际的具体情况绘制。

11.2　建筑平面图的内容

建筑平面图主要表示建筑物的平面形状、水平方向各个组成部分（如出入口、走廊、楼梯、房间）的布置和组合关系、门窗位置、墙和柱的布置以及其他建筑构件、配件的位置和大小等。建筑平面图应绘制的主要内容：

① 建筑定位轴线及其编号；

② 各房间的组合和分隔，墙、柱的断面形状及尺寸；

③ 门、窗布置及型号；

④ 楼梯梯级形状、梯段走向和级数；

⑤ 卫生间、厨房、其他设备用房等固定设施的布置；

⑥ 各种建筑构件、配件及相应的详图索引符号。

下面以某办公楼（图 11-2）为例，讲授建筑平面图的绘图步骤和方法。

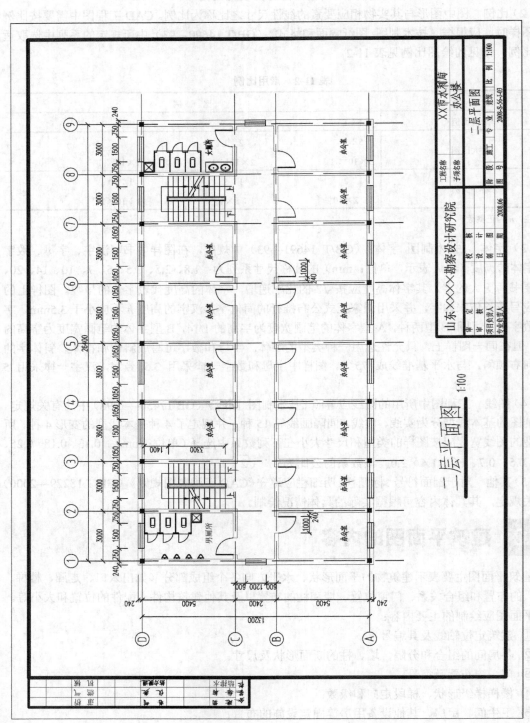

图 11-2 办公楼平面图

11.3 图形设置

（1）新建图形文件　AutoCAD 2009 启动后，默认建立一个 Drawing1.dwg 的图形文件，按 [Ctrl+Shift+S]快捷键执行"另存为"命令，在对话框中选择工作目录，输入"办公楼"文件名。也可按[Ctrl+N]快捷键执行"新建"命令，选择"acadiso.dwt"样板文件，输入"办公楼"文件名，新建一个图形文件。在操作过程中，养成不时地按[Ctrl+S]快捷键"保存"图形的习惯。

说明：

　　AutoCAD 2009 提供了多个样板文件，绘制二维图形时，建议使用"acadiso.dwt"样板文件，而不要使用"acad.dwt"样板文件。主要原因是由于"acad.dwt"样板文件使用英制单位，启动中文版 AutoCAD 2009 也是默认采用"acadiso.dwt"样板文件。

（2）新建图层　单击"常用"选项卡中的 图层 面板⇨ 图层特性 ，弹出"图层特性管理器"对话框，单击 新建图层 ，创建"轴网"、"文字"、"墙"、等图层，然后设置图层的"颜色"、"线型"、"线宽"等特性。建立的图层如图 11-3 所示。

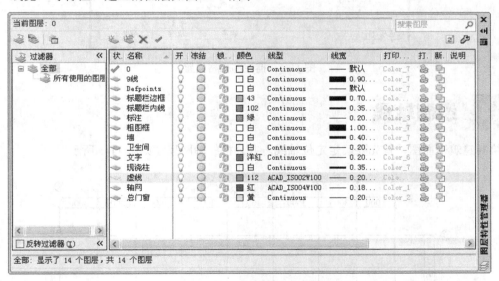

图 11-3　新建图层参数

（3）设置对象捕捉模式　将鼠标移动到"状态栏"条的 对象捕捉 按钮上，右击弹出快捷菜单，选择"设置"选项，在对话框中勾选"端点"、"中点"、"交点"、"圆心"四个常用的对象捕捉模式为永久对象捕捉模式。也可在快捷菜单上直接选取所需要的对象捕捉模式。不过，不要定义过多的永久捕捉选项，否则会增加捕捉难度，影响绘图效率。

（4）设置图形界限　设置图形界限的主要优点是更好地用鼠标滚轮缩放图形，图形界限的范围为 A2 图纸大小的 100 倍或更大，也可以设置成与实体一样大小。

命令: LIMITS ↵
重新设置模型空间界限:
指定左下角点或 [开(ON)/关(OFF)] <0.0000,0.0000>:↵
指定右上角点 <594.0000,420.0000>:59400.0000,42000.0000 ↵　　　（设置的可更大些）

将鼠标移动到"状态栏"条的 栅格显示 按钮上，右击弹出快捷菜单，选择"设置"选项，在对话框中勾选"启用栅格"、"启用捕捉"、"自适应栅格"和"显示超出界线的栅格"选项，设置"栅格间距"为10000，"捕捉间距"为1。各参数的设置如图11-4所示。

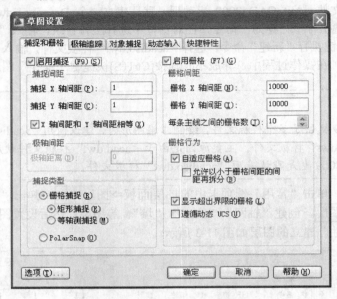

图 11-4　捕捉和栅格设置

11.4　绘制轴线

绘制建筑平面图，首先要确定定位轴线，办公楼的轴网尺寸如图11-5所示。

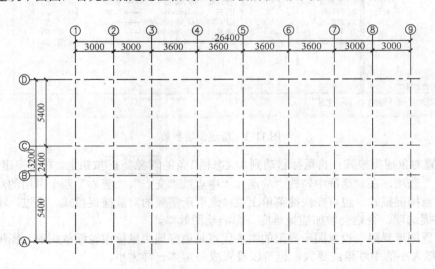

图 11-5　办公楼轴网尺寸

（1）设置当前图层和线型比例　在绘制轴线之前，用 图层 面板设置"轴网"为当前图层，如图11-6所示。当前图层为0层，单击 图层 面板上的"图层控制"下拉列表，选择"轴网"图层，则可将"轴网"图层为当前图层。

图 11-6 设置当前图层

AutoCAD 从低版本到高版本都存在着一个复杂的线型比例设置问题，主要原因是 AutoCAD 同时提供了英制和公制线型文件，造成设置线型比例的困难。在此建议选择以 ACAD_ISO 开头的线型，通过 LTSCALE 命令或"线型管理器"对话框设置全局比例因子为出图比例的倒数。本例的虚线采用 ACAD_ISO02W100，轴线采用 ACAD_ISO04W100，全局比例因子设为 100，如图11-7 所示。

图 11-7 设置线型比例

也可以在命令行中执行 LTSCALE 命令，改变图形所有线型的全局比例因子，如下所示。

命令: LTSCALE↵
输入新线型比例因子 <50.0000>: 100↵
正在重生成模型。　　　　　　　　　　　　　（设置新线型比例因子后，AutoCAD 会执行重生成命令）

 说明：

　　若要改变某对象的图层，可以选择被改变的对象，然后单击 图层 面板上的"图层控制"下拉列表，选择目标图层，则可将被选择的对象所在图层为当前图层。

（2）绘制第一条水平和垂直轴线　在命令行键入"XLine"，用构造线命令绘制第一条水平和垂直轴线，分别作为本例的Ⓑ轴线和⑤轴线。

（3）生成其他轴线　用偏移（OFFSET）命令生成等距轴线是最快捷的方式，把Ⓑ轴线和⑤轴线定为第一条水平和垂直轴线，就是为了更好地利用偏移（OFFSET）命令生成其他的等距轴线。执行偏移（OFFSET）命令，设置"偏移距离=3600"向⑤轴线的左右两侧偏移，可一次生成④和⑥轴线，然后再生成③和⑦轴线。重复执行偏移（OFFSET）命令，再设置"偏移距离=3000"可生成②、①、⑧和⑨轴线。由此看出，垂直轴线只需设置两次偏移距离，执行两次偏移命令，就可完成垂直轴线的布置。

同样，水平轴线也需执行两次偏移命令，分别设置"偏移距离=2400"和"偏移距离=5400"，先设置"偏移距离=2400"，用Ⓑ轴线偏移生成Ⓒ轴线，然后再设置"偏移距离=5400"，用Ⓑ和Ⓒ轴线偏移生成Ⓐ和Ⓓ轴线。

用构造线生成的轴网无法打印，也无法插入轴号，可以绘制一个矩形作为剪切线，对构造线多余的周边进行剪切，最后形成的轴线如图11-8所示，其命令流如下。

```
命令: _offset
当前设置: 删除源=否  图层=源  OFFSETGAPTYPE=0
指定偏移距离或 [通过(T)/删除(E)/图层(L)] <通过>: 3600↵              （设置偏移距离为3600）

选择要偏移的对象，或 [退出(E)/放弃(U)] <退出>:                      （选择⑤轴线）
指定要偏移的那一侧上的点，或 [退出(E)/多个(M)/放弃(U)] <退出>:     （点左侧，生成④轴线）
选择要偏移的对象，或 [退出(E)/放弃(U)] <退出>:                      （选择⑤轴线）
指定要偏移的那一侧上的点，或 [退出(E)/多个(M)/放弃(U)] <退出>:     （点右侧，生成⑥轴线）
选择要偏移的对象，或 [退出(E)/放弃(U)] <退出>:                      （选择④轴线）
指定要偏移的那一侧上的点，或 [退出(E)/多个(M)/放弃(U)] <退出>:     （点左侧，生成③轴线）
选择要偏移的对象，或 [退出(E)/放弃(U)] <退出>:                      （选择⑥轴线）
指定要偏移的那一侧上的点，或 [退出(E)/多个(M)/放弃(U)] <退出>:     （点右侧，生成⑦轴线）
选择要偏移的对象，或 [退出(E)/放弃(U)] <退出>:↵                    （回车退出）
```

```
命令: ↵                                                         （回车执行上次命令）
OFFSET
当前设置: 删除源=否  图层=源  OFFSETGAPTYPE=0
指定偏移距离或 [通过(T)/删除(E)/图层(L)] <3600.0000>: 3000↵        （设置偏移距离为3000）

选择要偏移的对象，或 [退出(E)/放弃(U)] <退出>:                      （选择③轴线）
指定要偏移的那一侧上的点，或 [退出(E)/多个(M)/放弃(U)] <退出>:     （点左侧，生成②轴线）
选择要偏移的对象，或 [退出(E)/放弃(U)] <退出>:                      （选择②轴线）
指定要偏移的那一侧上的点，或 [退出(E)/多个(M)/放弃(U)] <退出>:     （点左侧，生成①轴线）
选择要偏移的对象，或 [退出(E)/放弃(U)] <退出>:                      （选择⑦轴线）
指定要偏移的那一侧上的点，或 [退出(E)/多个(M)/放弃(U)] <退出>:     （点右侧，生成⑧轴线）
选择要偏移的对象，或 [退出(E)/放弃(U)] <退出>:                      （选择⑧轴线）
指定要偏移的那一侧上的点，或 [退出(E)/多个(M)/放弃(U)] <退出>:     （点右侧，生成⑨轴线）
选择要偏移的对象，或 [退出(E)/放弃(U)] <退出>:              （回车退出，垂直轴线绘制完成）
```

```
命令: ↵                                              （回车执行上次命令，按同样的方式
OFFSET                                                绘制水平轴线，解释略）
当前设置: 删除源=否  图层=源  OFFSETGAPTYPE=0
指定偏移距离或 [通过(T)/删除(E)/图层(L)] <3000.0000>: 2400↵

选择要偏移的对象，或 [退出(E)/放弃(U)] <退出>:
指定要偏移的那一侧上的点，或 [退出(E)/多个(M)/放弃(U)] <退出>:
选择要偏移的对象，或 [退出(E)/放弃(U)] <退出>:
```

```
命令: ↵
OFFSET
当前设置: 删除源=否   图层=源   OFFSETGAPTYPE=0
指定偏移距离或 [通过(T)/删除(E)/图层(L)] <2400.0000>:   5400↵

选择要偏移的对象，或 [退出(E)/放弃(U)] <退出>:
指定要偏移的那一侧上的点，或 [退出(E)/多个(M)/放弃(U)] <退出>:
选择要偏移的对象，或 [退出(E)/放弃(U)] <退出>:
指定要偏移的那一侧上的点，或 [退出(E)/多个(M)/放弃(U)] <退出>:
选择要偏移的对象，或 [退出(E)/放弃(U)] <退出>:↵
```

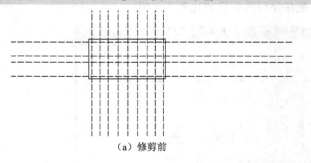 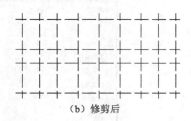

（a）修剪前　　　　　　　　　　　　　　（b）修剪后

图 11-8　偏移生成轴网

如果轴间距不相等，用偏移命令也较麻烦。可以用绘直线的方法，先把轴间距用直线表示出来，然后再用构造线捕捉直线的端点，形成轴网。首先设置 BLIPMODE 变量为 ON，使"点标记"模式处于打开状态。然后用直线（Line）命令绘制不同轴距的线段，再用构造线（Xline）命令捕捉直线端点绘制轴线，如图 11-9 所示，具体命令流如下。

```
命令: _line 指定第一点:
指定下一点或 [放弃(U)]: 5400↵
指定下一点或 [放弃(U)]: 2400↵
指定下一点或 [闭合(C)/放弃(U)]: 5400↵
指定下一点或 [闭合(C)/放弃(U)]: ↵
命令: ↵
指定下一点或 [放弃(U)]: 3000↵
指定下一点或 [放弃(U)]: 3000↵
指定下一点或 [闭合(C)/放弃(U)]: 3600↵
指定下一点或 [闭合(C)/放弃(U)]: 3600↵
指定下一点或 [闭合(C)/放弃(U)]: ↵
```

（a）直线段定轴距　　　　　　　　　（b）捕捉直线端点绘构造线

图 11-9　用直线段定距生成轴网

11.5　绘制墙体

（1）设置"墙"图层为当前图层。

（2）设置多线样式

采用"下拉菜单法"（【格式】⇨【多线样式】），打开"多线样式"对话框，设置用来绘制360mm 厚外墙的"36WALL"多线样式，如图 11-10 所示。可以用同样的方法定义 240mm 厚内墙的"24WALL"多线样式，只是两条线的偏移量都是 120。也可以不需定义内墙，直接采用 AutoCAD 默认的"STANDARD"多线样式，只是在使用时需设置比例为 240。

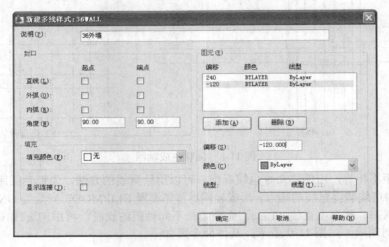

图 11-10　外墙多线样式

（3）绘制外墙　"36WALL"多线样式定义第一条线相对于中心线偏移 240，第二条线相对于中心线偏移 120，用双线（MLine）命令绘图时，要注意画线的方向，即水平线应从左向右绘制，垂直线应从下向上绘制，否则第一条线和第二条线会错位，这一点要注意，其命令流如下。

```
命令: ML↵
MLINE
当前设置: 对正 = 无，比例 = 1.00，样式 = 36WALL
指定起点或 [对正（J）/比例（S）/样式（ST）]:
指定下一点:
指定下一点或 [放弃（U）]:
指定下一点或 [闭合（C）/放弃（U）]:
指定下一点或 [闭合（C）/放弃（U）]: C↵          （外墙绘制结果如图 11-11 所示）
```

（4）绘制内墙　用多线（Mtline）命令采用"STANDARD"样式、比例设为 240 绘制内墙，其命令流如下。

```
命令: ML↵
MLINE
当前设置: 对正 = 无，比例 = 1.00，样式 = 36WALL
指定起点或 [对正（J）/比例（S）/样式（ST）]: ST↵          （当前样式为36WALL，需重新设置）
输入多线样式名或 [?]: ?↵          （输入?，列出已加载的多线样式）
```

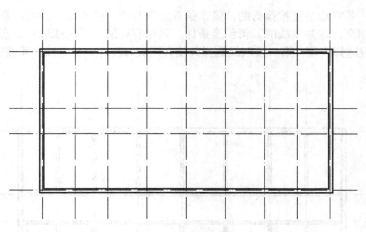

图 11-11 双线绘制外墙

已加载的多线样式:

     名称   说明

------------ -------------------

36WALL   36 外墙

STANDARD

输入多线样式名或 [?]: <u>STANDARD↵</u>   （使用"STANDARD"多线样式）

当前设置: 对正 = 无, 比例 = 1.00, 样式 = STANDARD

指定起点或 [对正（J）/比例（S）/样式（ST）]: <u>S↵</u>   （设置比例）

输入多线比例 <1.00>: <u>240↵</u>   （设置比例为 240）

当前设置: 对正 = 无, 比例 = 240.00, 样式 = STANDARD

指定起点或 [对正（J）/比例（S）/样式（ST）]:   （捕捉轴线相交点，绘制内墙）

指定下一点:

指定下一点或 [放弃（U）]: ↵   （内墙绘制结果如图 11-12 所示）

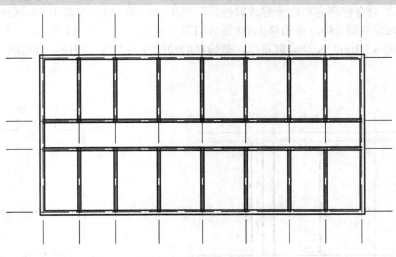

图 11-12 双线绘制内墙

（5）编辑双线　外墙和内墙用双线（Xline）命令绘制完成后，还需要编辑双线。可以采用"下拉菜单法"（【修改】⇨【对象】⇨【多线】），打开"多线编辑工具"对话框，选择"T 形打开"或"T 形合并"方式对双线进行修改。编辑双线时，要注意选择双线的次序，使用"T 形打开"

方式，选择的第一条双线是要被修剪的，第二条双线应与第一条相交。因此，在绘制双线时，相交的双线最好全相交，这为双线的编辑创造条件，否则有可能无法完成编辑。在编辑外墙和内墙时，第一条双线应选择内墙，第二条双线选择外墙，逐次修改每一条双线，其编辑结果如图11-13所示。

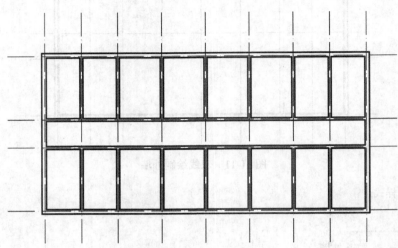

图 11-13　编辑内墙和外墙

使用多线（MLine）命令绘制墙体，会大大提高绘图速度，但使用"多线编辑工具"编辑双线比较烦琐。比较快捷的方法，就是先用分解（EXPLODE）命令把双线分解成直线，然后再用剪切（Trim）命令进行修剪，当然在操作前先应关闭"轴网"图层。

11.6　绘制门窗

（1）开门窗洞　现以⑤⑥轴线和ⒸⒹ间的办公室为例，说明洞口的开设步骤。首先是用分解（EXPLODE）命令把所有双线分解成直线，再把⑤⑥轴线向内侧偏移1050，形成窗口的宽度，向左偏移右侧内墙直线240，再偏移1000形成门洞的宽度，如图11-14所示。

然后用修剪（TRim）命令修剪直线，把偏移的轴线改为"墙"图层，形成洞口，如图11-15所示。

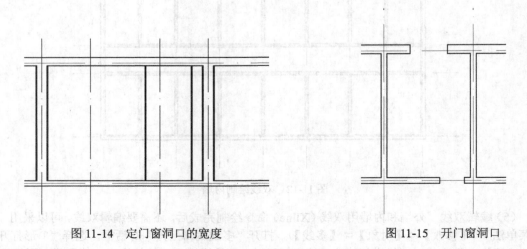

图 11-14　定门窗洞口的宽度　　　　　　　　　　　图 11-15　开门窗洞口

（2）制作单位门窗块　切换当前层为"0"图层，绘制半径为 1000 的圆弧，用矩形（RECTANG）命令以弧端点为一对角，绘制一个 1000×30 的矩形，形成"平开门"符号。同样，绘制一个单位窗，长度为 1000，宽度为 100，中间两条线的距离为 30，用创建块（Block）命令定义"门"和"窗"单位块，如图 11-16 所示，其中图中"×"的位置为插入基点，而不是组成块的元素。

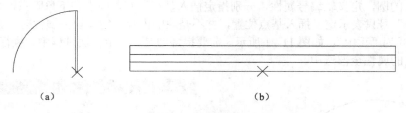

(a)　　　　　　　　　　　　　　　(b)

图 11-16　制作门窗单位块

（3）插入门窗　用插入块（Insert）命令插入门和窗块，如图 11-17 所示。切换当前层为"总门窗"图层，在命令行键入"I"执行插入块命令，选择"门"块，因为办公楼的门宽为 1000，故插入门的比例为 1。而外窗的墙厚为 360，窗宽 1500，故插入窗的比例为 X 方向 1.5，Y 方向 3.6，插入点采用"两点之间的中点"对象捕捉模式捕捉窗洞的两个点，其命令流如下。

> INSERT
> 指定插入点或 [基点（B）/比例（S）/X/Y/Z/旋转（R）]:_m2p：[按下 Shift+鼠标右键，弹出快捷菜单，
> 中点的第一点: 中点的第二点　　　　　　　　　　选择【两点之间的中点】菜单项，如图
> 　　　　　　　　　　　　　　　　　　　　　　11-18 所示]

利用插入块的方式绘制的门和窗如图 11-19 所示，其他门窗也可采用插入块的方式绘制，用复制（Copy）命令会更快捷，走廊外墙的窗在插入时需旋转 90°或–90°。

(a)　　　　　　　　　　　　　　　(b)

图 11-17　插入门窗块

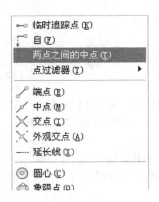

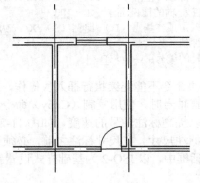

图 11-18　"两点之间的中点"捕捉模式　　　　图 11-19　插入门窗

11.7 标注尺寸

（1）标注轴号　切换当前层为"0"图层，制作两个轴号图块"左轴"和"上轴"。首先绘制一个直径为 8 的圆，定义轴编号属性，分别指定插入基点为右象限点和下象限点，如图 11-20 所示，图中"×"号只表示定义插入基点位置，并不是块的内容。定义块的属性时，指定文字高度为 5，对正方式为"正中"，如图 11-21 所示。需要提醒的是，在定义块过程中，执行选择对象时，需把圆和定义的属性全部选中。

图 11-20　制作轴号块

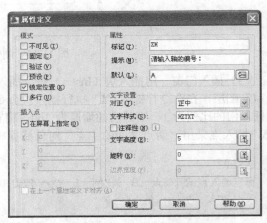

图 11-21　定义轴号块的属性

使用块插入命令（Insert）标注轴号，用"左轴"块标注在水平轴线的左侧，用"上轴"块标注在垂直轴线的上侧。在执行命令时，根据提示输入轴的编号，命令流如下。

```
命令: _insert
指定插入点或 [基点（B）/比例（S）/X/Y/Z/旋转（R）]: S↵          （选择比例选项）
指定 XYZ 轴的比例因子 <1>: 100 ↵                          （指定比例因子为100）
指定插入点或 [基点（B）/比例（S）/X/Y/Z/旋转（R）]:      （捕捉水平轴线左端点为插入点）
输入属性值
请输入轴的编号：<A>:↵                                   （回车车默认为 A）

命令: ↵
INSERT
指定插入点或 [基点（B）/比例（S）/X/Y/Z/旋转（R）]: S↵
指定 XYZ 轴的比例因子 <1>: 100 ↵
指定插入点或 [基点（B）/比例（S）/X/Y/Z/旋转（R）]:
输入属性值
请输入轴的编号：<A>: B↵                                   （输入编号 B）
```

插入块命令不能连续执行插入块操作，限制了插入块的效率，这应该是 AutoCAD 的缺失。在标注垂直轴号时，使用复制（Copy）命令，复制已插入的块，然后再修改块的属性，即修改轴的编号，以提高标注轴号的速度，如图 11-22 所示。

（2）标注尺寸　在尺寸标注之前，必须设置标注样式，出图比例定为 1∶100。在"创建标注样式"对话框中，以 ISO-2 为基础样式设置新标注样式，命名为"100"，用于"所有标注"，如图 11-23 所示。

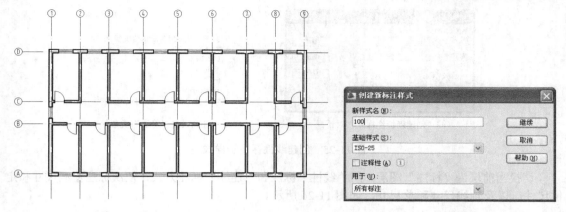

图 11-22　标注轴号　　　　　　　　　图 11-23　创建标注样式

　　点击 继续 显示"新建标注样式"对话框，在"直线"选项卡，勾选"固定长度的延伸线"，设置"长度"为 15。在"文字"选项卡，在"文字样式"下拉列表选择"DIM"文字样式，使用"simplex.shx"西文字体，"文字高度"文本框设置为 3。再"调整"选项卡，在"调整选项"选择"文字始终保持在延伸线之间"，在"文字位置"选择"尺寸线上方，不加引线"。在"标注特征比例"选择"使用全局比例"，并在文本框输入 100。设置界面如图 11-24 所示。

（a）"直线"选项卡　　　　　　　　　　（b）"文字"选项卡

（c）"调整"选项卡

图 11-24　标注样式设置

　　在"标注样式管理器"对话框，选中"100"，点击 新建 按钮，在"创建标注样式"对话框中，以"100"为基础样式，修改"用于"下拉列表为"线性标注"。点击 继续 显示"新建标注样式"对话框，在"符号和箭头"选项卡中设置"箭头"类型为"建筑标记"，如图 11-25 所示。

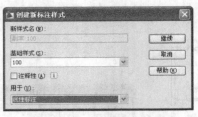
（a）"创建新标注样式"对话框

（b）设置"箭头"类型

图 11-25　创建线性标注子样式

切换当前层为"标注"图层，用"线性"标注和"连续"标注方式，依次标注窗洞尺寸和定位尺寸，以及轴线尺寸和总尺寸，如图 11-26 所示。

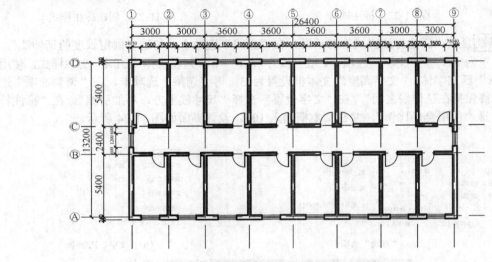

图 11-26　轴线尺寸标注

尺寸标注中的部分文字如"240"显得拥挤，可以用"夹点编辑"方法调整文字的位置。首先点选要编辑的标注尺寸对象，用鼠标单击标注文字的夹点，使其变为"热点"，标注文字会随鼠标移动，在合适位置单击鼠标，则完成操作，如图 11-27 所示。同样，使用"夹点编辑"也可以调整尺寸界线长度。

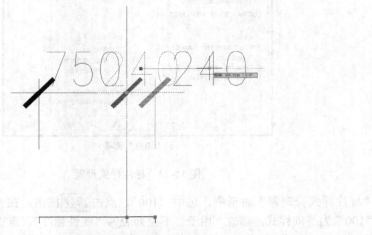

图 11-27　调整标注文字位置

11.8 注释文字

设置文字样式，建议不使用 Windows 系统的 True 字体，应使用 AutoCAD 专用字体。用于尺寸标注的可以采用"simplex.shx"字体，宽度因子可取 0.7～0.8。用于文字说明的可以建议采用"gbxwxt.shx"西文字体和"gbhzfs.shx"中文字体，宽度因子取 0.8，这两种字体搭配，能够保证字母、数字和汉字显示大小相同，如图 11-28 所示。

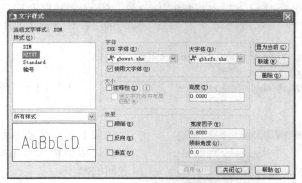

图 11-28　文字样式设置

标注房间文字说明，建议使用单行文字（DText）命令，而不要使用多行文字（mText）命令，主要是由于编辑单行文字更方便快捷。信息量较大的图纸说明，可以使用多行文字（mText）命令。

文字注释的具体操作不再作详细说明，为了提高效率，还要与复制（COpy）命令结合起来。当注释了一个单行文字后，复制后再双击单行文字修改内容，效率很高。

11.9 楼梯绘制

（1）绘制楼梯平台　楼梯平台宽度为 1400，用偏移（OFFSET）命令偏移外墙直线，创建"楼梯"图层，把偏移的直线转换到"楼梯"图层，形成楼梯平台。

（2）绘制楼梯踏步　踏步宽度为 300，共 11 个踏步，用阵列（ARRAY）命令高效绘制楼梯踏步，如图 11-29 所示。

（3）绘制扶手和梯井　绘制 3300×60 的矩形，向外偏移 50，形成扶手和梯井。移动扶手和梯井到踏步中央，再用修剪（TRim）命令修剪矩形内部的踏步直线，如图 11-30 所示。

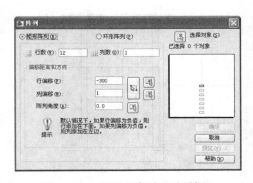

图 11-29　设置"阵列"对话框

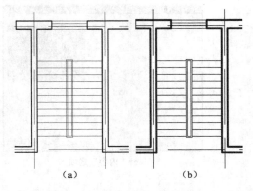

（a）　　　　　　　（b）

图 11-30　绘制扶手和梯井

（4）绘制折断线和走向箭头　设置"100"为当前标注样式，采用"下拉菜单法"（【Express】⇨【Draw】⇨【Break-line Symbol】）绘制折断线，其命令流如下。

命令:
BREAKLINE
Block= BRKLINE.DWG, Size= 0.5, Extension= 1.25
Specify first point for breakline or [Block/Size/Extension]: s ↵ 　　　　　（改变折断线尺寸）

Breakline symbol size <0.5>: 2 ↵ 　　　（折断线大小为2，在当前标注样式下，在模型空间绘制出的大小
　　　　　　　　　　　　　　　　　　为200，按1：100出图打印出来的符号大小为2）

Specify first point for breakline or [Block/Size/Extension]: 　　　　　　　（折断线的第一点）
Specify second point for breakline: 　　　　　　　　　　　　　　　　　　（折断线的第二点）
Specify location for break symbol <Midpoint>: ↵　　　（指定折断符号的位置，默认为中间）

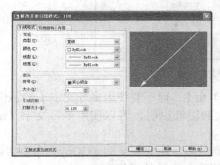

（a）"引线格式"选项卡

（b）"引线结构"选项卡

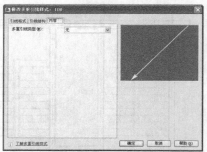

（c）"内容"选项卡

图 11-31　设置多重引线样式

复制另一条折断线，用两条折断线为剪切线，用剪切（Trim）命令剪掉两条折断线之间的踏步。

上下方向用多重引线（MLEADER）命令标注，采用"下拉菜单法"（【格式】⇨【多重引线样式】）显示"多重引线样式管理器"，在"Standard"基础新建"100"样式，定义多重引线样式。在"内容"选项卡中设置"多重引线类型"为"无"。在"引线结构"选项卡中设置"指定比例"为"100"。"引线格式"选项卡不修改，即引线"类型"为"直线"、箭头"符号"为"实心闭合"、箭头"大小"为"4"，多重引线样式设置的具体内容如图 11-31 所示。

然后点击"注释"选项卡的 多重引线 面板上的 多重引线 按钮，进行多重引线标注，结果如图 11-32 所示。

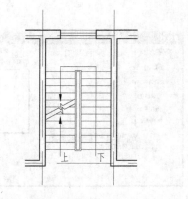

图 11-32　标注折断线与上下方向

11.10 其他

（1）现浇柱　用矩形（RECTANG）命令绘制一个 240×240 正方形，然后用"SOLID"图案填充，以正方形的中心为基点，复制矩形到办公楼外墙的轴线交点，即完成现浇柱的绘制。

（2）卫生间布置　卫生器具可以使用现成的图块，直接插入平面图中。

（3）图框　A2 图框按 1∶1 比例绘制，用矩形（RECTANG）命令绘制一个 594×420 的矩形，然后向内侧偏移 10，用拉伸命令（STRETCH）命令把偏移的矩形左侧向右拉伸 15，构成装订边界，其他周边尺寸为 10，内侧矩形的线宽为 1.0mm。标题栏外边框线宽为 0.7mm，框内的线宽为 0.35mm，最后形成的图框如图 11-33 所示。

（4）图名　用单行文字（DText）命令标注图名"二层平面图"，文字高度为 7，在图名的右侧，标注出图比例大小"1∶100"，文字高度为 5。在文字"二层平面图"的下方，绘一条粗实线，如图 11-34 所示。

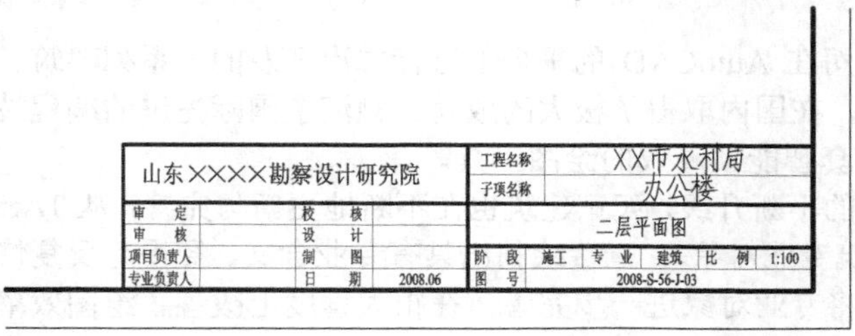

图 11-33　制作 A2 图纸标题栏 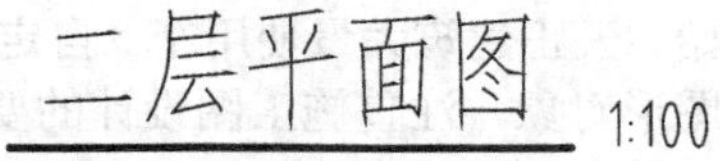　　　　　　　　　　图 11-34　标注图名

11.11 出图

用对象编组（Group）命令对 A2 图框编组，用移动（Move）命令把图框移到平面图形上，调整好位置。再次检查图层的线宽定义是否有错，检查线型比例是否合适，按出图步骤对办公楼平面图打印输出，最终绘制的办公楼平面图如图 11-2 所示。

12 土木工程常用软件

CAD 在土木工程中的应用非常广泛，除了全球应用最为广泛的通用 CAD 软件 AutoCAD 外，在工程设计领域应用最为广泛的有，基于 AutoCAD 平台开发的全中文设计软件天正系列软件、国内设计行业占有率最高的建筑工程 CAD 集成系统 PKPM 系列等。本章将简要介绍上述软件的功能和特点。

12.1 天正建筑软件

天正软件是由北京天正软件有限公司在 AutoCAD 的平台上进行二次开发的一系列建筑、暖通、电气等专业软件，特别是建筑软件，在国内取得了极大的成功。融汇了国际先进的编程技术与用户的丰富经验，向用户提供了一整套智能、高效的绘图工具。

从 1994 年起，随着 AutoCAD 版本的不断升级，天正建筑也在不断地更新与完善，从 TArch5 开始，天正建筑大量使用了"自定义建筑专业对象"，直接绘制出具有专业含义、经得起反复修改的图形对象，注重施工图设计的要求，将专业对象进一步完善，在很大程度上改善了绘图效率等方面的问题。

12.1.1 天正建筑软件主要特点

图 12-1 显示了基于 AutoCAD2009 平台的天正建筑版本为 TArch 7.5 的主界面。左侧工具栏为天正软件的主菜单，上侧增加了 Tarch7.5 系列工具栏外，界面的其他部分与 AtoCAD 2009 并无太大差别。Tarch7.5 保留了 AutoCAD 的所有下拉菜单和工具栏，新增了独立的天正菜单系统，包括窗口菜单和快捷菜单，可通过屏幕菜单来执行天正建筑的所有功能。

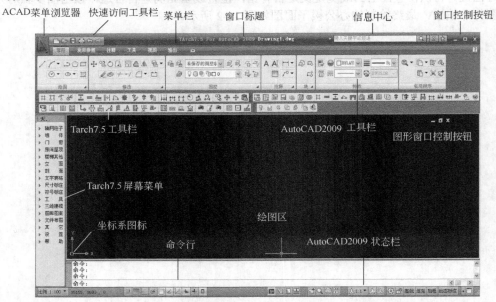

图 12-1　天正主界面

（1）窗口菜单　天正所有功能的调用都可以在天正的窗口菜单上找到，并以树状结构调用多级子菜单，如图 12-2（a）所示。所有的分支菜单都可以左键单击进入并置为当前菜单，也可以右键单击弹出菜单，从而维持当前菜单不变。大部分菜单项都有图标，以方便用户更快地确定菜单项的位置。

（2）快捷菜单　又称右键菜单，在绘图区，单击鼠标右键弹出。快捷菜单可根据当前预选对象确定菜单的内容，当没有任何预选对象时，快捷菜单则会弹出最常用的功能，否则根据所选对象列出相关的命令。如图 12-2（b）所示为轴线快捷菜单。

（a）窗口菜单　　（b）轴线快捷菜单

图 12-2　Tarch7.5 窗口菜单和快捷菜单

（3）图标菜单　图标菜单把分别属于多个子菜单的常用天正建筑命令收纳其中，避免反复的菜单切换，提高了操作效率，如图 12-3 所示。

（a）

（b）

图 12-3　Tarch7.5 图标菜单

（4）命令行　天正大部分功能都可以通过键入命令执行，屏幕菜单、右键快捷菜单和键盘命令三种形式调用命令的效果是相同的。并设有命令交互的热键选项。

（5）热键　除了 AutoCAD 定义的热键外，天正补充了若干热键。

（6）电子表格　多处使用电子表格与用户进行数据交互，并在节能模块中使用新的电子表格，逐渐取代原有的电子表格，交互更加方便、界面更加美观。

（7）视口　视口（Viewport）有模型视口和图纸视口之分。在开始绘制新图时，就已有一个模型视口。为了方便用户从三维角度进行观察和设计，可以设置多个视口，每一个视口可以有不同的视图。

（8）文档标签　在 AutoCAD 200X 里可以同时打开多个 DWG 图形文件，为了方便在同时打开的几个文件之间切换，天正 Tarch7.5 提供了文档标签功能。

（9）特性表　又称为特性栏，是 AutoCAD 200X 提供的一种新型的用户界面，通过特性编辑的调用，可以方便地编辑一个和多个对象的特性。特性表支持天正对象，并且某些天正对象的某些特性只能通过特性表来修改，如楼梯的内部图层等。

通过 Tarch7.5 工具栏的命令及其下级命令可以直接绘制某些建筑制图的元素，在单击菜命令后系统自动生成相关新层同时设置为当前层。设定是由各功能命令自动完成的（设定默认的层），用户只需要进行认可或自行命名层的名字。当使用 AutoCAD 命令绘图时要看清当前所在图层是否与之相容。所有菜单中可见的功能名称都有相对应的图标菜单，并且在执行过程中显示相应的键盘命令。

12.1.2　Tarch7.5 主要操作过程

结合某办公楼建筑施工图（图 11-2），介绍 Tarch7.5 的操作过程和主要步骤如下。

（1）设置绘图环境　打开天正软件，创建一个新图形文件，命名为"办公楼"。单击"天正主菜单"【设置】⇨【选项】命令，打开"选项"对话框，单击对话框中各项进行设定。单击"天正设定"选项卡，在"图形设置"栏中设定"当前比例"、"当前层高"等，如图 12-4 所示。

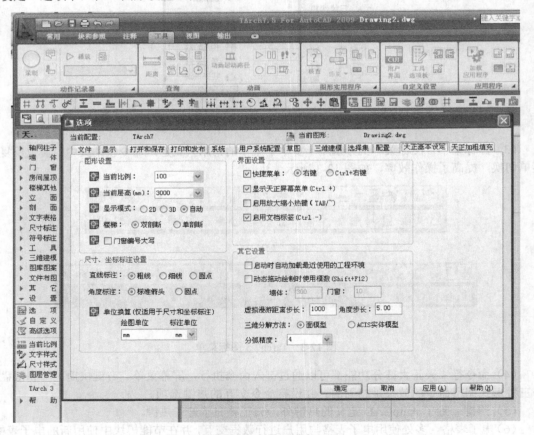

图 12-4　天正设定

（2）绘制、标注轴网

1）绘制轴网　单击"天正主菜单"【轴网柱子】⇨【绘制轴网】命令，打开"绘制轴网"对话框，单击对话框中"直线轴网"；单击"上开间"复选框，单击数据，依次点击数值 3000、3000、5*3600、3000、3000；单击"左进深"复选框，单击数据，依次点击数值 5400、2400、5400；单击确定按钮即可形成轴网，如图 12-5 所示。

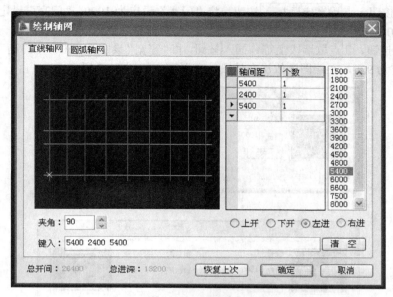

图 12-5 "绘制轴网"对话框

2）单击"天正主菜单" 【轴网柱子】⇨【两点轴标】命令在轴网标注对话框中点选"双侧标注"，按照命令行提示"请选择起始轴线"、"请选择终止轴线"依次绘图区点击"最左"、"最右"和"最下"、"最上"相应的轴线，即完成轴线标注。

（3）绘制墙体和柱子

1）绘制墙体　单击"天正主菜单"【墙体】⇨【绘制墙体】命令（系统自动生成"WALL"层，并将该层设定为当前层），屏幕弹出"绘制墙体"对话框：点选矩形绘墙按钮，将"内宽"设定为 120，"外宽"设定为 240，"高度"3000，材料"砖墙"，在绘图区依次点轴网中左下、右上点，绘制外墙。

在"绘制墙体"对话框点选左下角绘制直墙按钮，将"左宽"设定为 120，"右宽"设定为 120，在绘图区依次点轴网中各点，绘制内墙，如图 12-6 所示。

（a）外墙　　　　　　　　　　（b）内墙

图 12-6 "绘制墙体"对话框

2）绘制构造柱 单击"天正主菜单"【轴网柱子】⇒【构造柱】命令，在楼梯间四角、周边四角等墙体交接处布置构造柱。

（4）绘制门窗 单击"天正主菜单"【门窗】⇒【门窗】命令，屏幕弹出"门窗参数"对话框：点选 插门 按钮、点 垛宽定距插入 按钮，将"门宽"设定为1000，"门高"设定为2100，"距离"设定为240，在绘图区依次在墙段处布置门，注意调整开启方向。

点选 插窗 按钮、点 取墙段上等分插入 按钮，将"窗宽"设定为1500，"门高"设定为1800，"窗台高"设定为900，在绘图区依次在墙段处布置窗，如图12-7所示。

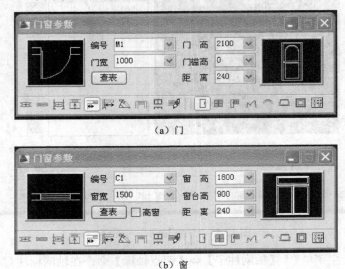

（a）门

（b）窗

图12-7 "门窗参数"对话框

（5）绘制楼梯 单击"天正主菜单" 【楼梯其他】⇒【双跑楼梯】命令，屏幕弹出"矩形双跑楼梯"对话框，设置各参数值，单击 确定 按钮，在绘图区相应位置插入楼梯，如图 12-8 所示。

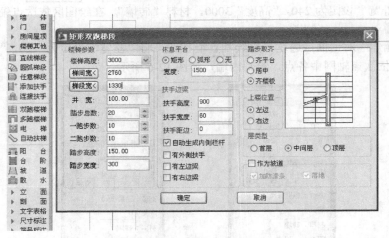

图12-8 "矩形双跑楼梯"对话框

（6）绘制卫生器具、家具等 单击"天正主菜单"【图库图案】⇒【通用图库】命令，屏幕弹出"天正图库管理系统"对话框，调用图库中图块进行有关器具、家具设备等布置，如图12-9所示。

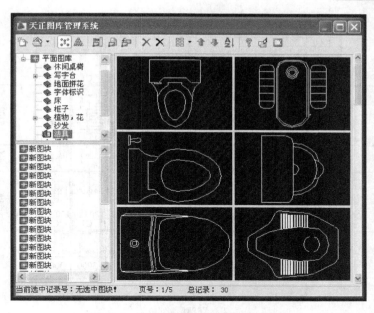

图 12-9 "天正图库管理系统"对话框

（7）其他

1）若绘制底层平面图，尚要进行台阶、散水、坡道的布置，分别单击"天正主菜单"【楼梯其他】⇨【台阶】（或【坡道】、【散水】命令），屏幕弹出相应对话框，进行参数设置后，根据命令行提示进行操作布置，如图 12-10 所示。

图 12-10 "台阶"和"散水"对话框

2）若绘制屋顶平面图，应先单击"天正主菜单"【房间屋顶】⇨【搜索屋顶线】形成封闭的屋顶平面轮廓线。若为人字屋顶则点击【房间屋顶】⇨【人字坡顶】，根据命令行提示进行操作布置。

（8）标注　分别对门窗、墙厚、标高、房间名称、索引符号、图名等项目进行标注。

单击"天正主菜单"【尺寸标注】⇨【门窗标注】命令，根据命令提示，在绘图区点一直线，切过标注窗户所在墙体。

单击"天正主菜单"【符号标注】⇨【标高标注】命令，进行楼地面标高标注。

在底层平面应进行剖面剖切位置标注等。

（9）立面图的生成　当各层平面图、屋顶平面图绘制完后即可进行立面图的绘制（图 12-11）。

1）立面图形成的条件是各层平面对正，命令行中输入 ID，进行各层平面同点坐标对正。

2）单击"天正主菜单"【立面】立面菜单，如图 12-12（a）所示，点击【建筑立面】命令，屏幕弹出"请打开或建立一个工程项目，并在工程数据库中建立楼层表！"，单击 确定 按钮，屏幕弹出"工程管理"对话框[图 12-12（b）]，输入新建工程名称。"楼层"对话框下建立楼层如图 12-12（c）所示。

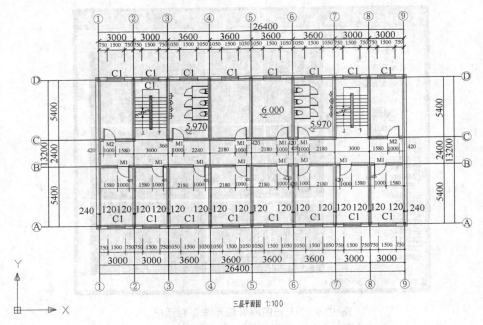

图 12-11 完成主要项目标注后平面图

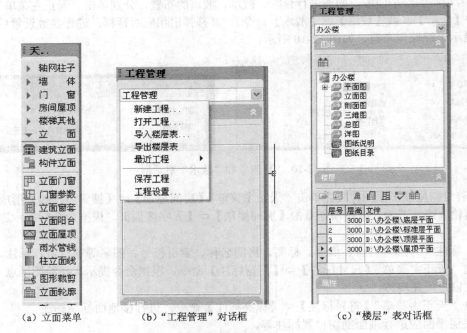

（a）立面菜单　　　　（b）"工程管理"对话框　　　　（c）"楼层"表对话框

图 12-12 立面菜单及"工程管理"对话框

3）单击"天正主菜单"【立面】⇨【建筑立面】命令，命令行提示"输入立面方向或[正立面（F）/背立面（B）/左立面（L）/右立面（R）<退出>]:"，选择后并在绘图区选择立面上出现的轴线后，屏幕弹出"立面生成设置"对话框，如图 12-13 所示。点击 生成立面 后，再输入所生成图名称，单击 确定 按钮形成初步的立面图。结合立面菜单项，运用 ACAD 命令再对已生成的立面图进行细致修饰和完善。

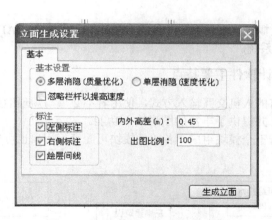

图 12-13 "立面生成设置"对话框

（10）剖面图的生成　当在底层平面图已标注剖切位置后，即可进行剖面图的绘制。

单击"天正主菜单"【剖面】，剖面菜单如图 12-14 所示。

点击【立面】⇨【建筑剖面】命令，命令行提示"请选择一剖切线："，在底层平面中选择剖切线，再选择剖面上出现的轴线后，屏幕弹出"剖面生成设置"对话框，如图 12-15。点击 生成剖面 后，再输入所生成图名称，单击 确定 按钮形成初步的剖面图。结合剖面菜单项，以及运用 ACAD 命令再对已生成的剖面图进行细致修饰和完善。

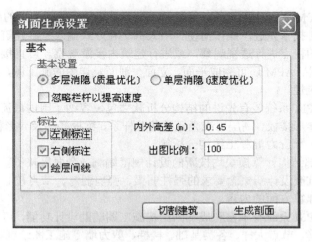

图 12-14　剖面菜单　　　　　　　图 12-15　"立面生成设置"对话框

12.2 PKPM 系列设计软件

由中国建筑科学研究院研制开发的 **PKPM** 系列 **CAD** 软件，是一套集建筑设计、结构设计、设备设计、工程量统计及概预算报表等于一体的大型建筑工程综合 CAD 系统，是国内占有率最高的建筑工程 CAD 集成系统。

12.2.1　PKPM 系列设计软件主要特点

PKPM 系统采用独特的人机交互输入方式，使用者不必填写烦琐的数据文件。软件有详细的中文菜单指导用户操作，并提供了丰富的图形输入功能。

PKPM 系列软件由若干个模块组成，各软件模块可配套使用，也可单独使用。PKPM 各模块组成如图 12-16 所示。

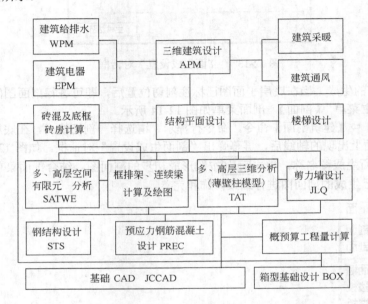

图 12-16　PKPM 模块联系框图

PKPM 系统中的建筑设计软件（APM）在自行研制开发的中文彩色三维图形支撑系统（CFG）下工作，技术先进，操作简便。用人机交互方式输入三维建筑形体。对建立的模型可从不同高度和角度的视点进行透视观察，或进行建筑内漫游观察。可直接对模型进行渲染及制作动画。除方案设计外，APM 还可完成平面、立面、剖面及详图的施工图，其成图具有较高的自动化程度和较强的适应性。

PKPM 系统装有先进的结构分析软件包，容纳了国内最流行的各种计算方法，如平面杆系、矩形及异形楼板、高层三维壳元及薄壁杆系、梁板楼梯及异形楼梯、各类基础、砖混及底框抗震、钢结构、预应力混凝土结构分析等。

全部结构计算模块均按新的设计规范编制。全面反映了新规范要求的荷载效应组合，设计表达式，抗震设计新概念要求的强柱弱梁、强剪弱弯、节点核心、罕遇地震以及考虑扭转效应的振动耦连计算方面的内容。

PKPM 系统有丰富和成熟的结构施工图辅助设计功能，可完成框架、排架、连梁、结构平面、楼板配筋、节点大样、各类基础、楼梯、剪力墙等施工图绘制。并在自动选配钢筋，按全楼或层、跨剖面归并，布置图纸版面，人机交互干预等方面独具特色。

在砖混计算中可考虑构造柱共同工作，可计算各种砌块材料，底框上砖房结构 CAD 适用任意平面的一层或多层底框。可绘制钢结构平面图、梁柱及门式刚架施工详图，桁架施工图。

PKPM 系统在国内率先实现建筑、结构、设备、概预算数据共享。从建筑方案设计开始，建立建筑物整体的公用数据库，全部数据可用于后续的结构设计，各层平面布置及柱网轴线可完全公用，并自动生成建筑装修材料及围护填充墙等设计荷载，经过荷载统计分析及传递计算生成荷载数据库。可自动为上部结构及各类基础的结构计算提供数据文件，如平面框架、连续梁、框剪空间协同计算，高层三维分析，砖混及底框砖房抗震验算等所需的数据文件。自动生成设备设计的条件图。代替了人工准备的大量工作，大大提高了结构分析的正确性及使用效率。

设备设计包括采暖、空调、电器及室内外给排水，可从建筑 APM 生成条件图及计算数据，也可从 AutoCAD 直接生成条件图。交互完成管线及插件布置，计算绘图一体化。

概预算软件可自动完成工程量统计，并可打印全套概预算表。

"建筑施工软件"可实现设计、工程量计算、造价分析、投标、项目管理之间的数据共享，并可绘制施工平面图等。

PKPM 系统还提供网络版，实现多人在各自计算机上共同参与一个工程项目的设计，互提技术条件、直接交换数据，各计算机共享打印机、绘图机，以充分发挥整个系统运行效率。

12.2.2 结构平面计算机辅助设计软件——PMCAD

PMCAD 是整个结构 CAD 的核心。PMCAD 所建立的全楼结构模型是 PKPM 各二维、三维结构计算软件的前处理部分，也是梁、柱、剪力墙、楼板等施工图设计软件和基础 CAD 的必备接口软件。

12.2.2.1 PMCAD 主要功能

① 用简便易学的人机交互方式输入各层平面布置及各层楼面的次梁、预制板、洞口、错层、挑檐等信息和外加荷载信息，在人机交互过程中提供随时中断、修改、拷贝复制、查询、继续操作等功能。

② 能够自动进行从楼板到次梁、次梁到承重梁的荷载传导并自动计算结构自重，自动计算人机交互方式输入的荷载，形成整栋建筑的荷载数据库，并可由用户随时查询修改。此数据可自动给 PKPM 系列各结构计算软件提供数据文件，也可为连续次梁和楼板计算提供数据。

③ 绘制各种类型结构的结构平面图和楼板配筋图。包括柱、梁、墙、洞口的平面布置、尺寸，画出预制板、次梁及楼板开洞布置，计算现浇楼板内力与配筋并画出板配筋图。画出砖混结构圈梁及构造柱节点大样图。

④ 作砖混结构和底层框架上层砖房结构的抗震分析验算。

⑤ 统计结构工程量，并以表格形式输出。

12.2.2.2 PMCAD 主菜单及操作过程

进入 PKPM 主界面，在主界面左上角的专业分项上选择"结构"菜单，单取左侧菜单中"PMCAD"，将右侧菜单切换到 PMCAD 主菜单，如图 12-17 所示。

双击鼠标左键就可启动执行各主菜单，具体过程如下。

（1）建筑模型与荷载输入 采用人机交互方式，输入房屋建筑的各层结构平面数据（图 12-18）。对该子菜单的操作是 PMCAD 前处理过程中工作量最大的一项内容。为定义出各结构标准层并组装成整个建筑，用户需依次输入以下数据。

1）"轴线输入" 绘制建筑物整体的平面定位轴线。

2）"网点生成" 程序自动将绘制的定位轴线分割为网格和节点。凡是轴线相交处都会产生一个节点，轴线线段的起止点也作为节点。

3）"构件定义" 用于定义全楼所用到的全部柱、梁、墙、墙上洞口及斜杆支撑的截面尺寸，以备下一步骤使用。

4）"楼层定义" 依照从下至上的次序进行各个结构标准层平面布置。凡是结构布置相同的相邻楼层都应视为同一标准层，只需输入一次。

5）"荷载定义" 依照从下至上的次序定义荷载标准层，凡是楼面均布恒载和活载都相同的相邻楼层都应视为同一荷载标准层，只需输入一次。

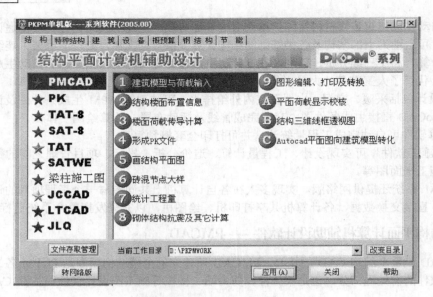

图 12-17　PMCAD 主菜单

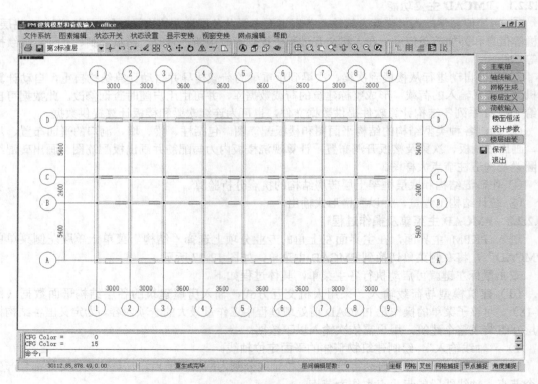

图 12-18　结构平面模型图

6）"信息输入" 进行结构竖向布置，从而完成楼层的竖向布置。再输入一些必要的绘图和抗震计算信息后便完成了一个结构物的整体描述。

（2）结构楼面布置信息　采用人机交互方式，在（1）中已输入的各楼层结构平面的基础上按照实际情况依次输入并布置各房间内的次梁、预制板，对特殊的现浇板的厚度进行修改，并可设置各结构平面内的层间梁、悬挑板、错层梁、错层板以及砖混结构的圈梁。

（3）楼面荷载传导计算　在各结构标准层上按照设计要求输入各种荷载信息，包括楼面荷载、梁间荷载、柱间荷载、墙间荷载、节点荷载和次梁荷载等。

> **说明：**
> 　上述（1）～（3）各步骤在首次输入结构信息时必须按照其前后顺序依次操作执行，对于高层建筑需接力 TAT 或 SATWE 计算则在 PMCAD 中仅执行此三步即可。

　　（4）形成 PK 文件　在各结构平面图中选择生成普通框架、复式框架的 PK 数据，并可生成砖混内框架的 PK 数据，单层、多层砖混底框房屋的 PK 数据，主梁连续梁、次梁连续梁的 PK 数据，砖混底框中连梁的 PK 数据。供传递到 PK 模块中计算平面分析。

　　（5）画结构平面图　在各层结构平面图上，利用软件提供的绘图工具，可补充绘制出墙体、预制板、板钢筋等结构要素，并可标注尺寸、标高及注写文字。

> **说明：**
> 　生成的结构平面图为*.T 文件，利用 PKPM 软件提供的"MODIFY 图形编辑"工具，可方便地将其转换为 AutoCAD 的*.DWG 文件。

　　（6）砖混节点大样　在砖混结构的各层平面图上，根据圈梁的布置情况可自动绘制出各楼层的圈梁布置平面图和圈梁节点大样图。

　　（7）统计工程量　将前一阶段输入的全部结构上的工程量以表格形式输出，先逐层输出各结构标准层的工程量统计表，最后输出全部结构的工程量汇总表。

　　（8）砖混结构抗震及其他计算　在该子菜单内可完成砖混结构的墙体受压验算、局部承压验算、墙体受剪验算、高厚比验算，并可进行砖混结构的抗震验算。

　　（9）图形编辑、打印及转换　即"MODIFY 图形编辑"工具，可用于将*.T 文件转换为*.DWG 文件，或将*.DXF 文件转换为*.T 文件。

　　（10）平面荷载显示校核　通过图示的方法显示出前面输入的各种荷载，以方便用户进行校核；更为实用的功能是可完成竖向荷载至各层结构平面上的竖向导荷。

　　（11）结构三维线框透视图　该功能是 APM 的功能之一，可以自动生成建筑结构的三维线框透视图，并能进行渲染处理，便于用户直观地观察和检查所建模型的准确性。

12.2.3　框排架计算机辅助设计软件——PK

　　PK 具有二维结构计算和钢筋混凝土梁柱施工图绘制两大功能。PK 本身包含二维杆系结构的人-机交互输入和计算，适用于工业与民用建筑中各种规则和复杂类型的框架结构、框排架结构、排架结构、剪力墙简化成的壁式框架结构及连续梁、拱形结构、桁架等（规模在 30 层，20 跨以内）。PK 还承担了钢筋混凝土梁、柱施工图辅助设计的工作。

12.2.3.1　PK 主要功能

　　① PK 软件可处理梁柱正交或斜交、梁错层、抽梁抽柱、底层柱不等高、铰接屋面梁等各种情况，可在任意位置设置挑梁、牛腿和次梁，可绘制十几种截面形式的梁，可绘制折梁、加腋梁、变截面梁，矩型、工字梁、圆型柱或排架柱，柱箍筋形式多样。

　　② 可按新规范要求作强柱弱梁、强剪弱弯、节点核心、柱轴压比、柱体积配箍率的计算与验算，还进行罕遇地震下薄弱层的弹塑性位移计算、竖向地震力计算、框架梁裂缝宽度计算、梁挠度计算，并能按新规范自动完成构造钢筋的配置。

　　③ 具有很强的自动选筋、层跨剖面归并、自动布图等功能，同时又给设计人员提供多种方式干预选钢筋、布图、构造筋等施工图绘制结果。

　　④ 在中文菜单提示下，提供丰富的计算模型简图及结果图形，提供模板图及钢筋材料表。

⑤ 与 PMCAD 连接，可自动导荷生成结构计算所需平面杆系数据文件。

⑥ 最终的梁柱实配钢筋可为后续时程分析、概预算模块提供数据。

12.2.3.2 PK 主菜单及操作过程

在"结构"菜单下，点取左侧菜单中"PK"，将右侧菜单切换到 PK 主菜单，PK 主菜单如图 12-19 所示。双击鼠标左键就可启动执行各主菜单，具体过程如下。

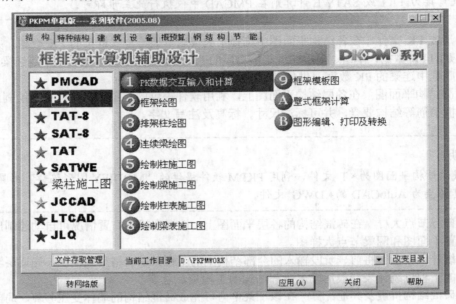

图 12-19 PK 主菜单图

（1）PK 数据交互输入和数检 采用人机交互方式，输入框架、排架、连续梁等各类结构的几何数据和荷载数据，完成所建结构的计算简图；也可直接打开事先按规定格式编写的 PK 数据文件，或直接打开从 PMCAD 模块中导出的 PK 数据文件。操作菜单如图 12-20 所示。交互操作的步骤如下。

1）输入框、排架、连续梁结构的各个构件，包括柱、梁、铰接构件等，还可对角柱、框支梁等特殊构件进行定义。

2）输入结构上作用的各种荷载，包括：恒载、活载、风载、吊车荷载等。其中风载可直接按节点荷载方式或柱间荷载方式进行布置，也可以按照规范进行自动布置。

3）设计总信息、地震计算参数、结构类型、分项及组合系数、补充参数等各种设计参数的输入。

4）附加重量、基础数据等各种补充设计数据的输入。所有数据输入完毕，可生成结构在各种荷载作用下的计算简图。

（2）框、排架结构计算 对（1）中输入完成的框、排架结构进行平面杆系有限元分析计算，计算结果可通过数据文件的形式和各种荷载作用下结构内力图的形式输出显示。

（3）框架绘图 按照子菜单（2）的计算结果，进行框架结构的施工图绘制。可绘制出框架立面图以及梁、柱剖面图，并可绘出钢筋表。

（4）排架柱绘图～（5）连续梁绘图 进行排架柱、连续梁的施工图绘制，其中连续梁可从已建立的框架结构中选取。

（6）绘制柱施工图～（7）绘制梁施工图 按照梁、柱剖面图的方式绘制所选梁、柱的截面规格及配筋。

（8）绘制柱表施工图～（9）绘制梁表施工图 采用广东地区梁表、柱表的形式绘制施工图。

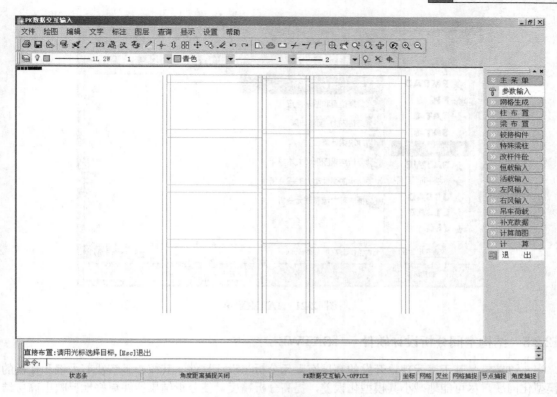

图 12-20　数据交互输入和数检菜单图

（10）壁式框架计算　对开洞尺寸较大的剪力墙结构，可按壁式框架假定进行分析计算。

12.2.4　结构三维分析与设计软件——TAT .SATWE

TAT 是采用薄壁杆件原理的空间分析程序，它适用于分析设计各种复杂体型的多、高层建筑，不但可以计算钢筋混凝土结构，还可以计算钢-混凝土混合结构、纯钢结构、井字梁、平面框架及带有支撑或斜柱结构。主要功能如下。

① 计算结构最大层数达 100 层。

② 可计算框架结构、框剪和剪力墙结构、筒体结构。对纯钢结构可作 P-$\triangle$ 效应分析。

③ 可进行水平地震、风力、竖向力和竖向地震力的计算及荷载效应组合及配筋。

④ 可与 PMCAD 连接生成 TAT 的几何数据文件及荷载文件，直接进行结构计算。

⑤ 可与动力时程分析程序 TAT-D 接力运行动力时程分析，并可按时程分析的结果计算结构的内力和配筋。

⑥ 对于框支剪力墙结构或转换层结构，可与高精度平面有限元程序 FEQ 接力运行，其数据可自动生成，也可人工填表，并可指定截面配筋。

⑦ 可接力 PK 绘制梁柱施工图，接力 JLQ 绘制剪力墙施工图，接力 PMCAD 绘制结构平面施工图。

⑧ 可与 JCCAD、BOX 等基础软件连接进行基础设计。

⑨ TAT 与本系统其他软件密切配合，形成了一整套多、高层建筑结构设计计算和施工图辅助设计系统（图 12-21），为设计人员提供了一个良好的全面的设计工具。

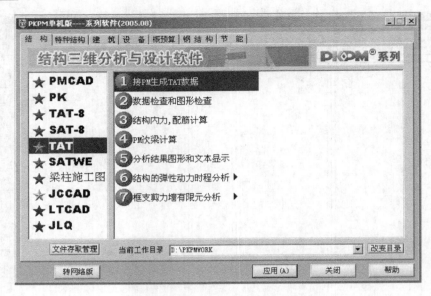

图 12-21　TAT 主菜单

12.2.5　结构空间分析设计软件——SATWE

　　SATWE 是基于壳元理论开发的高层有限元分析与设计软件。其核心是解决剪力墙和楼板的模型化问题，尽可能地减小其模型化误差，提高分析精度，使分析结果能够更好地反映出高层结构的真实受力状态。SATWE 主菜单如图 12-22 所示。主要功能如下。

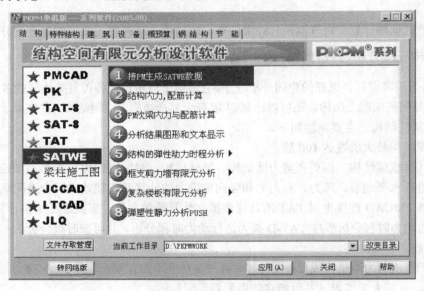

图 12-22　SATWE 主菜单

　　（1）SATWE 采用空间杆单元模拟梁、柱及支撑等杆件；采用在壳元基础上凝聚而成的墙元模拟剪力墙。对于尺寸较大或带洞口的剪力墙，按照子结构的基本思想，由程序自动进行细分，然后用静力凝聚原理将由于墙元的细分而增加的内部自由度消去，从而保证墙元的精度和有限的出口自由度。墙元不仅具有墙所在的平面内刚度，也具有平面外刚度，可以较好地模拟工程中剪力墙的实际受力状态。

（2）对于楼板，SATWE 给出了四种简化假定，即：

1）楼板整体平面内无限刚；

2）楼板分块无限刚；

3）楼板分块无限刚加弹性连接板带；

4）弹性楼板。

在应用中，可根据工程实际情况和分析精度要求，选用其中的一种或几种简化假定。

（3）SATWE 适用于高层和多层钢筋混凝土框架、框架-剪力墙、剪力墙结构，以及高层钢结构或钢-混凝土混合结构。还可用于复杂体型的高层建筑、多塔、错层、转换层、短肢剪力墙、板柱结构及楼板局部开洞等特殊结构型式。

（4）SATWE 可完成建筑结构在恒、活、风、地震力作用下的内力分析及荷载效应组合计算，对钢筋混凝土结构还可完成截面配筋计算。

（5）SATWE 可进行上部结构和地下室联合工作分析，并进行地下室设计。

（6）SATWE 可完成建筑结构在恒、活、风、地震力作用下的内力分析及荷载效应组合计算，对钢筋混凝土结构还可完成截面配筋计算。

（7）SATWE 可进行上部结构和地下室联合工作分析，并进行地下室设计。

（8）SATWE 所需的几何信息和荷载信息都从 PMCAD 建立的建筑模型中自动提取生成并有多塔、错层信息自动生成功能，大大简化了用户操作。

（9）SATWE 完成计算后，可经全楼归并接力 PK 绘梁、柱施工图，接力 JLQ 绘剪力墙施工图，并可为各类基础设计软件提供设计荷载。

附录

附录 1 AutoCAD 快捷命令

字母类

表 1 对象特性

快 捷 键	命 令	操 作 说 明
ADC	*ADCENTER	设计中心 "Ctrl+2"
CH，MO	*PROPERTIES	修改特性 "Ctrl+1"
MA	*MATCHPROP	属性匹配
ST	*STYLE	文字样式
COL	*COLOR	设置颜色
LA	*LAYER	图层操作
LT	*LINETYPE	线形
LTS	*LTSCALE	线形比例
LW	*LWEIGHT	线宽
UN	*UNITS	图形单位
ATT	*ATTDEF	属性定义
ATE	*ATTEDIT	编辑属性
BO	*BOUNDARY	边界创建，包括创建闭合多段线和面域
AL	*ALIGN	对齐
EXIT	*QUIT	退出
EXP	*EXPORT	输出其他格式文件
IMP	*IMPORT	输入文件
OP	PR*OPTIONS	自定义 CAD 设置
PRINT	*PLOT	打印
PU	*PURGE	清除垃圾
R	*REDRAW	重新生成
REN	*RENAME	重命名
SN	*SNAP	捕捉栅格
DS	*DSETTINGS	设置极轴追踪
OS	*OSNAP	设置捕捉模式
PRE	*PREVIEW	打印预览
TO	*TOOLBAR	工具栏
V	*VIEW	命名视图
AA	*AREA	面积
DI	*DIST	距离
LI	*LIST	显示图形数据信息

表2　绘图命令

快 捷 键	命 令	操 作 说 明
PO	*POINT	点
L	*LINE	直线
XL	*XLINE	射线
PL	*PLINE	多段线
ML	*MLINE	多线
SPL	*SPLINE	样条曲线
POL	*POLYGON	正多边形
REC	*RECTANGLE	矩形
C	*CIRCLE	圆
A	*ARC	圆弧
DO	*DONUT	圆环
EL	*ELLIPSE	椭圆
REG	*REGION	面域
MT	*MTEXT	多行文本
T	*TEXT	单行文本
B	*BLOCK	块定义
I	*INSERT	插入块
W	*WBLOCK	定义块文件
DIV	*DIVIDE	等分
H	*BHATCH	填充

表3　修改命令

快 捷 键	命 令	操 作 说 明
CO	*COPY	复制
MI	*MIRROR	镜像
AR	*ARRAY	阵列
O	*OFFSET	偏移
RO	*ROTATE	旋转
M	*MOVE	移动
E，Del 键	*ERASE	删除
X	*EXPLODE	分解
TR	*TRIM	修剪
EX	*EXTEND	延伸
S	*STRETCH	拉伸
LEN	*LENGTHEN	直线拉长
SC	*SCALE	比例缩放
BR	*BREAK	打断
CHA	*CHAMFER	倒角
F	*FILLET	倒圆角
PE	*PEDIT	多段线编辑
ED	*DDEDIT	修改文本

表4　视窗缩放

快 捷 键	命 令	操 作 说 明
P	*PAN	平移
Z＋空格＋空格		*实时缩放
Z		*局部放大

续表

快 捷 键	命 令	操 作 说 明
Z+P		*返回上一视图
Z+E		*显示全图

表 5 尺寸标注

快 捷 键	命 令	操 作 说 明
DLI	*DIMLINEAR	直线标注
DAL	*DIMALIGNED	对齐标注
DRA	*DIMRADIUS	半径标注
DDI	*DIMDIAMETER	直径标注
DAN	*DIMANGULAR	角度标注
DCE	*DIMCENTER	中心标注
DOR	*DIMORDINATE	点标注
TOL	*TOLERANCE	标注形位公差
LE	*QLEADER	快速引出标注
DBA	*DIMBASELINE	基线标注
DCO	*DIMCONTINUE	连续标注
D	*DIMSTYLE	标注样式
DED	*DIMEDIT	编辑标注
DOV	*DIMOVERRIDE	替换标注系统变量

表 6 常用 Ctrl 快捷键

快 捷 键	命 令	操 作 说 明
【Ctrl】+1	*PROPERTIES	修改特性
【Ctrl】+2	*ADCENTER	设计中心
【Ctrl】+O	*OPEN	打开文件
【Ctrl】+N、M	*NEW	新建文件
【Ctrl】+P	*PRINT	打印文件
【Ctrl】+S	*SAVE	保存文件
【Ctrl】+Z	*UNDO	放弃
【Ctrl】+X	*CUTCLIP	剪切
【Ctrl】+C	*COPYCLIP	复制
【Ctrl】+V	*PASTECLIP	粘贴
【Ctrl】+B	*SNAP	栅格捕捉
【Ctrl】+F	*OSNAP	对象捕捉
【Ctrl】+G	*GRID	栅格
【Ctrl】+L	*ORTHO	正交
【Ctrl】+W*		对象追踪
【Ctrl】+U*		极轴

表 7 常用功能键

快 捷 键	命 令	操 作 说 明
【F1】	*HELP	帮助
【F2】	*TEXTSCR	文本窗口
【F3】	*OSNAP	对象捕捉
【F7】	*GRIP	栅格
【F8】	*ORTHO	正交

附录 2 AutoCAD 命令一览表

命　令	作　用	说　明
3D	创建三维网格对象	
3DARRAY	创建三维阵列	
3DCLIP	调整剪裁平面	
3DCORBIT	设置对象在三维视图中连续运动	
3DDISTANCE	调整对象显示距离	
3DFACE	创建三维面	
3DMESH	创建自由格式的多边形网格	
3DORBIT	控制在三维空间中交互式查看对象	
3DPAN	三维视图平移	
3DPOLY	绘制三维多段线	
3DSIN	输入3DStudio(3DS)文件	
3DSOUT	输出3DStudio(3DS)文件	
3DSWIVEL	旋转相机	
3DZOOM	三维视图缩放	
ABOUT	显示关于AutoCAD的信息	可透明使用
ACISIN	输入ACIS文件	
ACISOUT	将AutoCAD实体对象输出到ACIS文件中	
ADCCLOSE	关闭AutoCAD设计中心	
ADCENTER	启动AutoCAD设计中心	Ctrl+2键
ADCNAVIGATE	将AutoCAD设计中心的桌面引至用户指定的文件名、目录名或网络路径	
ALIGN	将某对象与其他对象对齐	
AMECONVERT	将AME实体模型转换为AutoCAD实体对象	
APERTURE	控制对象捕捉靶框大小	可透明使用
APPLOAD	加载或卸载应用程序	可透明使用
ARC	创建圆弧	
AREA	计算对象或指定区域的面积和周长	
ARRAY	创建按指定方式排列的多重对象副本	
ARX	加载、卸载ObjectARX应用程序	
ASSIST	打开"实时助手"窗口	
ATTDEF	创建属性定义	
ATTDISP	全局控制属性的可见性	可透明使用
ATTEDIT	改变属性信息	
ATTEXT	提取属性数据	
ATTREDEF	重定义块并更新关联属性	
ATTSYNC	根据当前块中定义的属性来更新块引用	

续表

命　令	作　用	说　明
AUDIT	检查图形的完整性	
BACKGROUND	设置场景的背景效果	
BASE	设置当前图形的插入基点	可透明使用
BATTMAN	编辑块定义中的属性特性	
BHATCH	使用图案填充封闭区域或选定对象	
BLIPMODE	控制点标记的显示	
BLOCK	根据选定对象创建块定义	
BLOCKICON	为R14或更早版本创建的块生成预览图像	
BMPOUT	输入BMP文件	
BOUNDARY	从封闭区域创建面域或多段线	
BOX	创建三维的长方体	
BREAK	部分删除对象或把对象分解为两部分	
BROWSER	启动系统注册表中设置的缺省Web浏览器	
CAL	计算算术和几何表达式的值	可透明使用
CAMERA	设置相机和目标的不同位置	
CHAMFER	给对象的边加倒角	
CHANGE	修改现有对象的特性	
CHECKSTANDARDS	根据标准文件来检查当前图形	
CHPROP	修改对象的特性	
CIRCLE	创建圆	
CLOSE	关闭当前图形	
CLOSEALL	关闭当前所有打开的图形	
COLOR	定义新对象的颜色	
COMPILE	编译形文件和PostScript字体文件	
CONE	创建三维实体圆锥	
CONVERT	优化AutoCAD R13或更早版本创建的二维多段线和关联填充	
CONVERTCTB	将颜色相关打印样式表（CTB）转换为命名打印样式表（STB）	
CONVERTPSTYLES	将当前图形的颜色模式由命名打印样式转换为颜色相关打印样式	
COPY	复制对象	
COPYBASE	带指定基点复制对象	
COPYCLIP	将对象复制到剪贴板	Ctrl+C键
COPYHIST	将命令行历史记录文字复制到剪贴板	
COPYLINK	将当前视图复制到剪贴板中	
CUSTOMIZE	自定义工具栏、按钮和快捷键	
CUTCLIP	将对象复制到剪贴板并从图形中删除对象	Ctrl+X键
CYLINDER	创建三维实体圆柱	
DBCCLOSE	关闭"数据库连接"管理器	
DBLCLKEDIT	控制双击对象时是否显示对话框	
DBCONNECT	为外部数据库表提供AutoCAD接口	Ctrl+6键
DBLIST	列出图形中每个对象的数据库信息	
DDEDIT	编辑文字和属性定义	
DDPTYPE	指定点对象的显示模式及大小	可透明使用

续表

命　　令	作　　用	说　　明
DDVPOINT	设置三维观察方向	
DELAY	在脚本文件中提供指定时间的暂停	可透明使用
DIM（或DIM1）	进入标注模式	
DIMALIGNED	创建对齐线性标注	
DIMANGULAR	创建角度标注	
DIMBASELINE	创建基线标注	
DIMCENTER	创建圆和圆弧的圆心标记或中心线	
DIMCONTINUE	创建连续标注	
DIMDIAMETER	创建圆和圆弧的直径标注	
DIMDISASSOCIATE	删除指定标注的关联性	
DIMEDIT	编辑标注	
DIMLINEAR	创建线性尺寸标注	
DIMORDINATE	创建坐标点标注	
DIMOVERRIDE	替换标注系统变量	
DIMRADIUS	创建圆和圆弧的半径标注	
DIMREASSOCIATE	使指定的标注与几何对象关联	
DIMREGEN	更新关联标注	
DIMSTYLE	创建或修改标注样式	
DIMTEDIT	移动和旋转标注文字	
DIST	测量两点之间的距离和角度	可透明使用
DIVIDE	定距等分	
DONUT	绘制填充的圆和环	
DRAGMODE	控制AutoCAD显示拖动对象的方式	可透明使用
DRAWORDER	修改图像和其他对象的显示顺序	
DSETTINGS	草图设置	
DSVIEWER	打开"鸟瞰视图"窗口	
DVIEW	定义平行投影或透视视图	
DWGPROPS	设置和显示当前图形的特性	
DXBIN	输入特殊编码的二进制文件	
EATTEDIT	在块参照中编辑属性	
EATTEXT	将块属性信息输出到表或外部文件	
EDGE	修改三维面的边缘可见性	
EDGESURF	创建三维多边形网格	
ELEV	设置新对象的拉伸厚度和标高特性	可透明使用
ELLIPSE	创建椭圆或椭圆弧	
ENDTODAY	关闭"Today（今日）"窗口	
ERASE	从图形中删除对象	Del键

续表

命　　令	作　　用	说　　明
ETRANSMIT	创建一个图形及其相关文件的传递集	
EXPLODE	将组合对象分解为对象组件	
EXPORT	以其他文件格式保存对象	
EXPRESSTOOLS	运行AutoCAD快捷工具	
EXTEND	延伸对象到另一对象	
EXTRUDE	通过拉伸现有二维对象来创建三维原型	
FILL	设置对象的填充模式	可透明使用
FILLET	给对象的边加圆角	
FILTER	创建选择过滤器	可透明使用
FIND	查找、替换、选择或缩放指定的文字	
FOG	控制渲染雾化	
GRAPHSCR	从文本窗口切换到图形窗口	F2键
GRID	在当前视口中显示点栅格	可透明使用
GROUP	创建对象的命名选择集	
HATCH	用图案填充一块指定边界的区域	
HATCHEDIT	修改现有的图案填充对象	
HELP	显示联机帮助	F1键
HIDE	重生成三维模型时不显示隐藏线	
HYPERLINK	附着或修改超级链接	Ctrl+K键
HYPERLINKOPTIONS	控制超级链接光标和提示的可见性	
ID	显示位置的坐标	可透明使用
IMAGE	管理图像	
IMAGEADJUST	控制选定图像的亮度、对比度和褪色度	
IMAGEATTACH	向当前图形中附着新的图像对象	
IMAGECLIP	为图像对象创建新剪裁边界	
IMAGEFRAME	控制图像边框的显示	
IMAGEQUALITY	控制图像显示质量	
IMPORT	向AutoCAD输入多种文件格式	
INSERT	将命名块或图形插入到当前图形中	
INSERTOBJ	插入链接或嵌入对象	
INTERFERE	检查干涉	
INTERSECT	交集运算	
ISOPLANE	指定当前等轴测平面	可透明使用
JUSTIFYTEXT	改变文字的对齐方式	
LAYER	管理图层	
LAYERP	取消最后一次的图层设置修改	
LAYERPMODE	控制是否进行对图层设置修改的跟踪	

续表

命　　令	作　　用	说　　明
LAYOUT	创建和修改布局	可透明使用
LAYOUTWIZARD	启动布局向导	
LAYTRANS	根据指定的标准来转换图层	
LEADER	创建一条引线将注释与一个几何特征相连	
LENGTHEN	拉长对象	
LIGHT	处理光源和光照效果	
LIMITS	设置并控制图形边界和栅格显示	可透明使用
LINE	创建直线段	
LINETYPE	创建、加载和设置线型	可透明使用
LIST	显示选定对象的数据库信息	
LOAD	加载形文件	
LOGFILEOFF	关闭LOGFILEON命令打开的日志文件	
LOGFILEON	将文本窗口中的内容写入文件	
LSEDIT	编辑配景对象	
LSLIB	管理配景对象库	
LSNEW	在图形上添加具有真实感的配景对象	
LTSCALE	设置线型比例因子	可透明使用
LWEIGHT	设置当前线宽、线宽显示选项和线宽单位	
MASSPROP	计算并显示面域或实体的质量特性	
MATCHPROP	把某一对象的特性复制给其他若干对象	可透明使用
MATLIB	材质库输入输出	
MEASURE	将点对象或块按指定的间距放置	
MEETNOW	现在开会，跨网络在多个用户中共享一个AutoCAD任务	
MENU	加载菜单文件	
MENULOAD	加载部分菜单文件	
MENUUNLOAD	卸载部分菜单文件	
MINSERT	在矩形阵列中插入一个块的多个引用	
MIRROR	创建对象的镜像副本	
MIRROR3D	创建相对于某一平面的镜像对象	
MLEDIT	编辑多重平行线	
MLINE	创建多重平行线	
MLSTYLE	定义多重平行线的样式	
MODEL	从布局选项卡切换到模型选项卡	
MOVE	在指定方向上按指定距离移动对象	
MSLIDE	创建幻灯片文件	
MSPACE	从图纸空间切换到模型空间视口	
MTEXT	创建多行文字	

命　令	作　用	说　明
MULTIPLE	重复下一条命令直到被取消	
MVIEW	创建浮动视口和打开现有的浮动视口	
MVSETUP	设置图形规格	
NEW	创建新的图形文件	Ctrl+N键
OFFSET	创建同心圆、平行线和平行曲线	
OLELINKS	更新、修改和取消现有的OLE链接	
OLESCALE	显示"OLE特性"对话框	
OOPS	恢复已被删除的对象	
OPEN	打开现有的图形文件	Ctrl+O键
OPTIONS	自定义AutoCAD设置	
ORTHO	约束光标的移动	可透明使用
OSNAP	设置对象捕捉模式	可透明使用
PAGESETUP	指定页面布局、打印设备、图纸尺寸等	
PAN	移动当前视口中显示的图形	可透明使用
PARTIALOAD	将几何图形加载到局部打开的图形中	
PARTIALOPEN	局部加载指定的视图或图层中的几何图形	
PASTEBLOCK	将复制的块粘贴到新图形中	
PASTECLIP	插入剪贴板数据	Ctrl+V键
PASTEORIG	粘贴对象时使用其原图形的坐标	
PASTESPEC	插入剪贴板数据并控制数据格式	
PCINWIZARD	输入PCP和PC2配置文件打印设置的向导	
PEDIT	编辑多段线和三维多边形网格	
PFACE	逐点创建三维多面网格	
PLAN	显示用户坐标系平面视图	
PLINE	创建二维多段线	
PLOT	将图形打印到打印设备或文件	Ctrl+P键
PLOTSTAMP	在图形指定位置放置打印戳记并将戳记记录在文件中	
PLOTSTYLE	设置对象的当前打印样式	
PLOTTERMANAGER	显示打印机管理器	
POINT	创建点对象	
POLYGON	创建闭合的等边多段线	
PREVIEW	显示打印图形的效果	
PROPERTIES	控制现有对象的特性	Ctrl+1键
PROPERTIESCLOSE	关闭"Properties（特性）"窗口	
PSDRAG	控制拖动PostScript图像时的显示	
PSETUPIN	将用户定义的页面设置输入到新图形布局	
PSFILL	用PostScript图案填充二维多段线的轮廓	
PSIN	输入PostScript文件	
PSOUT	创建封装PostScript文件	
PSPACE	从模型空间视口切换到图纸空间	
PUBLISHTOWEB	网上发布，创建包括选定AutoCAD图形的图像的HTML页面	
PURGE	删除图形数据库中没有使用的命名对象	

续表

命　令	作　用	说　明
QDIM	快速创建标注	
QLEADER	快速创建引线和引线注释	
QSAVE	快速保存当前图形	
QSELECT	基于过滤条件快速创建选择集	
QTEXT	控制文字和属性对象的显示和打印	可透明使用
QUIT	退出AutoCAD	Alt+F4键
RAY	创建单向无限长的直线	
RECOVER	修复损坏的图形	
RECTANG	绘制矩形多段线	
REDEFINE	恢复被UNDEFINE替代的AutoCAD内部命令	
REDO	恢复前一个UNDO或U命令放弃执行的效果	Ctrl+Y键
REDRAW	刷新显示当前视口	
REDRAWALL	刷新显示所有视口	
REFCLOSE	存回或放弃在位编辑参照（外部参照或块）时所作的修改	
REFEDIT	选择要编辑的参照	
REFSET	在位编辑参照（外部参照或块）时，从工作集中添加或删除对象	
REGEN	重生成图形并刷新显示当前视口	
REGENALL	重新生成图形并刷新所有视口	
REGENAUTO	控制自动重新生成图形	可透明使用
REGION	从现有对象的选择集中创建面域对象	
REINIT	重新初始化数字化仪、数字化仪的输入/输出端口和程序参数文件	
RENAME	修改对象名	
RENDER	创建三维线框或实体模型的具有真实感的着色图像	
RENDSCR	重新显示由RENDER命令执行的最后一次渲染	
REPLAY	显示BMP、TGA或TIFF图像	
RESUME	继续执行一个被中断的脚本文件	可透明使用
REVOLVE	绕轴旋转二维对象以创建实体	
REVSURF	创建围绕选定轴旋转而成的旋转曲面	
RMAT	管理渲染材质	
RMLIN	从RML文件将插入图形	
ROTATE	绕基点移动对象	
ROTATE3D	绕三维轴移动对象	
RPREF	设置渲染系统配置	
RSCRIPT	创建不断重复的脚本	
RULESURF	在两条曲线间创建直纹曲面	
SAVE	用当前或指定文件名保存图形	Ctrl+S键
SAVEAS	指定名称保存未命名的图形或重命名当前图形	
SAVEIMG	用文件保存渲染图像	
SCALE	在X、Y和Z方向等比例放大或缩小对象	
SCALETEXT	改变指定文字的大小并保持其位置不变	
SCENE	管理模型空间的场景	
SCRIPT	用脚本文件执行一系列命令	可透明使用

续表

命　令	作　用	说　明
SECTION	用剖切平面和实体截交创建面域	
SELECT	将选定对象置于"上一个"选择集中	
SETUV	将材质贴图到对象表面	
SETVAR	列出系统变量或修改变量值	
SHADEMODE	在当前视口中着色对象	
SHAPE	插入形	
SHELL	访问操作系统命令	
SHOWMAT	列出选定对象的材质类型和附着方法	
SKETCH	创建一系列徒手画线段	
SLICE	用平面剖切一组实体	
SNAP	规定光标按指定的间距移动	可透明使用
SOLDRAW	在用SOLVIEW命令创建的视口中生成轮廓图和剖视图	
SOLID	创建二维填充多边形	
SOLIDEDIT	编辑三维实体对象的面和边	
SOLPROF	创建三维实体图像的剖视图	
SOLVIEW	在布局中使用正投影法创建浮动视口来生成三维实体及体对象的多面视图与剖视图	
SPACETRANS	在模型空间和图纸空间之间转换长度值	
SPELL	检查图形中文字的拼写	可透明使用
SPHERE	创建三维实体球体	
SPLINE	创建二次或三次（NURBS）样条曲线	
SPLINEDIT	编辑样条曲线对象	
STANDARDS	管理图形文件与标准文件之间的关联性	
STATS	显示渲染统计信息	
STATUS	显示图形统计信息、模式及范围	可透明使用
STLOUT	将实体保存到ASCⅡ或二进制文件中	
STRETCH	移动或拉伸对象	
STYLE	设置文字样式	可透明使用
STYLESMANAGER	显示"打印样式管理器"	
SUBTRACT	用差集创建组合面域或实体	
SYSWINDOWS	排列窗口	
TABLET	校准、配置、打开和关闭数字化仪	
TABSURF	沿方向矢量和路径曲线创建平移曲面	
TEXT	创建单行文字	
TEXTSCR	打开AutoCAD文本窗口	可透明使用
TIME	显示图形的日期及时间统计信息	可透明使用
TODAY	打开"今日"窗口	
TOLERANCE	创建形位公差标注	
TOOLBAR	显示、隐藏和自定义工具栏	
TORUS	创建圆环形实体	
TRACE	创建实线	
TRANSPARENCY	控制图像的背景像素是否透明	

续表

命 令	作 用	说 明
TREESTAT	显示关于图形当前空间索引的信息	可透明使用
TRIM	用其他对象定义的剪切边修剪对象	
U	放弃上一次操作	
UCS	管理用户坐标系	
UCSICON	控制视口UCS图标的可见性和位置	
UCSMAN	管理已定义的用户坐标系	
UNDEFINE	允许应用程序定义的命令替代AutoCAD内部命令	
UNDO	放弃命令的效果	Ctrl+Z键
UNION	通过并运算创建组合面域或实体	
UNITS	设置坐标和角度的显示格式和精度	可透明使用
VBAIDE	显示Visual Basic编辑器	Alt+F11键
VBALOAD	加载全局VBA工程到当前AutoCAD任务中	
VBAMAN	加载、卸载、保存、创建、内嵌和提取VBA工程	
VBARUN	运行VBA宏	Alt+F8键
VBASTMT	在AutoCAD命令行中执行VBA语句	
VBAUNLOAD	卸载全局VBA工程	
VIEW	保存和恢复已命名的视图	可透明使用
VIEWRES	设置在当前视口中生成的对象的分辨率	
VLISP	显示Visual LISP交互式开发环境（IDE）	
VPCLIP	剪裁视口对象	
VPLAYER	设置视口中图层的可见性	
VPOINT	设置图形的三维直观图的查看方向	
VPORTS	将绘图区域拆分为多个平铺的视口	
VSLIDE	在当前视口中显示图像幻灯片文件	
WBLOCK	将块对象写入新图形文件	
WEDGE	创建三维实体使其倾斜面尖端沿X轴正向	
WHOHAS	显示打开的图形文件的内部信息	
WMFIN	输入Windows图元文件	
WMFOPTS	设置WMFIN选项	
WMFOUT	以Windows图元文件格式保存对象	
XATTACH	将外部参照附着到当前图形中	
XBIND	将外部参照依赖符号绑定到图形中	
XCLIP	定义外部参照或块剪裁边界，并且设置前剪裁面和后剪裁面	
XLINE	创建无限长的直线（即参照线）	
XPLODE	将组合对象分解为组建对象	
XREF	控制图形中的外部参照	
ZOOM	放大或缩小当前视口对象的外观尺寸	

参 考 文 献

[1] 程绪琦，王建华. AutoCAD 2007 中文版标准教程[M]. 北京：电子工业出版社，2006.

[2] 薄继康，张强华. AutoCAD 2006 实用教程[M]. 北京：电子工业出版社，2006.

[3] 王定，王芳. AutoCAD 2004 实用培训教程[M]. 北京：清华大学出版社，2004.

[4] George Omura. AutoCAD 2004 与 AutoCAD LT 2004 从入门到精通(中文版)[M]. 冯华英等译. 北京：电子工业出版社，2004.

[5] 叶丽明，吴伟涛，李江华. AutoCAD 2004 基础及应用[M]. 北京：化学工业出版社，2005.

[6] 李海粟. 建筑 CAD2002[M]. 北京：化学工业出版社，2004.

[7] 李磊，李雪. 中文版 AutoCAD 2006 三维图形设计[M]. 北京：清华大学出版社，2006.

[8] 万林，赵先春. 中文版 AutoCAD R14 从入门到精通电脑制图直通快车[M]. 北京：航空工业出版社，1998.

[9] 袁浩，卢章平. Autodesk AutoCAD 2006/2007 工程师认证考前辅导[M]. 北京：化学工业出版社，2006.

[10] 黄娟，卢章平. Autodesk AutoCAD 2006/2007 初级工程师认证考前辅导[M]. 北京：化学工业出版社，2006.

[11] 候永涛，卢章平. Autodesk AutoCAD 2006/2007 工程师认证培训教程[M]. 北京：化学工业出版社，2006.

[12] 郑玉金. AutoCAD 2004 中文版应用实例与技巧[M]. 成都：电子科技大学出版社，2004.

[13] 北京博彦科技发展有限责任公司. AutoCAD 数码工程师综合提高[M]. 北京：北京大学出版社，2001.

[14] 袁太生. 计算机辅助设计教程[M]. 北京：中国电力出版社，2002.

[15] 老虎工作室，姜勇. AutoCAD 2006 中文版习题精解[M]. 北京：人民邮电出版社，2007.

[16] 中华人民共和国国家标准. 房屋建筑制图统一标准[S](GB/T50001—2001). 北京：中国计划出版社，2002.

[17] 林龙震. AutoCAD 12.0 使用手册[M]. 北京：学苑出版社，1993.

[18] 尤嘉庆，懈颖颖，金赞. AutoCAD 应用答疑解惑-AutoCAD2000/R14：工程与建筑篇[M]. 北京：机械工业出版社，2000.

[19] 韩雪. PKPM 工程设计系统应用实例教程[M]. 北京：黄河水利出版社，2008.

[20] 张玉峰. 工程结构 CAD[M]. 武汉：武汉大学出版社，2004.